动漫·电脑艺术设计专业教学丛书暨高级培训教材

3ds Max 2008 & Vray 照片级效果图实战

王静 姚仲波 著

中国建筑工业出版社

图书在版编目（CIP）数据

3ds Max 2008 & Vray 照片级效果图实战／王静，姚仲波著．北京：中国建筑工业出版社，2009

（动漫·电脑艺术设计专业教学丛书暨高级培训教材）

ISBN 978-7-112-11083-4

I. 3… Ⅱ. ①王… ②姚… Ⅲ. 图形软件，3ds Max 2008 & VRay—技术培训—教材 Ⅳ. TP391.41

中国版本图书馆CIP数据核字（2009）第105474号

3ds Max 2008是最新推出的三维造型及动画设计专业软件，它在影视、特效、建筑设计、工业设计、游戏娱乐行业设计等许多领域都有着广泛的应用。

本书循序渐进地讲解了使用3ds Max 2008+ Vray 1.5RC5 + Photoshop CS4软件制作照片级效果图的操作步骤。本书采用完全案例教学的编写形式，兼具技术手册和应用技巧参考手册的特点，附带的DVD多媒体光盘教学有如同老师亲自授课一样的效果，技术实用，讲解清晰，不仅可以作为3ds Max 2008+Vray效果图制作初、中级读者的学习用书，也可以作为相关专业以及效果图培训班的学习教材。

本书配套光盘提供了书中部分实例的素材文件及最终效果文件。

责任编辑：陈　桦　吕小勇
责任设计：赵明霞
责任校对：孟　楠　陈晶晶

动漫·电脑艺术设计专业教学丛书暨高级培训教材
3ds Max 2008 & Vray 照片级效果图实战
王　静　姚仲波　著

*

中国建筑工业出版社出版、发行（北京西郊百万庄）
各地新华书店、建筑书店经销
北京美光制版有限公司　制版
北京中科印刷有限公司印刷

*

开本：880×1230毫米　1/16　印张：19 ¾　字数：632千字
2009年8月第一版　2009年8月第一次印刷
定价：68.00元（含光盘）
ISBN 978-7-112-11083-4
（18327）

版权所有　翻印必究
如有印装质量问题，可寄本社退换
（邮政编码100037）

《动漫·电脑艺术设计专业教学丛书暨高级培训教材》编委会

编委会主任：徐恒亮

编委会副主任：张钟宪　杨志刚　王　静

丛书主编：王　静

编委会委员：徐恒亮　张钟宪　杨志刚

　　　　　　王　静　于晓红　郭明珠

　　　　　　刘　涛　高吉和　胡民强

　　　　　　吕苗苗　何胜军

序

在知识经济迅猛发展的今天，动漫·艺术设计技术在知识经济发展中发挥着越来越重要的作用。社会、行业、企业对动漫·艺术设计人才的需求也与日俱增。如何培养满足企业需求的人才，是高等教育所面临的一个突出而又紧迫的问题。

我们这套系列教材就是为了适应行业企业需求，提高动漫·艺术设计专业人才实践能力和职业素养而编写的。从选题到选材，从内容到体例，都制定了统一的规范和要求。为了完成这一宏伟而又艰巨的任务，由中国建筑工业出版社有机结合了来自著名的美术院校及其他高等学校的艺术教育资源，共同形成一个综合性的教材编写委员会，这个委员会的成员功底扎实，技艺精湛，思想开放，勇于创新，在教育教学改革中认真践行了教育理念，做出了一定的成绩，取得了积极的成果。

这套教材的特点在于：

一、从学生出发。以学生为中心，发挥教师的主导作用，是这套教材的第一个基本出发点。从学生出发，就是实事求是地从学生的基本情况出发，从最一般的学生的接受能力、基础程度、心理特点出发，从最基本的原理及最基本的认识层面出发，构建丛书的知识体系和基本框架。这套教材在介绍基本理论、基本技能技法的主体部分时，突出理论为实践服务的新要求，力争在有限的课时内，让学生把必要的知识点、技能点理解好、掌握好，使基本知识变成基本技能。

二、从实用出发。着重体现教材的实用功能。动漫·艺术设计专业是技能性很强的专业，在该专业系统中，各门课程往往又有自身完整而庞大的体系，这就使学生难以在短期内靠自己完成知识和技能的整合。因此，这套教材强调实用技能和技术在学生未来工作中的实用效果，试图在理论知识与专业技能的结合点上重新组合，并力图达到完美的统一。

三、从实践出发。以就业为导向，强调能力本位的培养目标，是这套教材贯彻始终的基本思想。这套教材以同一职业领域的不同职业岗位为目标，以培养学生的岗位动手操作应用能力为核心，以发现问题、提出问题、分析问题、解决问题为基本思路。因此，各类高校和培训机构都可以根据自身教育教学内容的需要选用这套教材。

教育永远是一个变化的过程，我们这套教材也只是多年教学经验和新的教育理念相结合的一种总结和尝试，难免会有片面性和各种各样的不足，希望各位读者批评指正。

徐恒亮

北京汇佳职业学院院长，教授，中国职业教育百名杰出校长之一

前言

这是一本应用3ds Max 2008 + Vray 1.5RC5 + Photoshop CS4软件制作室内外效果图的速成教材。随着国内建筑、装饰装潢行业迅捷蓬勃的发展，房地产业以强劲之势带动着相关行业的繁荣，致使当前更多的人涉足设计领域。

手工绘制各种施工图以及表现效果图的方式难以满足当今事事求效率的发展步伐，而应用计算机进行建筑设计和效果图制作逐渐成为本行业的主流。Autodesk公司的3ds Max软件也随之成为设计师们的首选软件。

3ds Max是一款功能十分强大的三维设计软件，因为它已被广泛应用于建筑装潢设计、室内外效果图制作等众多领域。

建筑设计效果图不仅能进行选项招标、指导施工，而且也是极具欣赏价值的艺术作品。它需要设计人员具有对建筑结构、施工工艺、色彩、环境、材质、灯光等各个方面有综合运用的能力，自身要有极高的素质并具有丰富的空间想像力。

笔者具有多年设计制作的教学经验，以及丰富的效果图制作经验，本书随书附带有光盘，光盘中不仅包含了书中所有实例文件，而且还收集了很多使用频率很高的贴图素材、光域网文件以及多媒体视频教学文件。光盘中还有很多笔者制作并积累的模型文件，可以直接合并到场景中，并可以再编辑，这些都将为读者的效果图制作提供极大方便。

本书通过分步的讲解方式剖析各种实用命令在效果图中的应用。内容由浅入深，本书的内容丰富多彩，力争涵盖尽可能多的知识点。全书从实际培训出发，图文并茂、通俗易懂、实例典型、学用结合，并具有较强的针对性，是一本极具价值的实用书籍。既适合初学者，也同样适合已经涉足设计领域的设计人员，更适合用于培训教材。

全书共分10章，针对效果图的建模、Vray渲染和后期处理作了全面的阐述，包括室内外效果图制作的基本常识、3ds Max建模以及Vray渲染器的应用，如制作金属和焦散效果、玻璃和焦散效果、特效等，并全程讲解了家具建模、现代客厅、中式客厅、卫生间、别墅等室内外效果图案例的制作步骤。这些案例所使用的技术和技巧，不仅对希望熟练使用3ds Max/Vray的读者具有一定的参考意义，对于使用其他软件进行艺术创作的读者也具有极大的帮助。

在本书的策划、创作过程中，得到了中国建筑工业出版社教材中心、出版部和发行部同志的指导和大力支持，在此一并表示诚挚的谢意。特别要感谢徐恒亮教授、张钟宪教授、陈浩增先生、龚铁教授、顾志成教授、杨志刚先生的指导和帮助。

在本书的编写过程中，作者力求精益求精，由于水平有限，书中难免存在一些错误和不足之处，恳请广大读者和专家批评指正。

读者如果在学习过程中有什么问题，可与作者联系（wj360500@126.com）。

作者
2009年7月

目录

第1章　熟悉3ds Max 2008 操作界面

1.1　3ds Max 2008默认的标准界面布局　/3

1.2　3ds Max 2008视图（视口）操作　/6

第2章　3ds Max 2008建模

2.1　创建吧台椅的座面　/12

2.2　编辑"吧台椅座面"　/15

2.3　编辑吧台椅座面的底座　/19

2.4　制作吧台椅的腿部造型　/22

第3章　创建卵形椅和搁脚凳模型

3.1　创建卵形椅　/32

3.2　制作搁脚凳　/46

第4章　创建窗帘和窗帘幔

4.1　应用【Loft】(放样) 命令创建窗帘及窗帘幔头　/52

4.2　创建窗帘幔头　/58

第5章　创建床及床上装饰用品

5.1　创建床体　/ 66

5.2　应用【Edit Mesh】（编辑网格）修改器创建床被　/ 70

5.3　应用【Surface】（表面）创建枕头　/ 72

5.4　应用【Loft】（放样）命令创建床罩　/ 75

5.5　创建毛毯以及布穗儿　/ 78

第6章　打造温馨阳光客厅

6.1　制作室内空间框架　/ 84

6.2　编辑材质　/ 94

6.3　布置灯光　/ 121

6.4　灯带的制作　/ 124

6.5　射灯的制作　/ 126

6.6　Vray参数的设置和渲染　/ 128

6.7　Photoshop后期处理　/ 134

第7章　浓郁中式风情

7.1　制作空间框架　/ 138

7.2　模型的导入　/ 150

7.3　编辑模型材质　/ 152

	7.4	布置灯光	/ 184
	7.5	Vray参数设置和渲染	/ 188
	7.6	Photoshop后期处理	/ 194
	7.7	将日景效果调整为夜景效果	/ 196

第8章 卫生间效果表现

	8.1	制作空间框架	/ 202
	8.2	应用Vray毛发命令创建长毛地毯	/ 208
	8.3	为模型赋予材质	/ 213
	8.4	创建灯光	/ 232
	8.5	Vray参数设置和渲染	/ 235
	8.6	Photoshop后期处理	/ 239

第9章 室外效果图制作

	9.1	制作建筑框架	/ 244
	9.2	添加相机	/ 262
	9.3	材质的设置	/ 263
	9.4	灯光设置	/ 271
	9.5	Vray参数的设置、测试和渲染	/ 275
	9.6	将日景效果调整为夜景效果	/ 279

CONTENTS

9.7　夜景测试渲染　/ 285

9.8　Photoshop后期处理　/ 290

第10章　建筑漫游动画

10.1　设计室内环视浏览动画　/ 296

10.2　创建预览　/ 304

10.3　渲染输出动画文件　/ 305

第1章 熟悉 3ds Max 2008 操作界面

2007年,Discreet隆重宣布Autodesk 3ds Max 2008的诞生。

Autodesk 3ds Max 2008是一个功能强大的,集成3D建模、动画和渲染解决方案的软件。使用方便的工具可以使艺术家能够迅速展开制作工作。3ds Max能让可视化专业设计人员、游戏开发人员、电影与视频艺术家、多媒体设计师(平面和网络)以及3D爱好者在更短的时间内制作出令人难以置信的作品。此次版本的升级集成了专用于电影、游戏和3D设计的最新工具,在技术上增加了许多新特性。

学习3ds Max 2008，我们首先从熟悉它的界面开始。

第一次启动3ds Max 2008会弹出如图1-1所示的窗口。

图1-1　3ds Max 2008的启动窗口

3ds Max 2008不仅有Windows环境下标准应用程序的界面布局特点，还有自己的特色，如图1-2所示。

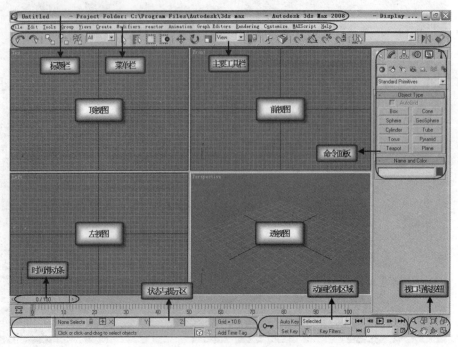

图1-2　3ds Max 2008的操作界面

1.1 3ds Max 2008默认的标准界面布局

3ds Max 2008的使用界面，分为如下几个部分：

1.1.1 标题栏

如图1-3所示，位于最上方的是标题栏，标题栏的前面是当前打开的MAX文件的名称，3ds Max 2008不能同时打开多个文件，要打开多个文件需要启动多个MAX程序，但这样是很消耗系统资源的，应该根据自己机器的性能决定。

图1-3 标题栏

1.1.2 Menu Bar（菜单栏）

3ds Max 2008有非常丰富的菜单命令，共有14个菜单命令，如图1-4、图1-5所示。

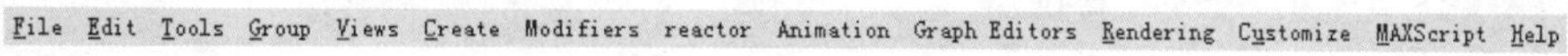

图1-4 菜单栏（英文）

图1-5 菜单栏（中文）

使用菜单命令可以完成很多操作，而且有些命令只有菜单中才有，比如物体的选择和成组必须使用菜单中的命令。下面以Edit（编辑）菜单为例了解3ds Max 2008菜单的结构：如图1-6所示，在菜单中，不同作用的命令被分隔线隔开；如果选择的命令后面有三个点，那么选择后将会出现一个窗口（对话框）；比较常用的命令右侧一般会有快捷键，当然我们也可以自定义快捷键；如果命令的右侧有一个小箭头，那么当光标选中这个命令时会弹出命令子菜单。

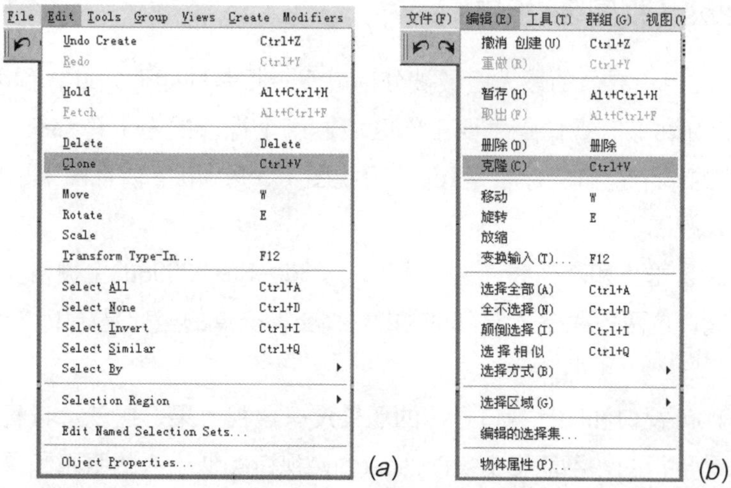

图1-6 3ds Max 2008中Edit（编辑）菜单的结构（中英文对照）
(a) 英文菜单；(b) 中文菜单

1.1.3 Main Toolbar（工具栏）

工具栏包含了在3ds Max 2008使用频率最高的各种调节工具，图1-7所示的是主要工具栏。

图1-7 主要工具栏

 如果显示器的分辨率低于1280×1024，工具栏会显示不全，此时，可以将鼠标移至工具按钮的空白处，鼠标箭头会变成 的图标，按住鼠标左键移动工具栏即可。

隐藏工具栏在默认的情况下是不可见的，想让它们显示出来可以在主要工具条的空白区域鼠标箭头变成 的图标时单击鼠标右键，会弹出隐藏工具栏。如图1-8所示，已经勾选的工具栏名称是已在操作界面中显示的工具栏。

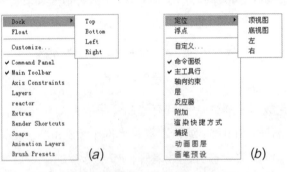

图1-8 隐藏的工具栏（中英文对照）
(a) 英文工具栏；(b) 中文工具栏

1.1.4 Views（视图区<视口>）

3ds Max 2008用户界面的最大区域被分割成四个相等的矩形区域，称之为视图（Views）或者视口（Viewports）。视口是主要工作区域，每个视口的左上角都有一个标签，启动3ds Max 2008后默认的四个视口的标签是Top（顶视图）、Front（前视图）、Left（左视图）和Perspective（透视视图）。

每个视口都包含垂直和水平线，这些线组成了3ds Max 2008的主栅格。主栅格包含黑色垂直线和黑色水平线，这两条线在三维空间的中心相交，交点的坐标是X=0、Y=0和Z=0。其余栅格都为灰色显示。

Top视口、Front视口和Left视口显示的场景没有透视效果，这就意味着在这些视口中同一方向的栅格线总是平行的，不能相交。Perspective视口类似于人的眼睛和摄像机观察时看到的效果，可以产生远大近小的空间感，便于我们对立体场景进行观察，视口中的栅格线是可以相交的。读者可以参照如图1-2所示进行观察。

1.1.5 Command Panels (命令面板)

用户界面的右边是命令面板，如图1-9所示。它所处的位置表明它在3ds Max 2008的操作中起着举足轻重的作用，它分为六个标签面板，从左向右依次为Create（创建面板）、Modify（修改面板）、Hierarchy（层级面板）、Motion（运动面板）、Display（显示面板）和Utilities（程序面板），它们包含创建对象、处理几何体和创建动画需要的所有命令。它里面的很多命令按钮与菜单中的命令是一一对应的。每个面板都有自己的选项集，例如Create（命令面板）包含创建各种不同对象（例如Standard Primitives标准几何体、Compound Objects组合对象和Particle Systems粒子系统等）的工具。而Modify（修改）命令面板包含修改对象的特殊工具，如图1-10所示。

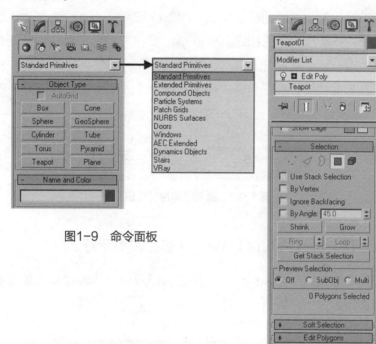

图1-9　命令面板

图1-10　Modify（修改）命令面板

1.1.6 Viewport Navigation Controls（视口导航控制按钮）

用户界面的右下角有包含视口的导航控制按钮，如图1-11所示。这些按钮用于对中间的视图区域进行调节，比如视图的平移、旋转和缩放等操作。

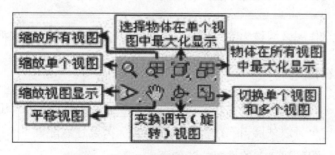

图1-11　视口导航控制按钮的功能

单击 按钮在透视图中拖拽鼠标左键，可以环绕透视图查看效果。还有一种方式等同于 按钮的作用，就是直接在透视图中在按住【Alt】键的同时按下鼠标的滚轮不要松开并拖拽鼠标即可实现环绕查看视图。如果该方法在其他三个视图操作，可以将视图转换为【User】（用户视图），当然可以再按键盘上的T、F、L快捷键将视图转换回顶视图、前视图、左视图。

1.1.7 Time Controls（时间控制按钮）

视口导航控制按钮的左边是时间控制按钮，如图1-12所示，也称之为动画控制按钮。它们的功能和外形类似于媒体播放机里的按钮。单击 按钮可以用来播放动画，单击 或 按钮每次前进或者后退一帧。在设置动画时，按下Auto Key按钮，它将变红，表明处于动画记录模式。这意味着在当前帧进行的任何修改操作将被记录成动画。在动画部分还要详细介绍这些控制按钮。

图1-12　动画时间控制按钮

1.1.8 Status bar and Prompt line（状态栏和提示行）

时间控制按钮的左边是状态栏和提示行，如图1-13所示。状态栏有许多用于帮助用户创建和处理对象的参数显示区。

图1-13　状态栏和提示行

上面就3ds Max 2008的主界面向大家作了简要介绍，希望大家对3ds Max 2008有一个直观的感性认识，后面会有更精彩的循序渐进的讲解，这样学习一定会取得更好的效果。

1.2 3ds Max 2008视图（视口）操作

通常情况下将整个作图区域称为"视窗"，而将视窗中的一部分称为"视口"或"视图"。

1.2.1 视图的布局与转换

在默认情况下，3ds Max 2008使用四个视图来显示场景中的物体，三个正交视图和一个透视图，在创作过程中，完全可以依照自己的操作习惯和实际需要任意配置各个视图。

3ds Max 2008的视图（视口）的设置方法如下：

单击【Customize】（自定义）菜单栏→【Viewport Configuration】（视口配置）命令，打开"Viewport Configuration"对话框，选择【Layout】（布局）选项卡，弹出视口配置窗口，如图1-14所示。

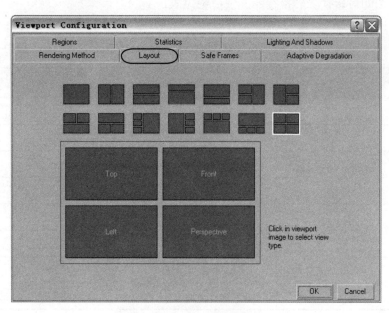

图1-14　视口配置窗口

> **技巧**　在视口导航控制区域的任何地方单击鼠标右键也可以访问"Viewport Configuration"对话框。

在Max提供的14种视口配置方案中，选择一种适合于自己操作需要的布局方案，单击【OK】按钮。

在不改变布局的情况下，还可以将原有的视图改变为其他视图。

在任意一个视图的左上角的视图名称上单击鼠标右键，会弹出快捷菜单，如图1-15所示。

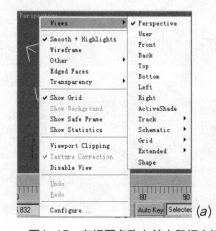
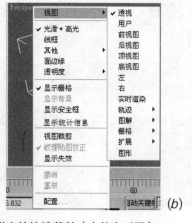

图1-15　在视图名称上单击鼠标右键弹出的快捷菜单（中英文对照）
(a) 英文菜单；(b) 中文菜单

在快捷菜单中选择【Views】（视图）命令，在其后面的子菜单中选择相应的视图名称即可。

还有一种更便捷的方法来改变视图，就是应用快捷键，首先应用鼠标左键或者右键单击需要改变的视图，将其激活（被激活的视图外框是黄颜色的）并在键盘上敲击视图相应的快捷键，被激活的视图即可转换。转换视图的快捷键见表1-1。

转换视图的快捷键　　　　　　　　　表1-1

快捷键	视图英文名称	视图中文名称
T	Top view	顶视图
B	Boottom view	底视图
F	Front view	前视图
L	Left view	左视图
C	Camera view	相机视图
$	Light view	聚光灯视图
P	Perspective view	透视图
U	User view	用户视图

1.2.2 改变视图的比例大小

在3ds Max 2008中，改变视图比例大小的操作很简单，只要将鼠标移动至两个视图的交界处（视图的水平或垂直分割线），当鼠标箭头变成上下双箭头 ↕ 或者左右双箭头 ↔ 时，按住鼠标左键并拖动鼠标即可改变视图的大小，如图1-16所示。

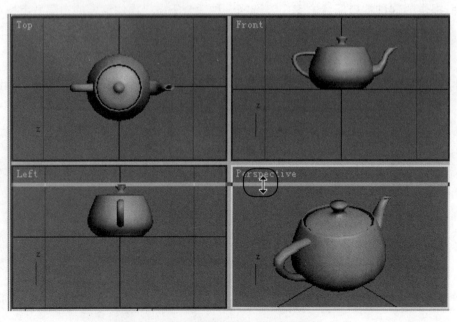

图1-16　移动视图的水平或垂直分割线

还可以将鼠标移动至四个视图的交界处，当鼠标箭头变成✥形状时，按住鼠标左键并拖动鼠标也可以改变视图的大小，如图1-17所示。

如果要将视图恢复到它的原始大小，可以在缩放视图的交界线的地方单击鼠标右键，会出现一个快捷菜单，单击【Reset Layout】（重新设定布局）即可恢复原始大小，如图1-18所示。

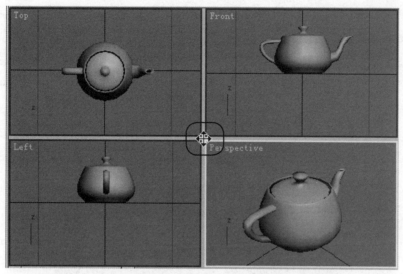

图1-17　将鼠标移动至四个视图的交界处改变视图的大小

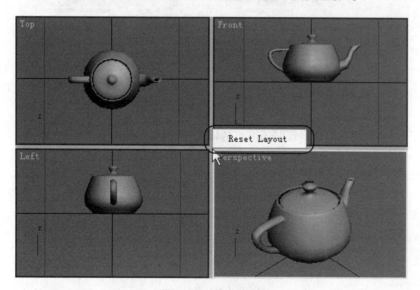

图1-18　恢复布局

> **技巧**
> 如果将某一工具栏改变了位置，要想恢复回到原来系统默认时的布局形式，可以单击菜单栏中的【Customize】（自定义）菜单，从下拉菜单中选择【Revert to Startup Layout】（恢复到启动版面）命令，在弹出的对话框中单击"是（Y）"按钮，界面就恢复到原始的外观。

1.2.3 视图显示模式的转换

在3ds Max 2008中有多种视图显示模式可供选择。在系统默认情况下，顶视图、前视图和左视图三个正交视图是采用【Wireframe】（线框）显示模式，而透视图则采用【Smooth+Highlights】（光滑加高光）的显示模式。

光滑加高光显示模式，其显示效果逼真，但是刷新速度慢；线框显示模式只能显示物体的线框轮廓，但是刷新速度快，可以加快计算机的处理速度。特别是当处理大型、复杂的效果图时，应尽量使用线框显示模式，只有当需要观看效果图最终效果时，再将光滑加高光模式打开。

在任意一个视口左上角的视图名称上单击鼠标右键，都会弹出图1-19所示的快捷菜单，从菜单中可以选择相应的显示模式。

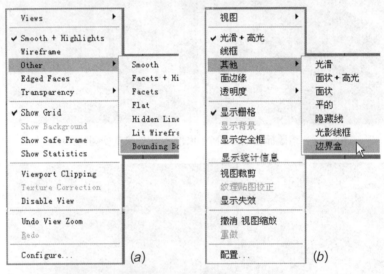

图1-19　视图显示模式的转换（中英文对照）

(a) 英文菜单；(b) 中文菜单

第 2 章

3ds Max 2008 建模

建筑系的学生经常把自己的设计做成模型,展示各个部分的空间比例、尺寸等,从而更好地推敲方案。而在建筑方案的投标中,也需要将模型展示给甲方,以得到更直观的效果。这种制作模型的过程正是3ds Max 2008 制作效果图的过程。工业产品造型设计的设计师会将手绘的设计稿,通过3ds Max 2008制作出精美的三维工业产品模型效果图,展示给客户,以提升设计的品质。如果要制作出一流的效果图,就必须先要扎实基本功。

2.1 创建吧台椅的座面

吧台椅是日常生活中较常见的家居用品之一,其样式多种多样,制作方法以及所应用的命令要根据吧台椅的形状而定。

本章节制作的吧台椅应用的命令有【Line】(线)、【Torus】(圆环)、【ChamferBox】(倒角立方体)、【ChamferCyl】(倒角圆柱体)、【FFD 4×4×4】(自由变形)、【Edit Mesh】(编辑网格)、【MeshSmooth】(网格光滑)、【Optimize】(优化)等命令。

吧台椅的最终结果如图2-1所示。

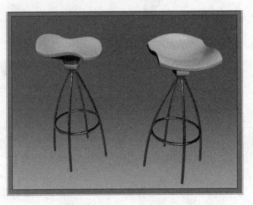

图2-1 吧台椅的最终结果

2.1.1 设置单位

首先设置单位以精确创建模型。

(1) 单击菜单栏上的【Customize】(自定义)菜单,从下拉菜单中选择【Units Setup】(单位设置)选项,则弹出【Units Setup】对话框,如图2-2所示。

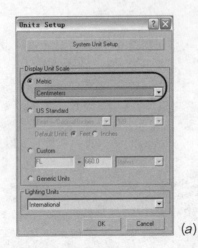
(a)

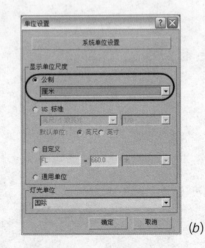
(b)

图2-2 【Units Setup】(单位设置)对话框(中英文对照)
(a) 英文对话框;(b) 中文对话框

(2) 单击【Units Setup】（单位设置）对话框中最上边的 System Unit Setup 按钮，弹出图2-3所示对话框，将单位设置为"厘米"。

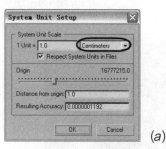

图2-3 【系统单位设置】对话框（中英文对照）
(a) 英文对话框；(b) 中文对话框

 在3ds Max 2008中，进行正确的单位设置非常重要，因为本版本新增的"高级光照特性"是使用真实世界的物体尺寸进行计算的，因此，它要求创建模型时，要按照真实世界的尺寸进行创建。

2.1.2 创建倒角立方体

(1) 单击视图右侧命令面板上的【Geometry】（几何体）按钮。
(2) 单击 Standard Primitives 列表选择【Extended Primitives】（扩展几何体）。
(3) 单击【ChamferBox】（倒角立方体）按钮，在【Top】（顶视图）中的中心处单击鼠标左键并拖动出一个方形，松开鼠标并将其向上移动，移动一定高度时单击左键以确定高度，再继续向上移动鼠标以确定立方体的倒角大小，在合适的位置单击左键结束倒角立方体的创建。

2.1.3 修改倒角立方体

(1) 单击视图右侧命令面板上的【Modify】（修改）按钮，修改倒角立方体的参数，如图2-4所示。

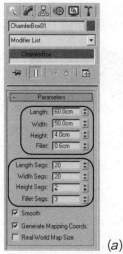

图2-4 修改倒角立方体的参数（中英文对照）
(a) 英文面板；(b) 中文面板

（2）如果此时在视图中并不能完全看见倒角立方体的全部，可单击视图右下角视图控制区中的【全部显示】按钮（也可以按键盘上的快捷键【Z】），倒角立方体即可全部显示在视图范围之内，创建的倒角立方体如图2-5所示。

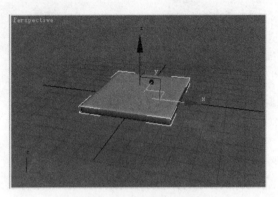

图2-5　创建的倒角立方体

 如果是3ds Max的初学者，在修改物体参数时，最好确认选择了该物体（选择的物体线框呈白色），并单击【Modify】（修改）按钮，进入修改命令面板中进行修改参数，这样不会修改错误，而且不会意外地创建不需要的对象。

（3）选择倒角立方体之后，单击视图右上角的颜色块，会弹出【Object Color】（物体颜色）对话框，如图2-6所示。选择一种颜色并单击【OK】按钮，即可更改物体对象的颜色。

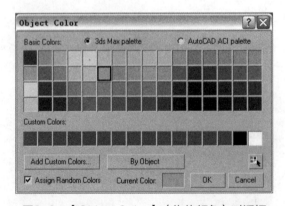

图2-6　【Object Color】（物体颜色）对话框

（4）将颜色块前面的英文名字"ChamferBox 01"删除，重新给物体命名为"吧台椅座面"。

 在以后制作效果图过程中要养成给每一个物体都命名的习惯，这样会方便以后的编辑以及设置灯光。

2.2 编辑"吧台椅座面"

在这一节中将应用【FFD 4×4×4】(自由变形)、【Edit Mesh】(编辑网格)、【MeshSmooth】(网格光滑)、【Optimize】(优化)等命令编辑"吧台椅座面"。

(1) 确认倒角立方体是处于选择状态,单击"吧台椅座面"名称下面的【Modifier List】(修改器列表),如图2-7所示。

图2-7 【Modifier List】(修改器列表)窗口

(2) 在弹出的【修改器列表】中,选择【FFD 4×4×4】(自由变形)命令,此时,在视图的右侧会出现【FFD 4×4×4】(自由变形)命令的参数面板,在修改器堆栈栏中单击命令前面的 ▣ 将其变成 ▣,此时展开其包含的子项,如图2-8所示。

 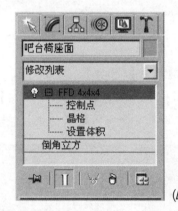

图2-8 修改器堆栈栏中【FFD 4x4x4】(自由变形)命令卷展栏(中英文对照)
(a) 英文面板;(b) 中文面板

(3) 单击【Control Points】(控制点),此时窗口中的倒角立方体会显示橘黄色的4×4×4控制点,如图2-9所示。

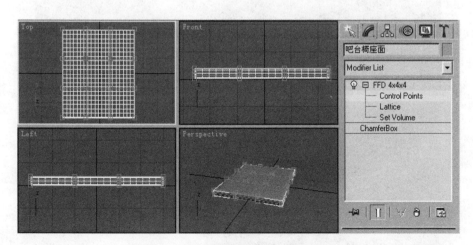

图2-9 倒角立方体显示的橘黄色控制点

(4) 在Top（顶视图）将鼠标移至空白处，框选左列中间的两个控制点，再按【Ctrl】键，同时框选右列中间的两个控制点，如图2-10所示。

(5) 此时倒角立方体上的X、Y轴坐标显示为红色的细线，是因为当前主要工具栏上的【Select Object】（选择物体）的按钮是处于激活状态。单击主要工具栏上的【Select and Uniform Scale】（选择并等比例缩放）按钮，此时倒角立方体上的X轴坐标呈红色，Y轴坐标呈绿色，而其他三个视图中的Z轴坐标呈蓝色。

(6) 将鼠标移至X轴坐标位置，当光标显示为状态时，按住鼠标左键水平向右拖拽，如图2-11所示时松开鼠标，将倒角立方体的中间部分的控制点水平放大。

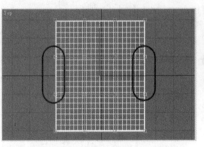 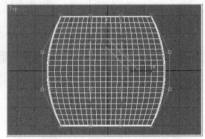

图2-10　选择左右两列中间的控制点　　图2-11　将倒角立方体的中间部分的控制点水平放大

(7) 鼠标右键激活【Front】（前视图），框选倒角立方体最左列的四组控制点，如图2-12所示。单击主要工具栏上的【Select and Move】（选择并移动）按钮，将鼠标移至Y轴坐标位置，当光标显示为时，垂直向上拖拽鼠标左键，将选择的四组控制点向上移动，结果如图2-13所示。

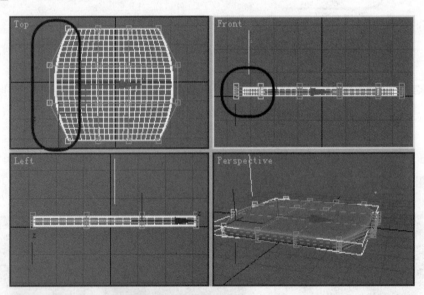

图2-12　框选的四组控制点

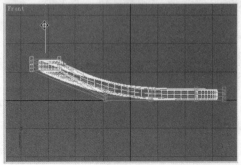

图2-13　四组控制点向上移动的位置

(8) 鼠标左键激活Top（顶视图），这样会取消刚才选择的控制点。再次框选图2-14所示的两组控制点。

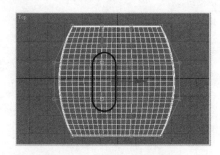

图2-14 框选的两组控制点

 如果已经选择了物体对象，并且在保持选择状态的情况下需要切换到另外一个视图操作，这时就必须应用鼠标右键激活视图。如果此时应用的是鼠标左键来切换另外一个视图，已经选择的物体对象会被取消选择。

(9) 再次鼠标右键激活Front（前视图），将鼠标移至Y轴坐标位置，当光标显示为 时，垂直向下拖拽鼠标左键，将选择的两组控制点向下移动，结果如图2-15所示。

(10) 鼠标左键激活Top（顶视图），配合【Ctrl】键框选图2-16所示的两组控制点。

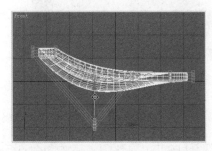 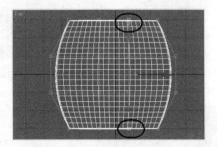

图2-15 将选择的两组控制点向下移动　　图2-16 框选的两组控制点

(11) 再次鼠标右键激活Front（前视图），将鼠标移至Y轴坐标位置，当光标显示为 时，垂直向上拖拽鼠标左键，将选择的两组控制点向上移动，结果如图2-17所示。

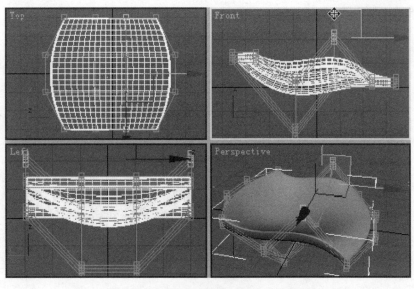

图2-17 将选择的两组控制点向上移动

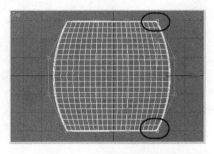

图2-18 框选的两组控制点

(12)鼠标左键激活Top（顶视图），配合【Ctrl】键框选图2-18所示的两组控制点。

(13)再次鼠标右键激活Front（前视图），将鼠标移至Y轴坐标位置，当光标显示为 时，垂直向上拖拽鼠标左键，将选择的两组控制点向上移动，结果如图2-19所示。

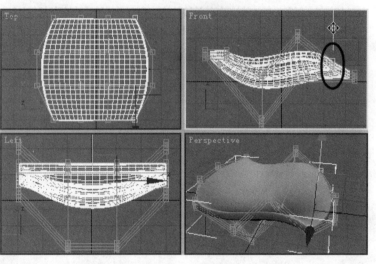

图2-19 将选择的两组控制点向上移动

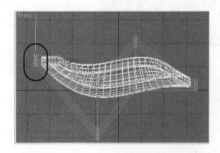

图2-20 框选的两组控制点

(14)再次在Front（前视图）框选图2-20所示的两组控制点。

(15)将鼠标移至Y轴坐标位置，当光标显示为 时，垂直向上拖拽鼠标左键，将选择的两组控制点向上移动，结果如图2-21所示。

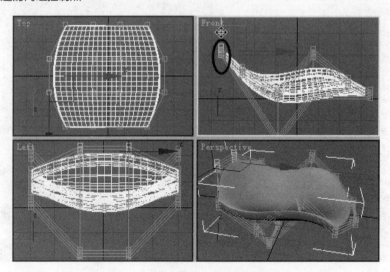

图2-21 将选择的两组控制点向上移动

2.3 编辑吧台椅座面的底座

(1) 单击修改器堆栈栏中的【FFD 4×4×4】(自由变形)命令的【Control Points】(控制点)，此时该项被关闭呈现灰色。单击【Modifier List】(修改器列表)，从列表中选择【Edit Mesh】(编辑网格)命令，单击■按钮，并且勾选 ☑ Ignore Backfacing (忽略背面)选项，如图2-22所示。

> **提示**
> 由于要编辑吧台椅座面下的托，所以只需要选择下表面即可，默认情况下，框选时会将上下所有的面一起选择，事先已将视图进行了切换，所以当勾选 ☑ Ignore Backfacing (忽略背面)选项之后再选择，这样只能选择上面的部分，而背面(这时是座面的正面)会被忽略不选。另外，打开【Edit Mesh】(编辑网格)命令的各个次物体级按钮时，也可以通过键盘上的数字键1、2、3、4和5来激活，分别等同于单击 ⋮、◁、◀、■ 和 ● 各个按钮。与后面章节要学习的【Edit Poly】(编辑多边形)命令的各个次物体级按钮快捷键相同。

图2-22 选择【Edit Mesh】(编辑网格)命令(中英文对照)
(a) 英文面板；(b) 中文面板

(2) 激活Top (顶视图)，按键盘上的【B】键，这样Top (顶视图)被切换为Bottom (底视图)。此时要确认主要工具栏上的 ▶ 【Select Object】(选择物体)的按钮是处于激活状态。框选吧台椅座面的中间区域，如图2-23所示。

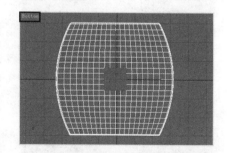

图2-23 框选吧台椅座面的中间区域

> **提示**
> 在使用快捷键时，一定要保证当前的输入法是英文状态下，否则按键盘上的快捷键是无效的。

(3) 鼠标右键激活Front（前视图），单击主要工具栏上的  按钮（或者在视图中再次单击鼠标右键，从弹出的右键快捷菜单中选择【Move】选项，也可以将当前的状态切换到  状态），将鼠标移至Y轴坐标位置，当光标显示为 时，垂直向下拖拽鼠标左键，将选择的面向下移动，结果如图2-24所示，此时不要取消选择。

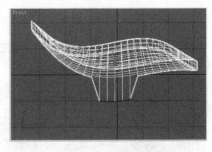

图2-24　将选择的面向下移动

> 提示：如果想用鼠标左键激活视图，而且不会取消当前的选择，也可以按键盘上的空格键，此时窗口下方的 按钮被激活，也就是将当前已选择的对象进行锁定。但是此时也就不能再选择其他的物体对象了，除非关闭锁定状态。

(4) 在右侧命令面板中的 Extrude （挤出）按钮后面的文本框中输入1.0cm并按回车键确认。此时吧台椅底座又向下挤出了一段高度，如图2-25所示。

(5) 按键盘上的【T】键，将当前的Bottom（底视图）再转换为Top（顶视图）。单击 按钮，呈现灰色将其关闭。单击【Modifier List】（修改器列表），从列表中选择【Mesh smooth】（光滑网格）命令，并修改其参数如图2-26所示。此时吧台椅底托光滑之后的效果如图2-27所示。

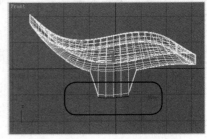

图2-25　向下挤出新的高度

> 提示：向下挤出了一段新的高度，是为了保证在下面的步骤中为吧台椅进行光滑处理时，吧台椅底托的最下面表面是平整的而不是圆滑凸起的。

  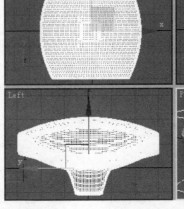 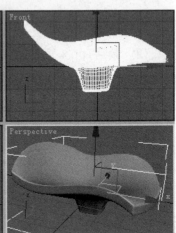

(a)　　　　(b)

图2-26　【Mesh smooth】（网格光滑）命令的参数（中英文对照）(a) 英文面板；(b) 中文面板

图2-27　吧台椅底托光滑之后的效果

(6) 此时可以看到吧台椅的网格非常多，如果场景中的物体对象都像吧台椅一样网格这么多，将会影响计算机的运行速度。因此现在需要优化网格的数量。选择吧台椅再次单击【Modifier List】（修改器列表），从列表中选择【Optimize】（优化）命令，并调节其参数如图2-28所示。

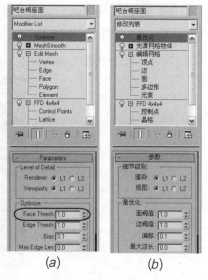

【Optimize】（优化）命令的参数面板中的【Face Thresh】（面阈值）参数值越大，物体对象被优化而减少的点数就越多，但是优化值过大会导致物体对象变形。

图2-28 调节【Optimize】（优化）命令的参数（中英文对照）
(a) 英文面板；(b) 中文面板

(7) 被优化之后的吧台椅座面的最终效果如图2-29所示。

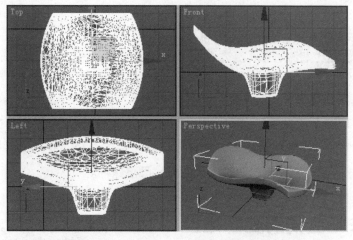

图2-29 被优化之后的吧台椅座面的最终效果

(8) 在【Optimize】（优化）命令的参数面板最下方显示着吧台椅座面被优化之后点数的前后对比，优化之后的点数比优化之前减少一半之多，如图2-30所示。

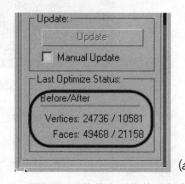 

图2-30 优化之后物体对象点数的前后对比（中英文对照）
(a) 英文面板；(b) 中文面板

（9）激活【Perspective】（透视图），单击主要工具栏上的【Quick Render】（快速渲染）按钮（也可以按快捷键【Shift+Q】），最终将倒角立方体编辑成了一个简单的吧台椅座面，最终效果如图2-31所示。

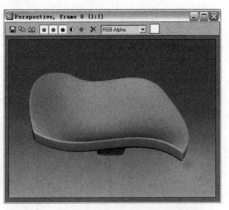

图2-31 吧台椅座面的最终效果

在第一次进行快速渲染时，也可以按【F9】键，但是它渲染的是上一次的渲染结果，有些时候它是不刷新渲染结果的，建议用【Shift+Q】组合键进行渲染。此时渲染的视图背景是黑色，改变视图的背景（图2-31）在以后的章节中会详细讲解。

（10）为了避免死机或停电而丢失文件，需要暂时对已经编辑完成的吧台椅座面进行保存。单击菜单栏中的【File】（文件）菜单，从下拉菜单中选择【Save】（保存）命令，在弹出"Save File As"（另存文件）对话框，搜索要保存文件的路径，在"文件名"文本框中输入"吧台椅"，并单击 保存(S) 按钮，此时"吧台椅"已被保存。

2.4 制作吧台椅的腿部造型

（1）激活Front（前视图），滑动鼠标滚轮缩小视图显示以及按下鼠标滚轮并拖拽鼠标以调整物体对象在视图中显示的位置，将前视图调整到图2-32所示状态。

（2）单击命令面板中的【Greate】(创建)按钮，此

图2-32 调整物体位置

如果是使用带有滚轮的鼠标，滑动滚轮时，会缩小或放大视图的显示，与单击视图控制区域上的 按钮功能一样；按住滚轮不放并拖动鼠标时，会平移视图显示的位置，与视图控制区域上的 按钮功能一样。

时重新切换回默认的命令面板显示状态。单击【Shapes】（图形）按钮，进入二维图形创建面板，再单击【Line】（直线）按钮，如图2-33所示。

图2-33 【Shapes】（图形）创建面板（中英文对照）
(a) 英文面板；(b) 中文面板

(3) 在前视图的吧台椅座面的下方用鼠标左键单击第1点，松开鼠标并向下移动在合适的位置单击第2点，松开鼠标并继续向下移动在合适的位置单击第3点，松开鼠标并继续向下移动在合适的位置单击第4点，此时单击鼠标右键结束线段的绘制，结果如图2-34所示。

(4) 此时需要改变线的第二个点的属性，使其变得平滑。确认线是处于选择状态，将颜色块前面的英文名字"Line 01"删除，重新给物体命名为"吧台椅腿01"。在修改器堆栈栏中单击【Line】命令前面的 将其变成 ，此时展开其包含的子项，单击 按钮，如图2-35所示。

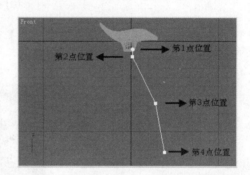

图2-34 绘制线

图2-35 【Line】命令及其次物体级选项（中英文对照）
(a) 英文面板；(b) 中文面板

如果右侧没有显示图2-35所示的面板，可单击视图右侧命令面板上的【Modify】（修改）按钮。打开【Line】（直线）命令的各个次物体级按钮时，也可以通过键盘上的数字键1、2、3来激活，分别等同于单击 、 、 各个按钮。

(5) 选择线段上的第3个点，并单击鼠标右键，从弹出的右键快捷菜单中选择【Bezier】（贝兹）点属性选项，如图2-36所示。

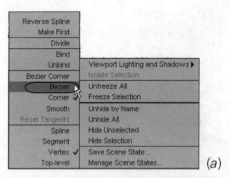 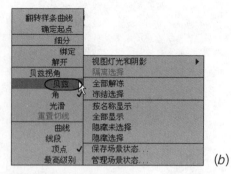

图2-36 选择【Bezier】（贝兹）点属性选项（中英文对照）
(a) 英文菜单；(b) 中文菜单

(6) 此时视图中的点由【Corner】（角）的属性转换为【Bezier】（贝兹）点属性，该线段已显示为曲线状态，如图2-37所示。

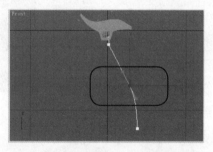

图2-37 改变点属性之后的线段呈曲线状态

(7) 单击 按钮，将鼠标移至图2-38所示的位置，当光标显示为 时，可以移动该点，使线段更加平滑。也可以将光标移至点两侧的绿色贝兹控制手柄上进行移动，这样可以改变线段的曲率。

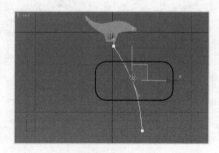

图2-38 移动点

在应用 工具移动物体对象或点时，可以通过 光标的所在位置来决定是沿着X、Y、Z或XY轴移动。 光标移至X轴上，此时就只能沿着X轴方向移动了，等同于锁定了X轴方向。 光标移至Y轴上，此时就只能沿着Y轴方向移动了，等同于锁定了Y轴方向。以此类推。

(8) 此时渲染视图是看不到该线段的，因为它只是二维线段。只有使该二维线段改变为三维物体的属性才能在渲染窗口显示为实体。选择该线段，单击命令面板中 Rendering （渲染）按钮，此时展开其卷展栏，勾选图2-39所示的选项，并设置参数。

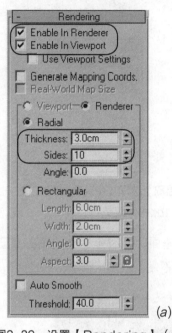 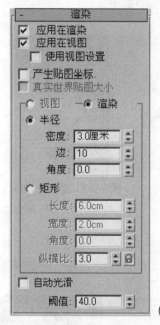

图2-39 设置【Rendering】（渲染）卷展栏的参数（中英文对照）
(a) 英文面板；(b) 中文面板

是否勾选【Enable in Viewport】选项，不影响将二维图形转变成三维实体，如果不勾选该选项，只能在渲染时才能看到转变为三维实体的结果，如果勾选了该选项，即使不通过渲染也能直接在四个视图中看到将二维图形转变为三维实体的结果。

(9) 激活Perspective（透视图），按快捷键【Shift+Q】组合键渲染视图，结果如图2-40所示。下面需要将编辑的"吧台椅腿01"围绕着吧台椅座面的中心再复制三个。因此需要先将"腿01"的坐标轴中心点移至吧台椅座面的中心上。

(10) 激活Top（顶视图），将"吧台椅腿01"移动至图2-41所示位置。

 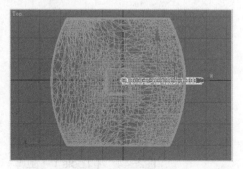

图2-40 渲染视图　　　　图2-41 确定"吧台椅腿01"位置

(11) 单击主要工具栏上的 【Use pivot point center】（使用轴心点中心）按钮不放，会弹出三个控制按钮 ，单击最后一个 【Use Transform Coordinate Center】（使用变换坐标中心）按钮，并单击它前面的 View 的 按钮，在弹出的下拉菜单中选择【Pick】（拾取）选项，如图2-42所示。

 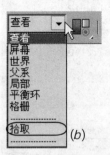

图2-42 选择【Pick】（拾取）选项（中英文对照）
(a) 英文菜单；(b) 中文菜单

(12) 再用光标单击Top（顶视图）中吧台椅座面，此时坐标轴的轴心点已然在吧台椅座面的中心点的位置，而"腿01"还是处于被选择状态不发生改变，如图2-43所示。

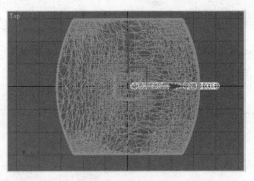

图2-43 坐标轴的轴心点移动之后的位置

(13) 单击菜单栏上的【Tools】（工具），从下拉菜单中选择【Array】（阵列）菜单，如图2-44所示。或者在主要工具条的任意空白区域出现 光标时单击鼠标右键，在弹出的窗口中单

 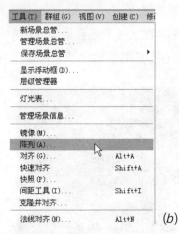

图2-44 【Tools】（工具）下拉菜单（中英文对照）
(a) 英文菜单；(b) 中文菜单

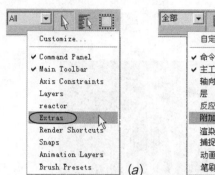  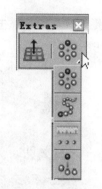

图2-45 鼠标右键弹出的选项（中英文对照）　　图2-46 【Extras】（附加）工具栏

(a) 英文选项；(b) 中文选项

击图2-45所示的选项，此时就可以显示出图2-46所示的【Extras】（附加）工具栏。

其中 【Array】（阵列）命令是以移动、旋转、缩放三种类型进行阵列的，所谓移动阵列相当于矩形阵列，旋转阵列相当于环形阵列，而缩放阵列的结果是一个物体比一个物体小或者一个物体比一个物体大。

(14) 单击【Extras】（附加）工具栏上的 按钮，弹出【Array】（阵列）对话框，将对话框中的参数进行设置，如图2-47所示。

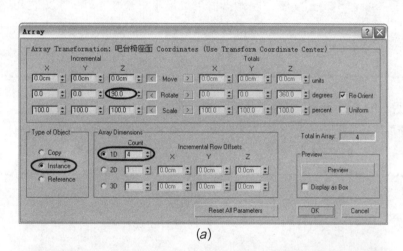

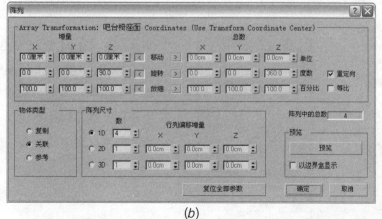

图2-47　设置【Array】（阵列）对话框参数（中英文对照）

(a) 英文对话框；(b) 中文对话框

(15）设置参数之后，单击 OK 按钮，此时吧台椅的四个腿已经阵列复制完成了，最终效果如图2-48所示。

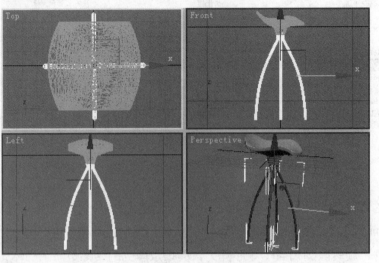

图2-48 阵列复制吧台椅的四个腿

> 提示：单击主要工具栏上的 按钮不放，单击第一个 按钮，并单击它前面的 吧台椅座 按钮，在弹出的下拉菜单中选择【view】（视图）选项，将其切换回默认状态。否则当激活前视图时，垂直方向的坐标轴显示的不是绿色的Y轴，而是蓝色的Z轴。

(16）按键盘上的【Ctrl+S】组合键将吧台椅再次进行保存。

(17）单击 Standard Primitives 列表选择【Extended Primitives】（扩展几何体）。

> 提示：如果此时右侧命令面板不是默认状态显示，可以先单击命令面板中的 【Greate】（创建）按钮，即可重新切换回默认的命令面板显示状态。

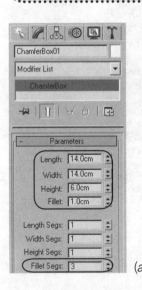

(18）单击【ChamferBox】（倒角立方体）按钮，在Top（顶视图）任意位置创建一个小的倒角立方体。单击视图右侧命令面板上的【Modify】（修改） 按钮，修改倒角立方体的参数，如图2-49所示。

图2-49 修改倒角立方体的参数（中英文对照）
(a) 英文面板；(b) 中文面板

(19) 此时需要将刚刚创建的倒角立方体的中心与吧台椅座面的中心对齐。在顶视图确认创建的倒角立方体还是处于选择状态,单击主要工具栏上的 【Align】(对齐)按钮,返回顶视图,用鼠标左键单击吧台椅座面,此时会弹出图2-50所示的【Align Selection】(对齐选择)对话框并设置选项。

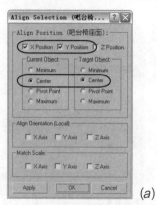

图2-50 设置【Align Selection】(对齐选择)对话框(中英文对照)
(a) 英文对话框;(b) 中文对话框

(20) 单击 OK 按钮,此时创建的倒角立方体的中心与吧台椅座面的中心在X轴和Y轴方向就对齐了,结果如图2-51所示。

(21) 鼠标右键激活Front(前视图),单击 按钮,将鼠标移至Y轴坐标位置,当光标显示为 时,垂直向下拖拽鼠标左键,将选择的倒角立方体向下移动至图2-52所示的位置。

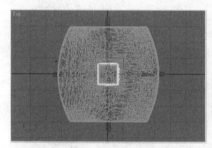
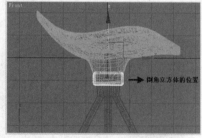

图2-51 中心对齐的倒角立方体　　图2-52 向下移动倒角立方体

(22) 调节Perspective(透视图),按快捷键【Shift+Q】渲染视图,倒角立方体的位置及效果如图2-53所示。

图2-53 渲染结果

(23) 再次激活顶视图，单击【Greate】(创建)按钮，单击 Extended Primitives 列表选择【Standart Primitives】(标准几何体)选项。单击 Torus (圆环)按钮，将鼠标移至吧台椅座面中心位置，按下鼠标左键并拖拽一个圆形，大小合适时松开鼠标并向上移动鼠标，在合适的位置单击左键，此时创建了一个圆环，单击 按钮，修改圆环的参数，如图2-54所示。

 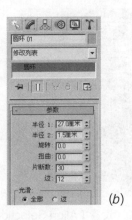

图2-54　修改圆环的参数（中英文对照）
(a) 英文面板；(b) 中文面板

(24) 单击【Align】（对齐）按钮，返回顶视图，用鼠标左键单击吧台椅座面，此时会弹出【Align Selection】（对齐选择）对话框，设置选项与图2-50所示的相同，并单击 OK 按钮。

(25) 鼠标右键激活Front（前视图），单击 按钮，将鼠标移至Y轴坐标位置，当光标显示为 时，垂直向下拖拽鼠标左键，将选择的圆环向下移动至图2-55所示的位置。

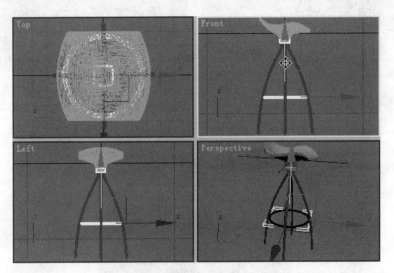

图2-55　将选择的圆环向下移动

(26) 调节Perspective（透视图），按快捷键【Shift+Q】渲染视图。最终结果如图2-1所示。

第3章 创建卵形椅和搁脚凳模型

3ds max的建模方法有很多，其中功能最强大、比较容易理解的为Ploygon多边形建模，非常适合初学者学习，并且在建模的过程中使用者可以有更多的想像空间和修改余地。

虽然Ploygon多边形建模功能很强大，但是也有其优势和不足。

多边形建模的优势首先是它的操作感非常好，是建造复杂模型的首选，也是我们将要重点讲解的对象，而且从软件开发商的角度来看，应该也是侧重于Edit Polygon的功能。3ds Max 2008中为我们提供了许多高效的工具，良好的操作感使初学者极易上手，因为可以一边做，一边修改；其次多边形建模可以对模型的网格密度进行较好的控制，使最终模型的网格分布稀疏得当，后期我们还能比较及时地对不太合适的网格分布进行纠正；再有一点就是用过3ds Max 2008的用户都会感觉到它的多边形建模的效率是相当高的。

凡事有利必有弊，有一些不足是多边形建模比较擅长表达光滑的曲面，对于创建边缘尖锐的曲面就显得有一些吃力，或是在效果上打了点儿折扣。再有一点就是当我们创建的模型非常复杂时，物体上的调节点会非常多，这就要求我们要有比较好的把握能力，合理地划分网格。因此多边形建模能力的高低主要体现在两个方面：对模型结构的把握程度和对模型网格分布的控制。

在以下的实例中，要通过循序渐进的讲解及相应的案例来对3ds Max 2008中的多边形建模进行剖析，使读者可以比较全面地了解和掌握3ds Max 2008中的多边形建模方式与流程。

3.1 创建卵形椅

图3-1所示的"卵形椅和搁脚凳",是丹麦设计师阿尔尼·雅各布森(Alne Jacobsen)在1957年设计的椅子作品之一。这把椅子表达了一种舒适的安定感和很强的雕塑感。外壳用聚氨酯钢化纤维玻璃(玻璃钢)经塑形制成,内填乳胶泡沫,外包皮革材料,支在铸铝四脚基座上,可以随意倾斜和转动,被视为战后最具有影响力的家具设计。

下面就详细讲解应用3ds Max 2008制作"卵形椅和搁脚凳"的步骤。

图3-1 卵形椅和搁脚凳

3.1.1 创建椅子

首先设置单位以精确创建模型。

(1) 单击菜单栏上的【Customize】(自定义)菜单,从下拉菜单中选择【Units Setup】(单位设置)选项,则弹出"Units Setup"对话框,如图3-2所示。

(2) 单击"Units Setup"(单位设置)对话框中最上边的 System Unit Setup 按钮,弹出图3-3所示对话框,将单位设置为"厘米"。

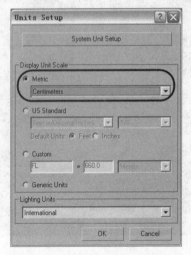 

图3-2 "Units Setup"(单位设置)对话框　图3-3 "系统单位设置"对话框

(3）单击视图右侧命令面板上的【Geometry】（几何体） 按钮。单击 Box （立方体）按钮，在Top（顶视图）中的中心处单击鼠标左键并拖动出一个方形，松开鼠标并将其向上移动，移动一定高度时单击左键以确定高度，结束立方体的创建。

(4）单击视图右侧命令面板上的【Modify】（修改） 按钮，修改立方体的参数，如图3-4所示，并将立方体命名为"卵形椅"。

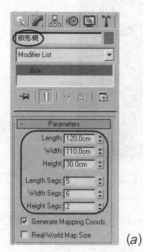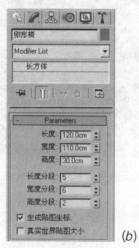

图3-4　修改立方体的参数（中英文对照）
(a) 英文面板；(b) 中文面板

(5）如果此时在视图中并不能完全看见立方体的全部，可单击视图右下角视图控制区中的【全部显示】 按钮（也可以按键盘上的快捷键【Z】），立方体即可全部显示在视图范围之内。创建的立方体如图3-5所示。

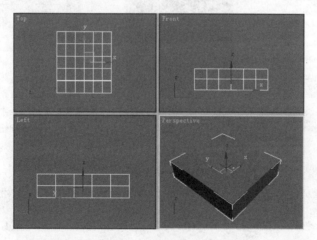

图3-5　创建的立方体

　　如果为了更清楚地观察模型，可根据需要随时将视图中的网格进行隐藏，具体操作方法是在英文输入法状态下，按键盘上的【G】键即可将当前激活视图的网格进行隐藏。再次按【G】键可将隐藏的网格恢复显示状态。

(6) 激活Perspective（透视图），此时该视图的显示模式是【Smooth+Highlights】（平滑+高光），需要将该模式转换为【Edged Faces】（边面）。此时只需要按键盘上的【F4】键即可转换透视图的模式，如图3-6所示。该模式只针对透视图有效。

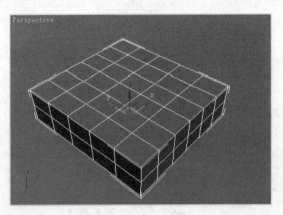

图3-6　将透视图转换为【Edged Faces】（边面）模式显示

还有一种方法可以将透视图转换为【Edged Faces】（边面）显示模式：

在Perspective（透视图）的名称上单击鼠标右键，此时即可弹出图3-7所示的下拉菜单，单击【Edged Faces】（边面）选项。

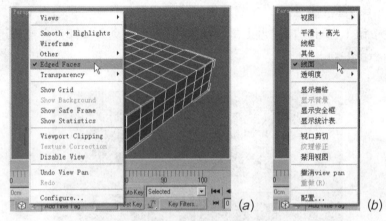

图3-7　右键快捷菜单（中英文对照）
(a) 英文菜单；(b) 中文菜单

(7) 确认立方体是处于选择状态，单击"卵形椅"名称下面的【Modifier List】（修改器列表），如图3-8所示。从列表中选择【Edit Poly】（编辑多边形）修改器，如图3-9所示。

图3-8　【Modifier List】　　图3-9　【Edit Poly】
（修改器列表）窗口　　　（编辑多边形）修改器

> 提示　☑ Ignore Backfacing（忽略背面）选项是为了在选择立方体上表面时，忽略下表面不被误选择。

（8）将【Edit Poly】修改器前面的 ➕ 加号展开呈 ➖ 减号，单击次对象【Polygon】（多边形）或者单击 ▇ 按钮，此时将参数面板中的 ☑ Ignore Backfacing（忽略背面）选项勾选上，在透视图中按住【Alt】键的同时按下鼠标的滚轮不要松开并拖拽鼠标或者使用 ⚙ 按钮调节透视图的角度，方便下面的编辑。按【Ctrl】键点选图3-10所示的表面。

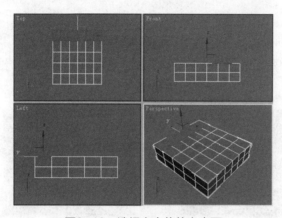

图3-10　选择立方体的上表面

（9）由于右侧的参数面板的命令很多，所以要想查看其他的命令，需将鼠标移至右侧的参数面板的空白位置，当鼠标显示为 🖑 时，上下拖拽鼠标左键。单击 Extrude（挤出）按钮后面的 ▇ 设置按钮，此时回弹出图3-11所示的对话框，设置参数并单击 Apply 按钮。

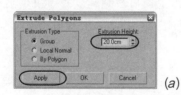 (a)　　 (b)

图3-11　设置【Extrude Polygons】参数（中英文对照）
(a) 英文对话框；(b) 中文对话框

（10）此时立方体选择的表面向上挤出了20cm的高度，如图3-12所示。

（11）继续单击对话框中的 Apply 按钮，连续单击4次，再单击 OK 按钮关闭对话框。此时卵形椅的靠背部分继续向上挤出高度，结果如图3-13所示。

（12）如果此时觉得靠背部分有些厚或有些薄，可以进行调整。单击 ⋮ 按钮，鼠标右键激活左视图，框选最左侧一列点，如图3-14所示。单击 ✥ 按钮，将左列点水平向右或向左移动。

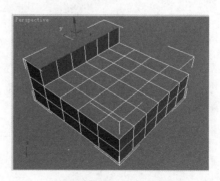

图3-12　挤出的高度

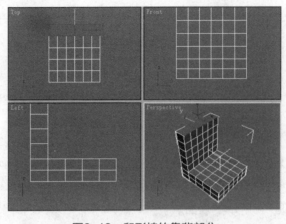
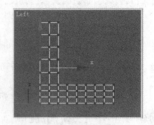

图3-13 卵形椅的靠背部分　　　　图3-14 框选最左侧一列点

（13）鼠标右键激活前视图，取消勾选 ▢ Ignore Backfacing（忽略背面）选项，框选卵形椅右侧四列的点，如图3-15所示，然后按键盘上的【Delete】键将右半部删除，结果如图3-16所示。

图3-15 框选卵形椅右侧四列的点　　图3-16 将右半部删除

> 框选卵形椅右侧四列点时，取消勾选 ▢ Ignore Backfacing（忽略背面）选项，是为了将靠背背面的点也同时被选择。由于要创建的卵形椅的造型是左右对称的，因此为了提高工作效率，只需要创建一半的造型即可，而另外一半应用【Symmetry】（对称）命令即可快速生成，所以需要先将右半部删除。

（14）单击 按钮将其关闭，单击"卵形椅"名称下面的【Modifier List】（修改器列表），从列表中选择【Symmetry】（对称）修改器，此时视图中的模型消失，只显示橘黄色的坐标标记，调节右侧的参数，如图3-17所示。

（15）此时视图中又完整地显示了卵形椅的造型，但此时该造型已是由两部分组成了。下面继续编辑靠背造型。

图3-17 【Symmetry】（对称）修改器参数面板
（中英文对照）(a) 英文面板；(b) 中文面板

(16) 再次单击修改器堆栈栏中的 Edit Poly，再单击下面已展开的按钮，框选图3-18所示的左侧第2列点，此时会发现右侧的第2列点也被选择了，这就是【Symmetry】（对称）修改器的作用。将这一列点向右侧水平移动，结果如图3-19所示。

图3-18　选择左侧第2列点

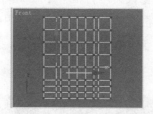
图3-19　水平向右移动点

(17) 单击■按钮，勾选 ☑ Ignore Backfacing（忽略背面）选项，按住【Ctrl】键选择靠背上如图3-20所示的左侧面。单击右侧参数面板上 Extrude（挤出）按钮后面的□设置按钮，此时弹出对话框，设置挤出高度的参数如图3-21所示。再单击 OK 按钮关闭对话框。

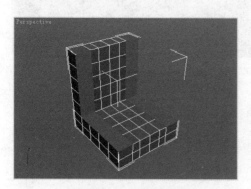
图3-20　选择左侧的面

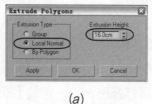
(a)　　　　　　　　(b)
图3-21　设置挤出高度的参数（中英文对照）
(a) 英文对话框；(b) 中文对话框

(18) 此时卵形椅的结果如图3-22所示。

(19) 单击■按钮，将其暂时关闭。单击【Modifier List】（修改器列表），从列表中选择【Mesh Smooth】（网格平滑）修改器，并调节参数面板的参数，如图3-23所示。

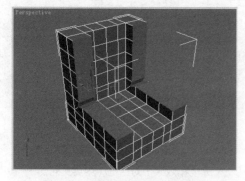
图3-22　挤出的扶手和靠背效果

(a)　　　　　　　　(b)
图3-23　【Mesh Smooth】（网格平滑）修改器
（中英文对照）(a) 英文面板；(b) 中文面板

(20) 激活透视图,按【Shift+Q】快捷键,渲染视图,结果如图3-24所示。

从渲染的结果可以观察到沙发的扶手有明显的褶皱,而且渲染窗口的背景是黑色,下面先调整一下褶皱的部分。

(21) 单击修改器堆栈栏中【Mesh Smooth】修改器前面的按钮,使其呈关闭状态。右键激活左视图,再次单击修改器堆栈栏中的 Edit Poly ,再单击下面已展开的 按钮,框选扶手褶皱区域的点,将这些点调整到图3-25所示的位置。

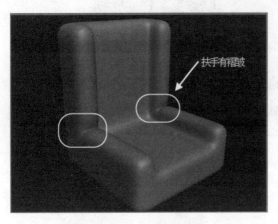
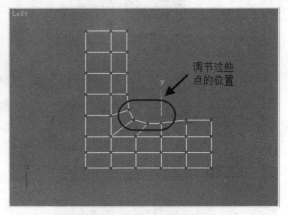

图3-24 渲染透视图效果　　　　　　　　图3-25 选择点并移动

下面更改渲染窗口的背景颜色。

(22) 单击菜单栏【Rendering】(渲染)→【Environment】(环境),如图3-26所示。或者按键盘上的数字【8】键,可打开图3-27所示的【Environment and Effects】(环境和效果)对话框。

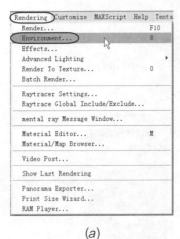

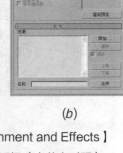

　　　　(a)　　　　　　　(b)　　　　　　　(a)　　　　　　　(b)

图3-26 【Rendering】(渲染)(中英文对照)　　图3-27 【Environment and Effects】
(a) 英文对话框;(b) 中文对话框　　　　　　　　(环境和效果)对话框(中英文对照)
　　　　　　　　　　　　　　　　　　　　　　　　(a) 英文面板;(b) 中文面板

(23) 单击黑色块,会弹出【Color Selector: Background Color】(颜色选择器)窗口,调节颜色如图3-28所示,单击 OK 按钮。关闭【Environment and Effects】(环境和效果)对话框,再次激活透视图,按【Shift+Q】快捷键,渲染视图,结果如图3-29所示。

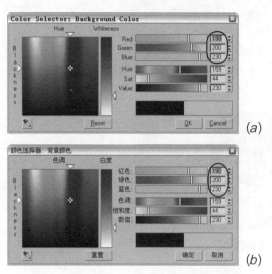

图3-28 【Color Selector:Background Color】
(颜色选择器)窗口(中英文对照)
(a) 英文对话框;(b) 中文对话框

图3-29 渲染结果

(24) 右键激活左视图,将卵形椅的各个点进行选择(最好以框选的形式选择每组点)并移动点的位置,最终点的位置如图3-30所示。

(25) 如果此时对卵形椅的宽度不满意,可以通过调节点的位置将宽度进行加宽或缩窄。右键激活顶视图,框选卵形椅最左侧的三列点,此时右侧三列点也会显示为选择状态,锁定X轴向并移动点的位置,水平向右移动可以将卵形椅的宽度变窄,而水平向左侧移动可以加宽,最终点的位置如图3-31所示。

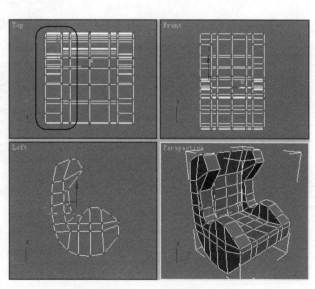

图3-30 将卵形椅的各个点进行选择并移动

图3-31 加宽卵形椅的宽度

（26）单击 按钮使其暂时关闭，单击修改器堆栈栏中【Mesh Smooth】修改器前面的 按钮，使其呈开启状态 。右键激活透视图，按【Shift+Q】快捷键渲染，结果如图3-32所示。

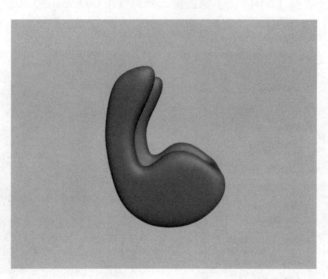

图3-32　渲染效果

3.1.2　创建椅子腿部造型

下面来创建椅子腿部造型。

（1）单击视图右侧命令面板上的【Geometry】（几何体） 按钮。单击 Cylinder （圆柱体）按钮，在Top（顶视图）中椅子的中心处单击鼠标左键并拖动出一个圆形，松开鼠标并将其向上移动，移动一定高度时单击左键以确定高度，结束圆柱体的创建，圆柱体如图3-33所示。

（2）单击视图右侧命令面板上的【Modify】（修改） 按钮，修改圆柱体的参数，如图3-34所示，并将圆柱体命名为"底座"。

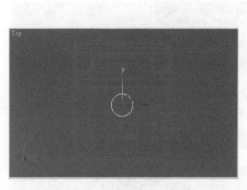

图3-33　创建的圆柱体

图3-34　修改圆柱体的参数（中英文对照）
(a) 英文面板；(b) 中文面板

（3）激活左视图或激活前视图，确认圆柱体是处于选择状态，锁定Y轴方向垂直移动圆柱体，将其移动到椅子的正下方，结果如图3-35所示。

(4)通过鼠标滚轮的操作调节左视图的显示,将椅子的底部放大显示。单击视图右侧命令面板上的 按钮,再单击【shapes】(图形) 按钮。单击 Line (线)按钮,选择图3-36所示的创建方式。

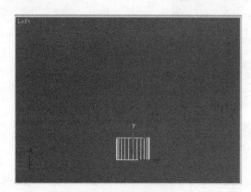
图3-35 移动圆柱体

图3-36 选择创建方式(中英文对照)
(a) 英文面板;(b) 中文面板

(5)激活左视图,依照图3-37所示的三个点的位置创建一条圆弧线,右键结束绘制操作。

如果此时对已绘制的弧线不满意,可以选择弧线单击 按钮,再次单击修改器堆栈栏中的 Line ,再单击下面已展开的 按钮,如图3-38所示,选中弧线上的点移动即可。

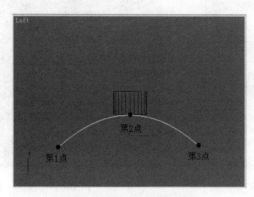
图3-37 创建一条圆弧线

图3-38 编辑点

(6)单击视图右侧命令面板上的 按钮,再单击【shapes】(图形) 按钮。单击 Circle (圆)按钮,在左视图拖拽创建一个小圆,单击 按钮,修改圆的半径值,如图3-39所示。

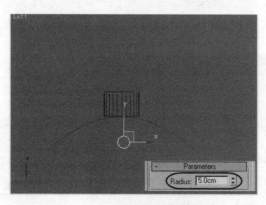
图3-39 创建圆饼修改半径

图3-40 【Compound Objects】（复合物体）命令面板

（中英文对照）(a) 英文面板；(b) 中文面板

（7）选择弧线单击 按钮，再单击 按钮。从 Standard Primitives 列表中选择 Compound Objects （复合物体），其面板组成如图3-40所示。

（8）单击 Loft （放样）按钮，此时右侧会展开其参数面板，如图3-41所示。单击面板中的 Get Shape （获取形体）按钮，回到视图中，将鼠标移至小圆的边线上，此时会出现放样的标记，如图3-42所示。

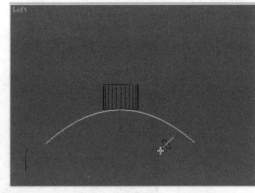

图3-41 【Loft】（放样）参数面板（中英文对照）　　图3-42 【Loft】（放样）命令的标记

(a) 英文面板；(b) 中文面板

（9）左键单击小圆的边线，此时通过【Loft】（放样）命令创建了一个弧形的圆柱体，最终效果如图3-43所示。为其命名为"腿01"。

（10）选择弧形圆柱体，单击 按钮，在右侧【Loft】（放样）命令参数面板的最下方，单击 Deformations （变形）卷展栏按钮，会展开5个选项，如图3-44所示。

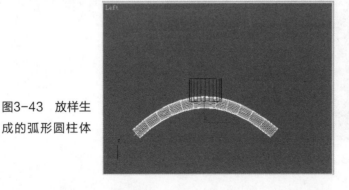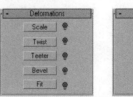

图3-43 放样生成的弧形圆柱体

图3-44 【变形】卷展栏

(11) 单击第一个选项 Scale （缩放）按钮，打开【Scale Deformation】（缩放变形）对话框，如图3-45所示。

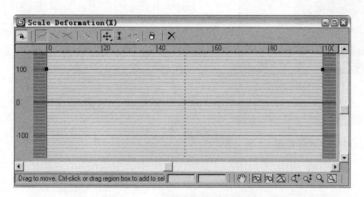

图3-45 【缩放变形】对话框

(12) 单击对话框上方工具栏上的 （插入点）按钮，在水平红线上标有"50"刻度的位置单击左键，即可插入一个点，再单击对话框上方工具栏上的 按钮，选择插入的点，并在该插入点上单击右键，从弹出的控制点属性快捷菜单中选择【Bezier-Corner】（贝塞尔角点），如图3-46所示。

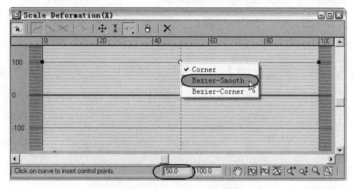

图3-46 插入点并改变点的属性

(13) 单击对话框上方工具栏上的 按钮，选择最左侧的原有的点，并按【Ctrl】键框选最右侧的点，垂直向下移动，最终调节的结果如图3-47所示。

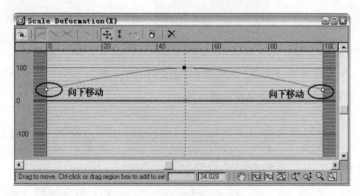

图3-47 框选两侧的点并向下移动

(14) 此时圆柱体的两端变细了，渲染透视图，"腿01"的最终效果如图3-48所示。

(15) 单击 按钮，再单击 按钮。将 Compound Objects （复合物体）列表再转换为 Standard Primitives 列表，单击 Sphere （球体）按钮，在左视图"腿01"的左侧端点位置，拖拽鼠标创建一个圆球，如图3-49所示，单击 按钮，修改球体的半径，如图3-50所示。

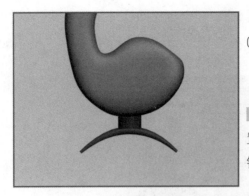

图3-48　"腿01"的最终效果

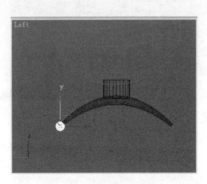 

图3-49　创建一个圆球　　图3-50　修改球体的半径

(16) 激活左视图，按住键盘上的【Shift】键，将鼠标光标移至X轴上，锁定X轴并水平向右移动至"腿01"的最右端，松开鼠标，此时会弹出【Clone Options】（克隆选项）对话框，设置复制选项如图3-51所示，单击 OK 按钮，此时就复制了一个球体。

(17) 按【Ctrl】键将"腿01"、"Sphere01"和"Sphere02"一起选择，单击菜单栏中的【Group】（组）菜单，从下拉菜单中选择【Group】（组）命令，在弹出的"Group"对话框中输入组的名称"椅子腿01"，如图3-52所示。

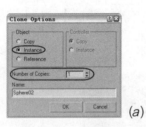  

图3-51　【Clone Options】（克隆选项）对话框（中英文对照）　　图3-52　"Group"（组）对话框
　　　　(a) 英文对话框；(b) 中文对话框

(18) 分别在左视图和顶视图调节"椅子腿01"的位置，如图3-53所示。

下面需要将"椅子腿01"再复制一个并将其旋转90度。

(19) 激活顶视图，单击主要工具栏上的【Angle Snap】（角度捕捉） 按钮，并在该按钮上右键，此时会弹出图3-54所示的对话框，将角度值设置为90，关闭对话框。

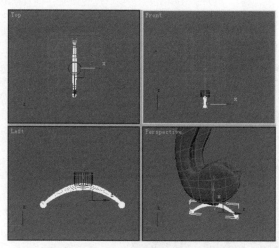
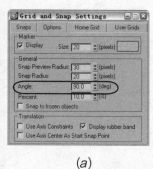
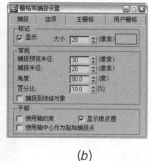

图3-53 调节"椅子腿01"的位置

图3-54 【栅格和捕捉设置】对话框（中英文对照）
(a) 英文对话框；(b) 中文对话框

> 提示：将角度值设置为90是为了下面在旋转复制"椅子腿01"时会自动旋转90度。△按钮的快捷键是"A"。

（20）单击主要工具栏上的 ↻ 按钮，返回顶视图，将鼠标光标移至最外侧的环线上，如图3-55所示。

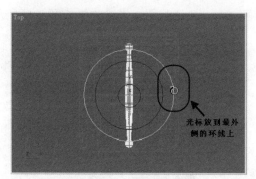

图3-55 光标的位置

（21）按住【Shift】键的同时按下鼠标左键并向上或向下拖拽鼠标，当新复制的椅子腿呈90度显示时，松开鼠标和【Shift】键，此时也会弹出"Clone Options"（克隆选项）对话框，设置复制选项如图3-56所示，并单击 OK 按钮。

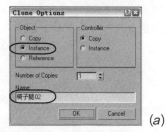

图3-56 "Clone Options"（克隆选项）对话框（中英文对照）
(a) 英文对话框；(b) 中文对话框

此时的椅子腿最终结果如图3-57所示。

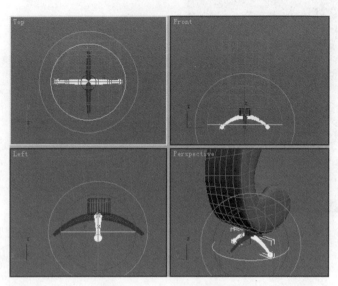

图3-57 椅子腿最终结果

> 提示：单击主要工具栏上的 按钮、 按钮进行操作时，会显示X、Y、Z轴的箭头或是圆圈线，此时可以根据实际需要，按键盘上的"＋""－"键，将其放大或缩小显示。还可以应用键盘上的"X"键切换该功能。

（22）调节透视图的显示区域，渲染透视图，最终效果如图3-58所示。

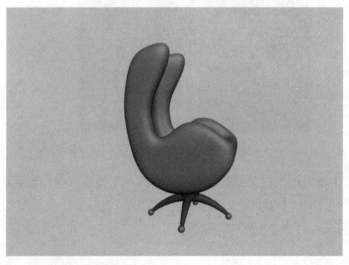

图3-58 最终效果

3.2 制作搁脚凳

（1）单击 按钮，再单击 Standard Primitives 列表，单击 Sphere （球体）按钮，在顶视图拖拽鼠标创建一个圆球，如图3-59所示。单击 按钮，修改球体的参数，如图3-60所示。

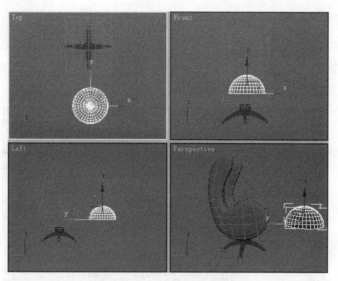

图3-59 在顶视图创建球体

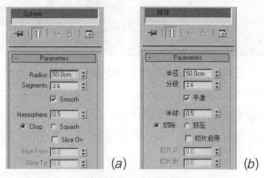

图3-60 修改球体的参数（中英文对照）
(a) 英文面板；(b) 中文面板

(2) 激活前视图，选择半球体，单击主要工具栏上的【Mirror】（镜像）按钮，此时会弹出图3-61所示的对话框，设置Y轴选项，并单击 OK 按钮。

此时前视图的半球就沿着Y轴镜像。

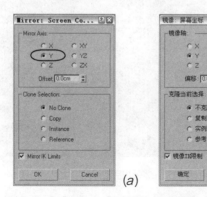

图3-61 【Mirror】（镜像）对话框（中英文对照）
(a) 英文对话框；(b) 中文对话框

(3) 选择半球体，单击 按钮，在弹出的【修改器列表】中，选择【Mesh Smooth】（网格平滑）修改器，并将参数面板中的【Iterations】（迭代次数）值设置为"2"。

(4) 再次单击 按钮，在弹出的【修改器列表】中，选择【FFD 4×4×4】（自由变形）命令，此时，在视图的右侧会出现【FFD 4×4×4】（自由变形）命令的参数面板，在修改器堆栈栏中单击命令前面的 ➕ 将其变成 ➖，此时展开其包含的子项，单击【Control Points】（控制点），此时窗口中的半球体会显示橘黄色的4×4×4控制点，如图3-62所示。

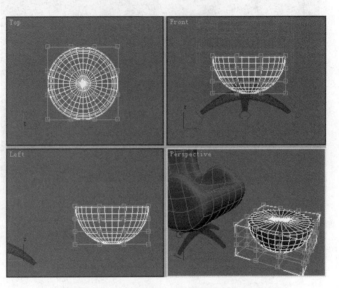

图3-62　半球体显示的橘黄色控制点

（5）在前视图将鼠标移至空白处，框选中间的第一层、第二层和第三层的两列控制点，并垂直向下移动，结果如图3-63所示。关闭【Control Points】（控制点）选项。将半球体命名为"搁脚凳"。下面创建搁脚凳的边缘缝合线。

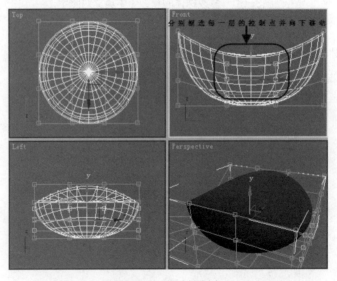

图3-63　移动控制点

（6）选择搁脚凳，单击 按钮，在【修改器列表】中选择【Edit Poly】（编辑多边形）命令，单击 按钮，返回透视图，确认该视图的显示模式为【Edged Faces】（边面），如果已不是这种模式可按键盘上的【F4】键进行切换。将透视图放大显示，单击图3-64所示的一段边线，然后再单击右侧参数面板中的 Loop 按钮，此时与选择的边线相连的一圈边快速地被全部选择，结果如图3-65所示。

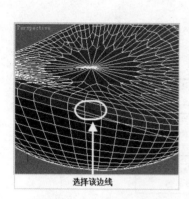

图3-64 选择一段边线

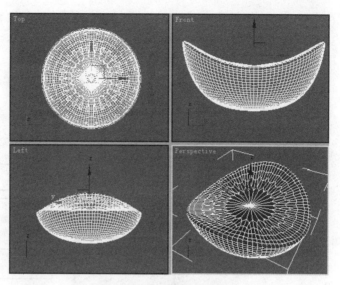

图3-65 与选择的边线相连
的一圈边快速地被全部选择

（7）单击右侧参数面板中的 Create Shape （创建图形）按钮后面的 Create Shape 【settings】（设置）按钮，此时会弹出图3-66所示窗口，输入"缝合线"，并单击 OK 按钮。

此时渲染透视图是看不到缝合线实体模型的，好像不存在，因为二维的图形在默认情况下是渲染不出来的，需要进行设置。

图3-66 【创建图形】对话框（中英文对照）
(a) 英文对话框；(b) 中文对话框

（8）关闭 按钮。单击工具栏上的 按钮，此时弹出图3-67所示窗口，选择"缝合线"，并单击 OK 按钮。

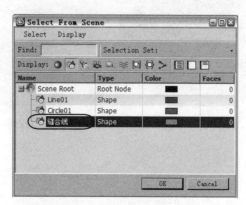

图3-67 【从场景中选择】窗口

(9) 此时创建的缝合线被选择，单击 按钮，在右侧参数面板中单击 Rendering （渲染）按钮将卷展栏展开，设置各个选项和参数，如图3-68所示。

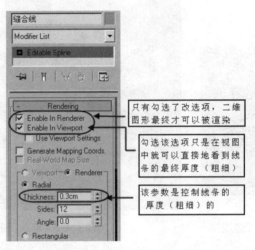

图3-68　设置各个选项和参数

(10) 可以为缝合线更改颜色，渲染透视图，观看一线缝合线的最终效果。

下面将卵形椅的"底座"、"椅子腿01"和"椅子腿02"复制到搁脚凳的下方。

(11) 激活左视图，按住【Ctrl】键的同时选择"底座"、"椅子腿01"和"椅子腿02"，松开【Ctrl】键。再按住【Shift】键，将光标移至X轴箭头位置，锁定X轴向，并水平向右侧拖拽鼠标左键，拖拽至搁脚凳的下方时松开鼠标和【Shift】键。在弹出的【Clone Options】（克隆选项）对话框中保持默认设置，并单击 OK 按钮。至此该模型就创建完成了。创建的卵形椅和搁脚凳的最终效果如图3-69所示。

图3-69　创建的卵形椅和搁脚凳的最终效果

第4章

创建窗帘和窗帘幔

窗帘在家居设计中会为居室增添一抹亮色,是必不可少的室内构件之一。一幅完整普通的窗帘,应该是由窗杆、窗帘、饰件三部分构成。其中窗帘饰件对于整幅窗帘起着"画龙点睛"的作用。目前市场上常用的窗帘饰件大体可分为四类挂钩装饰:绑带,挂钩,装饰花和帘幔。

其中帘幔是点睛之笔,无论是布帘还是卷帘,如果配上漂亮的帘幔来装饰,都会演绎出不同风格和别样的韵味。用大花卉图案面料做成的幔帘,最适合和花帘搭配在一起作为装饰;在窗边放上嵌有花卉图案的小相框,别具一番情调;用色彩亮丽的细格纹面料做帘幔,感觉明快;若在帘幔上面缝制一些花边,立刻增强动感;窗边摆上几个小花盆,一幅恬静的画面即刻展现在眼前。

4.1 应用【Loft】（放样）命令创建窗帘及窗帘幔头

在室内装饰设计中，窗帘也是一个重要的组成部分，窗帘的样式多种多样，下面就以图4-1所示的窗帘样式来讲解窗帘的制作。

图4-1 窗帘渲染效果

4.1.1 创建窗帘

(1) 在菜单栏中选择【File】（文件）→【Reset】（重新设置），将系统进行重新设置。

(2) 单击菜单栏上的【Customize】（自定义）菜单，从下拉菜单中选择【Units Setup】（单位设置）选项，将显示单位和物体的单位都设置为"毫米"。

(3) 单击 创建按钮，再单击 按钮，从命令面板中选择 Line （线）按钮并单击，在Top（顶视图）绘制一条水平的直线，如图4-2所示。

图4-2 绘制一条水平的直线

在3ds Max中，如果要绘制水平或垂直的直线，可以按键盘上的【Shift】键再进行绘制，即可绘制出水平或垂直的直线。

(4) 选择绘制的直线，单击 按钮，此时面板下方会弹出【Line】（线）工具自带的修改面板，与【Edit Spline】（编辑样条曲线）功能相同。单击 Loft 线命令前面 的（加号），将其展开变成 （减号），即可展开【Line】的次对象，单击次对象【Segment】（线段）选项，如图4-3所示。

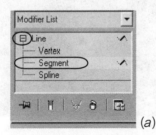
(a)

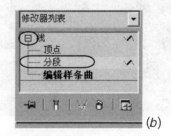
(b)

图4-3 线的次对象（中英文对照）
(a) 英文面板；(b) 中文面板

【Line】（线）工具自带有与【Edit Spline】（编辑样条曲线）功能相同的修改器，因此，在应用【Line】（线）工具绘制各种形状的二维图形时，不必再从【Modifier List】（编辑器列表）中选择【Edit Spline】修改器，而应用其他工具绘制的二维图形则必须应用【Edit Spline】修改器进行编辑了。

（5）下面要为直线均匀地增加一些节点。此时选择直线使其变成红颜色，向上拖动参数面板找到 **Divide**（分割）按钮，在其后面输入"14"，然后单击一下 **Divide**（分割）按钮，步骤如图4-4所示。

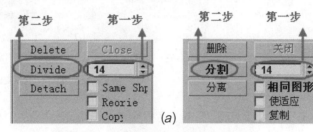

图4-4　为线段增加节点（中英文对照）

(a) 英文面板；(b) 中文面板

在应用 **Divide**（分割）进行加点操作时，一定要先选择要加点的线段，然后输入加点的数值，最后再单击 **Divide** 按钮。如果在单击 **Divide** 按钮之后，想要修改点的数值，一定先要单击主要工具栏上的【Undo】（回退）按钮，或者按键盘上的快捷组合键【Ctrl+Z】，将已增加节点的步骤推出，再重新操作。

（6）此时，视图中的直线出现了很多节点，单击次对象【Vertex】（顶点）选项，框选选择线段上的所有的点，然后在其中一个顶点上单击鼠标右键，弹出快捷菜单，选择【Bezier】（贝塞尔）选项，如图4-5所示。

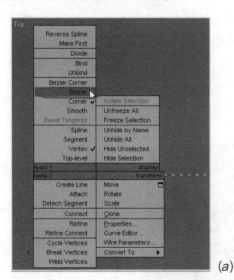
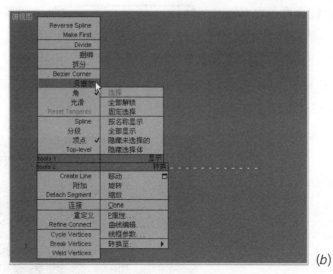

图4-5　改变点的属性（中英文对照）

(a) 英文菜单；(b) 中文菜单

(7) 此时拖动右侧面板,在参数面板的上方找到图4-6所示的区域,将【Lock】(锁定受柄)选项勾选。

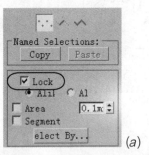 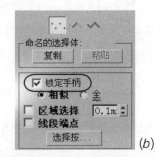

图4-6　勾选【Lock】(锁定受柄)选项(中英文对照)
(*a*) 英文面板；(*b*) 中文面板

(8) 将鼠标移至视图中任意一个杠杆句柄处,按住句柄并拖动鼠标左键,将所有的顶点调节成图4-7所示的状态,形成一条波浪线,用来模拟窗帘上边的褶皱。

(9) 重复第3步～第8步,在顶视图再绘制一条水平的直线,为该线段增加8个点即可,并将点调节成图4-8所示,使得该波浪线的起伏平缓一些,用来模拟窗帘下边的褶皱。

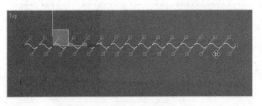 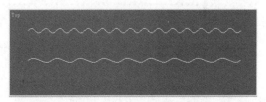

图4-7　拖动句柄调节点　　　　图4-8　将第二条线段加8个点并调节

(10) 单击 Line (线)按钮,在Front(前视图)任意位置,从上到下绘制一条垂直的直线,该直线代表窗帘的高度。

(11) 确认已选择了垂直的线,单击右侧命令面板中的创建按钮,再单击 (几何体)按钮,再单击其下方的 Standard Primitives 按钮,从下拉列表中选择【Compound Objects】(复合物体)选项。单击面板中的 Loft (放样)按钮,在下方会展开其参数面板,单击面板中的 Get Shape (获取形体)按钮,回到视图中,将鼠标移至第一条波浪线上,会出现放样的标记,点选该波浪线,此时在顶视图又会出现一条波浪线,它即是已生成的窗帘,如图4-9所示。

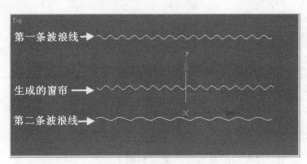

图4-9　生成的窗帘

(12) 在右侧的参数面板中将【Path】（路径）后面的参数设置为"100"，再重新单击 Get Shape（获取形体）按钮，如图4-10所示。

(13) 回到视图中，将鼠标移至第二条波浪线上并点选，此时在视图中看不到窗帘，因为窗帘的反面法线是面对视图的，因此看不到已生成窗帘的结果，需要将法线进行翻转，在参数面板中单击 Skin Parameters（外表参数）卷展栏，将其展开，找到 Flip Normals（翻转法线）选项并选择，如图4-11所示。

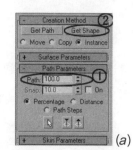 

图4-10　将路径设置为100（中英文对照）
(a) 英文面板；(b) 中文面板

图4-11　【Skin Parameters】（外表参数）卷展栏
（中英文对照）(a) 英文面板；(b) 中文面板

此时在视图中就显示了创建的窗帘，单击屏幕右下角 按钮或按键盘上的【Z】键，将窗帘全屏显示，结果如图4-12所示。

图4-12　放样生成的窗帘

可以从图4-12中观察到，窗帘的褶皱是由上至下，由密集的褶皱到稀疏的褶皱，自然地进行过渡，因此在进行放样时，第一次单击 Get Shape 按钮拾取密集的波浪线时，【Path】（路径）后面的参数设置为"0"（默认设置），当第二次单击 Get Shape 按钮拾取稀疏的波浪线时，将【Path】（路径）后面的参数设置为了"100"，才会创建出褶皱自然过渡的窗帘。

4.1.2 窗帘向一侧收拢

(1) 选择窗帘，单击 按钮，在参数面板的最下方，单击 Deformations （变形）卷展栏按钮，会展开5个选项，如图4-13所示。

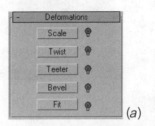
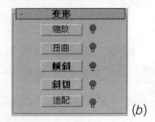

图4-13 【变形】卷展栏（中英文对照）
(a)英文面板；(b)中文面板

(2) 单击第一个选项 Scale （缩放）按钮，打开【Scale Deformation】（缩放变形）对话框，如图4-14所示。

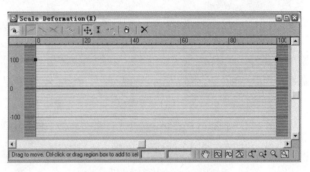

图4-14 【缩放变形】对话框

(3) 单击对话框上方工具栏上的 （插入点）按钮，在水平红线上标有"60"刻度的位置单击左键，即可插入一个点，再单击对话框上方工具栏上的 按钮，选择插入的点，并在该插入点上单击右键，从弹出的控制点属性快捷菜单中选择【Bezier-Corner】（贝塞尔角点），如图4-15所示。

(4) 将插入的点以及最右侧的原有的点分别向下移动（先选择点再移动），并按住插入的点的左侧杠杆句柄向右上方移动，最终调节的结果如图4-16所示。

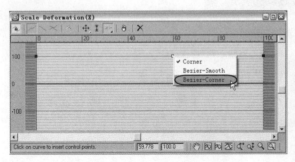
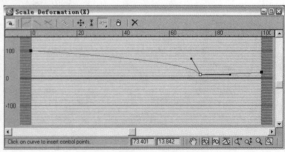

图4-15 插入点并改变点的属性　　　　　图4-16 最终调节点的位置

(5) 关闭对话框，此时视图中的窗帘如图4-17所示，可以发现窗帘是向中心收拢而不是向一侧收拢，现在将窗帘改变成向一侧收拢的形态。

(6) 选择窗帘，单击命令面板右侧的【编辑修改堆栈栏】中，单击 Loft 命令的 （加号）将其变成 （减号），展开次对象，单击次对象【Shape】（形状），如图4-18所示。

图4-17　向中心收拢的窗帘

图4-18　【Loft】（放样）次对象（中英文对照）
(a) 英文面板；(b) 中文面板

(7) 将鼠标移至前视图的窗帘正上方的边线上，此时光标变成十字光标形状单击窗帘，右侧面板会弹出图4-19所示的选项，单击 Left （左边）按钮。

 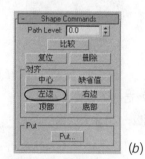

图4-19　【图形命令】面板（中英文对照）
(a) 英文面板；(b) 中文面板

(8) 再将鼠标移至前视图的窗帘正下方的边线上，当光标变成十字光标形状单击窗帘，再次单击 Left （左边）按钮，此时窗帘就向一侧收拢了，单击次对象【Shape】将其关闭。如果窗帘看上去不够光滑，可以设置图4-20所示的参数即可改变。

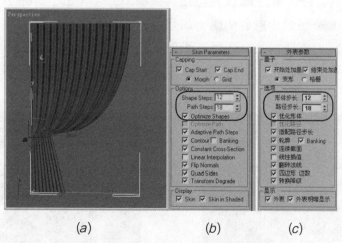

图4-20　设置窗帘的光滑程度（中英文对照）
(a) 3d模型；(b) 英文面板；(c) 中文面板

第4章　创建窗帘和窗帘幔

57

虽然通过提高【Shape Steps】和【Path Steps】两个选项的数值能改变放样物体的光滑度，但是也无形当中增加了该物体的点数和面数，这样会给计算机的运算造成负担，因此，这两项的参数要在确实需要时再增大。

4.1.3 【镜像】复制窗帘

(1) 激活前视图，选择窗帘，单击主要工具栏上的 （镜像）按钮，此时打开【镜像】对话框，参数设置如图4-21所示。

(2) 单击 OK 按钮，此时另一侧的窗帘就复制完成了，渲染结果如图4-22所示。

图4-21　【镜像】对话框（中英文对照）
(a) 英文面板；(b) 中文面板

图4-22　渲染结果

4.2 创建窗帘幔头

4.2.1 创建窗幔

(1) 单击 创建按钮，再单击 按钮，从命令面板中选择 Line （线）按钮并单击，在Left（左视图）绘制一条垂直的直线，长度相当于幔头的高度，如图4-23所示。

(2) 选择绘制的直线，单击 按钮，此时面板下方会弹出【Line】（线）工具自带的修改面板，单击 Line 线命令前面的 （加号），将其展开变成 （减号），单击次对象【Segment】（线段）选项，此时选择直线使其变成红颜色，向上拖动参数面板，首先在 Divide （分割）按钮后面输入"14"，然后单击一下 Divide （分割）按钮，此时已将直线增加了14个点，如图4-24所示。

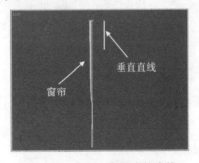
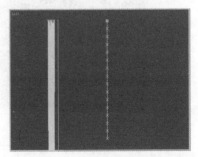

图4-23　绘制一条垂直的直线　　　　图4-24　为直线增加节点

(3) 单击次对象【Vertex】(顶点)选项,框选线段上的所有的点,然后在其中一个顶点上单击鼠标右键,从弹出快捷菜单中选择【Bezier】(贝塞尔)选项,将参数面板中的【Lock】(锁定受柄)选项勾选,将鼠标移至视图中任意一个杠杆句柄处,按住句柄并拖动鼠标左键,将所有的顶点调节成图4-25所示的状态,形成一条波浪线,用来模拟窗帘幔头的褶皱。

(4) 在Top(顶视图)绘制一条水平的直线,用来模拟窗帘幔头的长度,如图4-26所示。

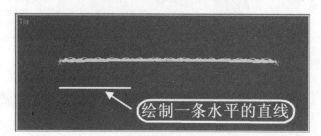

图4-25　调节点形成一条波浪线　　　　图4-26　绘制一条水平的直线

(5) 选择刚刚绘制的水平直线,单击右侧命令面板中的创建按钮,再单击（几何体）按钮,再单击其下方的 Standard Primitives 按钮,从下拉列表中选择【Compound Objects】(复合物体)选项。单击面板中的 Loft （放样）按钮,在下方会展开其参数面板,单击面板中的 Get Shape （获取形体）按钮,回到左视图中,将鼠标移至波浪线上,当出现放样的标记,点选该波浪线,此时已生成了一个横向的小窗帘(窗幔),如图4-27所示。

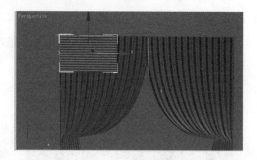

图4-27　生成窗幔

4.2.2　编辑窗幔

(1) 选择窗帘,单击 按钮,在参数面板的最下方单击 Deformations （变形）卷展栏按钮,单击第一个选项 Scale （缩放）按钮,在弹出对话框中,单击上方工具栏上的（插入点）按钮,在水平红线上标有"50"刻度的位置单击左键,插入一个点,再单击对话框上方工具栏上的按钮,选择插入的点,并在该插入点上单击右键,从弹出的控制点属性快捷菜单中选择【Bezier】(贝塞尔点),如图4-28所示。

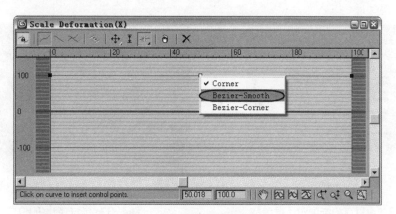

图4-28　编辑窗幔的控制点

(2）调节点，最终结果如图4-29所示。

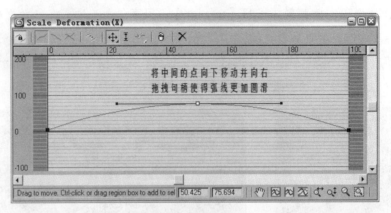

图4-29 调节点

(3）此时窗幔的状态如图4-30所示。

(4）选择窗帘，在命令面板右侧的【编辑修改堆栈栏】中，单击 Loft 命令的 ![+] （加号）将其变成 ![-] （减号），展开次对象，单击次对象【Shape】（形状），将鼠标移至前视图的窗帘左面的正中间处，此时光标变成十字光标形状单击窗帘，右侧面板会弹出图4-31所示的选项，单击 Bottom （底边）按钮。

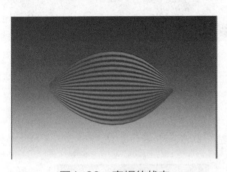

图4-30 窗幔的状态

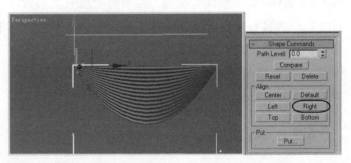

图4-31 调节窗帘的【Shape】（形状）位置

(5）将窗幔移至窗帘的前边，并按住键盘上的【Shift】键，按住并向右拖拽X轴红箭头，在合适的位置释放鼠标，在弹出的克隆选项对话框中，将参数设置为图4-32所示数值。

(6）将窗幔以一前一后的状态进行移动，最终结果如图4-33所示。

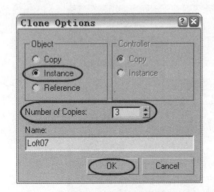

图4-32 设置克隆选项对话框参数

图4-33 调节窗幔的位置

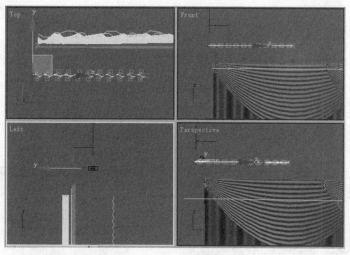

图4-34 将直线调节成波浪线

4.2.3 制作两侧小窗幔

(1) 在顶视图绘制一条水平的直线,将该直线增加10个节点,并将点调节成图4-34所示的波浪线状态。

(2) 在前视图绘制一条垂直的直线,长度比窗幔的高度长一些,并确认该直线处于选择状态。

(3) 单击面板中的 Loft (放样)按钮,在下方会展开其参数面板,单击面板中的 Get Shape (获取形体)按钮,回到顶视图中,将鼠标移至波浪线上,当出现放样的标记,点选该波浪线,在参数面板中单击

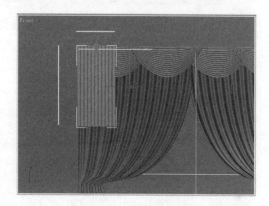

图4-35 生成小窗帘

Skin Parameters (外表参数)卷展栏,将其展开,找到 Flip Normals (翻转法线)选项并选择,此时已生成了一个小窗帘,如图4-35所示。

(4) 选择小窗帘,单击 按钮,在参数面板的最下方,单击 Deformations (变形)卷展栏按钮,单击第一个选项 Scale (缩放)按钮,将弹出对话框中,在最右侧的点上单击右键,选择【Bezier-Corner】(贝塞尔角点),并向下移动点,将左侧的句柄向上移动,调节成图4-36所示状态。

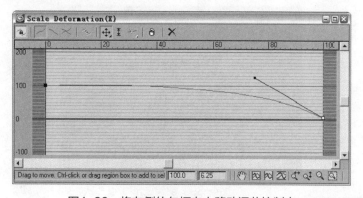

图4-36 将左侧的句柄向上移动调节控制点

(5) 选择小窗帘，在命令面板右侧的【编辑修改堆栈栏】中，单击 Loft 命令的 ■（加号）将其变成 ■（减号），展开次对象，单击次对象【Shape】（形状），将鼠标移至前视图的窗帘的正中间处，此时光标变成十字光标形状单击窗帘，从右侧弹出面板中的选项中，单击 Left （左边）按钮，结果如图4-37所示。

(6) 将小窗帘向右镜像复制一个，在对话框中选择【X】和【Instance】（关联）选项，调整窗帘的位置，至此，窗帘就创建完成了，最终效果如图4-38所示。

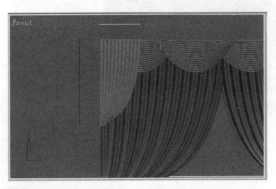 

图4-37 调节窗帘的【Shape】（形状）位置　　　图4-38 窗帘的最终结果

虽然窗帘的样式多种多样，但是制作的基本流程大体相类似，在制作过程中，如果其中某一条直线画得过长或者过短，可以选择该直线，单击 按钮，选择线的次对象【Vertex】（顶点），移动直线的一个端点即可将直线加长或缩短。

4.2.4 创建窗帘饰件装饰花

(1) 激活前视图，单击 创建按钮，再单击 按钮，从命令面板中单击 Line （线）按钮，连续单击鼠标左键绘制图4-39所示的图形。当重点捕捉到起点时会提示"是否闭合图形"，单击"是"即可创建一个闭合的图形。

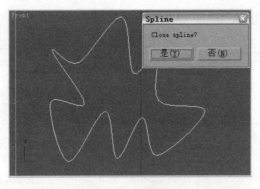

图4-39 创建图形

(2) 单击 Line 线命令前面的 ■（加号），将其展开变成 ■（减号），即可展开【Line】的次对象，单击次对象 按钮，框选绘制的图形所有的点，然后在任意点上单击鼠标右键，从下拉列表中选择【Smooth】（平滑）选项。

(3) 单击 按钮，从修改器列表中选择【Extrude】（挤出）修改命令，设置挤出的参数，如图4-40所示。

图4-40 设置【Extrude】（挤出）的参数（中英文对照）(a) 英文面板；(b) 中文面板

图4-41 设置【Taper】（导边）的参数（中英文对照）(a) 英文面板；(b) 中文面板

(4) 再单击 按钮，从修改器列表中选择【Taper】（导边）修改命令，设置挤出的参数，如图4-41所示。

图4-42 修改椭圆的参数（中英文对照）

(a) 英文面板；(b) 中文面板

(5) 激活顶视图,单击创建按钮,再单击按钮,从命令面板中单击 Ellipse (椭圆)按钮,在顶视图创建一个椭圆,作为窗帘绑带。单击按钮,修改椭圆的参数,如图4-42所示。

(6) 激活前视图,选择创建的椭圆,单击主要工具栏上的按钮,将光标移至最外侧的圆圈边线上,并向下拖拽鼠标,将椭圆旋转呈图4-43所示的状态。

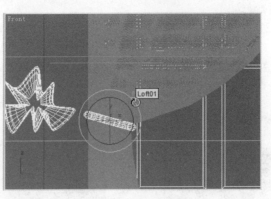

图4-43 旋转椭圆

(7) 将椭圆和装饰花移至图4-44所示的位置。

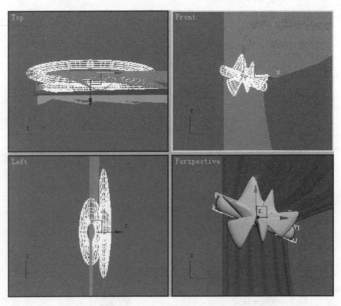

图4-44 移动椭圆和装饰花

(8) 激活前视图,选择椭圆和装饰花,单击主要工具栏上的(镜像)按钮,此时打开"镜像"对话框,应用默认的参数设置。调节视图,窗帘的最终渲染效果如图4-1所示。

第 5 章

创建床及床上装饰用品

床对于人们的生活是不可或缺的实用家具之一。随着生活水平的提高，人们对床的要求不再只是实用，而且还要美观，要与居室的风格相统一。在家居商场，床的样式足以使购物者眼花缭乱。

下面就以图5-1所示的双人床为例，详细讲解制作的流程。

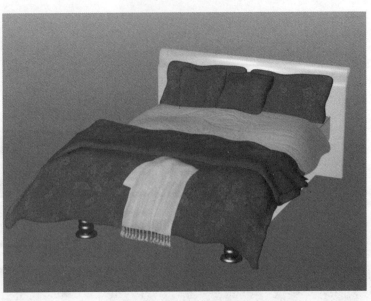

图5-1 床的渲染效果图

5.1 创建床体

5.1.1 创建床的基本架构

首先创建床的底板、床垫、床垫缝合线、床头背板以及床架腿。

(1) 单击【File】（文件）菜单，从弹出的下拉菜单中选择【Reset】（重新设置）选项，将系统进行重新设置，并将单位设置为【Centimeters】（厘米）。

(2) 单击 （创建面板）按钮，再单击 （几何体）按钮。

(3) 在【Standard Primitives】（标准几何体）创建面板中，单击 Box （立方体）按钮在顶视图拖动一个矩形框，大小合适时，向上移动鼠标，将会拉起一个高度，单击左键就创建了一个立方体，并将其名字改为"底板"，单击 按钮，此时弹出立方体的参数面板，将参数设置为图5-2所示。

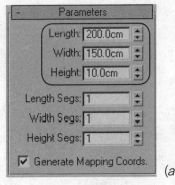
(a)

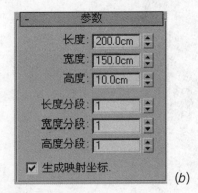
(b)

图5-2 立方体的参数面板（中英文对照）

(a) 英文面板；(b) 中文面板

（4）此时就创建了一个床底板。现在创建床垫，从类型下拉列表中选择 Extended Primitives （扩展几何体），单击 ChamferBox （倒角立方体），在顶视图床底板的位置创建一个倒角立方体，单击 按钮，此时弹出倒角立方体的参数面板，将参数设置为图5-3所示。此时就创建了一个床垫，并为其命名为"床垫"。

（5）激活顶视图，选择刚刚创建的床垫，单击主要工具栏上的 （对齐）按钮，将光标移至床底板的边线上并单击鼠标左键，打开【对齐】对话框，依照图5-4所示的步骤将床底板与床垫对齐。

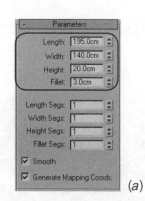

图5-3 倒角立方体的参数面板（中英文对照）

(a) 英文面板；(b) 中文面板

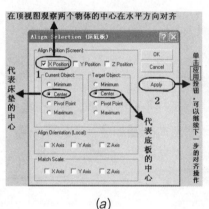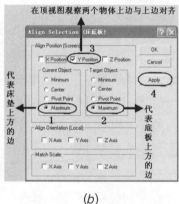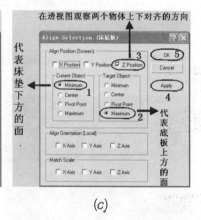

(a)　　　　　　　　　　(b)　　　　　　　　　　(c)

图5-4 对齐步骤

(a) 第一步对齐；(b) 第二步对齐；(c) 第三步对齐

5.1.2 创建床垫的边缘缝合线

（1）激活顶视图，单击右侧面板上的 （创建面板）按钮，再单击 按钮，在弹出的二维图形面板中单击 Section （剖面）按钮，在顶视图拖动一个剖面图形，大小要大于床垫，单击 按钮并将其移动至罩住整个床垫，右键激活前视图再将剖面线移至床垫的上方倒角边线的位置，如图5-5所示。此时观察透视窗，会发现床垫边缘有一圈黄线，这就是剖面线。

（2）确认剖面图形处于选择状态，单击 按钮，在右侧参数面板中单击

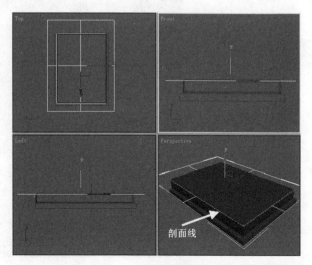

图5-5 创建剖面线

Create Shape（创建图形）按钮，在弹出的对话框中为该剖面线命名为"缝合线"，再单击 OK 按钮。此时可以将罩住床垫的剖面图形删除，选择创建的"剖面线"单击按钮，设置，"缝合线"最终结果如图5-6所示。

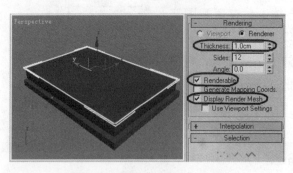

图5-6 设置"可渲染"参数

5.1.3 创建床头背板以及床架腿

（1）激活左视图，在英文输入法状态下，按键盘上的【Alt+W】快捷键，将左视图最大化显示。单击按钮，再单击 Rectangle（矩形）按钮，在左视图创建一个长度为"20"、宽度为"5"的矩形，单击按钮，再单击 Modifier List（修改器列表），从列表中选择【Edit Spine】（编辑样条曲线）修改器，在堆栈栏中，将【Edit Spline】修改器前面的加号展开呈减号，单击次对象【Vertex】（顶点）或者单击按钮，向上拖动展开的参数面板，单击 Refine 按钮为矩形的右侧边线增加节点并调整点的位置，如图5-7所示。

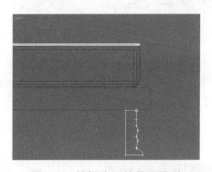

图5-7 编辑床腿的截面图形

（2）再单击 Modifier List（修改器列表），从列表中选择【Lathe】（镟床）修改器，在参数面板中单击 Min （最小坐标对齐）按钮，此时生成床架腿，如图5-8所示。

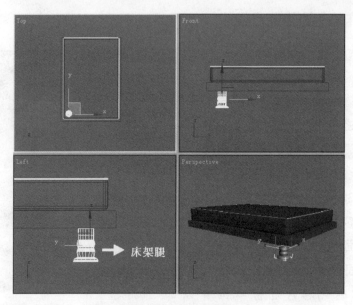

图5-8 创建的床腿

(3) 右键激活顶视图，将床架腿向右复制并移至合适的位置。

(4) 再激活顶视图，单击 按钮，再单击 Rectangle （矩形）按钮，在左视图创建一个长度为"85"，宽度为"4"的矩形，单击主要工具栏上的 （对齐）按钮，将光标移至床架腿的位置上并单击鼠标左键，打开【对齐】对话框，依照图5-9所示的步骤将该矩形与床架腿的底边对齐。

(5) 单击 按钮，再单击 Modifier List （修改器列表），从列表中选择【Edit Spine】（编辑样条曲线）修改器，在堆栈栏中，将【Edit Spline】修改器前面的 加号展开呈 减号，单击次对象【Vertex】（顶点）或者单击 按钮，向上拖动展开的参数面板，单击 Refine 按钮为矩形的左上方边线增加节点并调整点的位置，如图5-10所示。

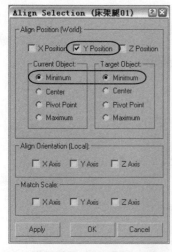 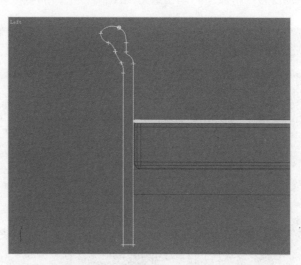

图5-9　将矩形与床架腿的底边对齐　　　图5-10　编辑床背板的截面图形

(6) 单击 按钮关闭次对象。再单击 Modifier List （修改器列表），从列表中选择【Extrude】（拉伸）修改器，设置参数面板的【Amount】数值为"160"，再从列表中选择【Mesh Smooth】（网格光滑）修改器，参数保持默认状态，生成的床头背板如图5-11所示。

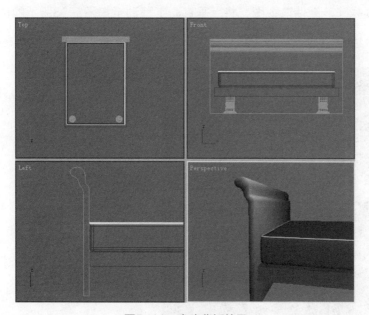

图5-11　床头背板效果

5.2 应用【Edit Mesh】(编辑网格)修改器创建床被

床被是床上必不可少的家居用品,同时也是渲染卧室环境的装饰物,样式、质地越来越受到人们的青睐。

创建床被的步骤如下:

(1) 激活顶视图,单击 ◎ (几何体)按钮。在【Standard Primitives】(标准几何体)创建面板中,单击 Plane (平面)按钮,在顶视图床垫的位置拖拽一个矩形框从而创建了一个平面,并命名为"床被",单击 按钮,将该平面的参数设置为如图5-12所示。

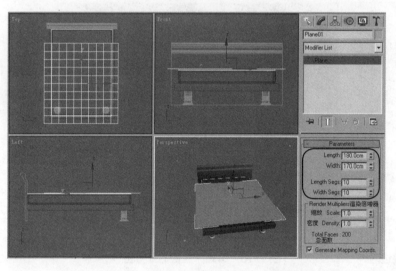

图5-12 创建平面

(2) 选择平面,单击 Modifier List (修改器列表),从列表中选择【Edit Mesh】(编辑网格)修改器,在堆栈栏中,将【Edit Mesh】修改器前面的 加号展开呈 减号,单击次对象【Vertex】(顶点)或者单击 按钮,按住键盘上的【Ctrl】键,用鼠标框选该平面的最左侧、最右侧两列点以及最下面一行点,按键盘上的空格键或者单击视图最下方的 按钮,将已选择的点锁定,避免误操作。激活前视图,将点垂直向下移动至如图5-13所示的位置。然后再单击 按钮或键盘上的空格键使其呈弹起状态,否则无法再选择其他的点进行编辑操作。

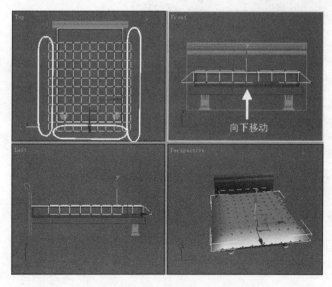

图5-13 编辑平面

(3) 向上拖动右侧的参数面板，单击 + Soft Selection （软选择）卷展栏，将其展开，并设置其选项及参数，如图5-14所示。

(4) 选择各个点进行移动，依照自己的想象将平面的形状调整为如图5-15所示的状态，使床被有很自然的下坠感。

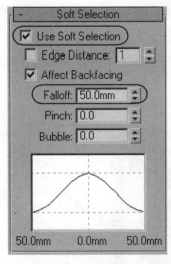
图5-14 应用"软选择"

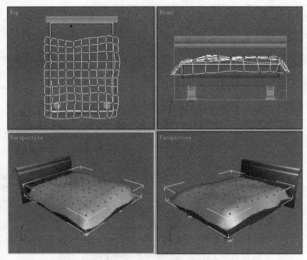
图5-15 调整出下坠感

(5) 下面为床被增加厚度，单击次对象【Polygon】（多边形）或者单击■按钮，框选整个床被（平面）使其呈红颜色，拖动右侧的参数面板，在【Extrude】（拉伸）后面是文本栏中输入"3"，按回车键，此时床被有了厚度，如图5-16所示。

图5-16 为床被增加厚度

(6) 再单击 Modifier List （修改器列表），再从列表中选择【Mesh Smooth】（网格光滑）修改器，设置其参数如图5-17所示。

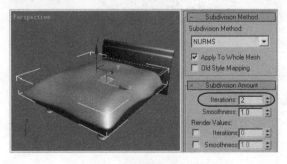
图5-17 将床被进行光滑处理

5.3 应用【Surface】（表面）创建枕头

创建枕头的步骤如下：

(1) 在任意视图中，确认没有选择任何物体，单击鼠标右键，从弹出的快捷菜单中选择【Hide Unselected】（隐藏没有选择的）选项，将视图当中的所有物体全部隐藏，以方便创建枕头。

(2) 激活前视图，单击 按钮，再单击 Line （直线）按钮，绘制枕头的剖面线，需要注意的是绘制该剖面线时，上下、左右的顶点数目要一致。单击 按钮，选择次对象 按钮，并改变点的属性为【Smooth】（光滑），将剖面线调整为图5-18所示。

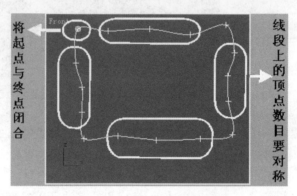

图5-18 绘制枕头的剖面线

(3) 单击主要工具栏上的 按钮，确认捕捉方式是【Vertex】（顶点）方式。单击右侧修改命令面板上的 Create Line （创建线）按钮，在前视图捕捉边线上的一个顶点创建新的线，如图5-19所示。

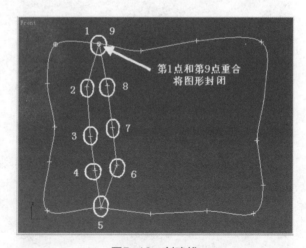

图5-19 创建线

(4) 将2、3、4三个顶点框选，右键激活左视图，将其向左移动，返回前视图再框选6、7、8三个顶点，在顶视图将其向右移动，如图5-20所示。

(5) 将新创建的8个顶点全部框选，在任意一个点上单击鼠标右键，从快捷菜单中选择【Smooth】（光滑）选项，此时线段变得光滑了，再继续调整点的位置，使线更圆滑，如图5-21所示。

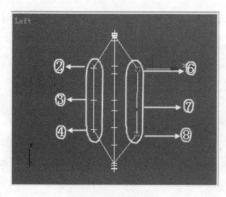

图5-20 移动点　　　　　图5-21 调节点的属性

（6）重复上述（3）~（5）的步骤创建下面两条线，并调整为图5-22所示。

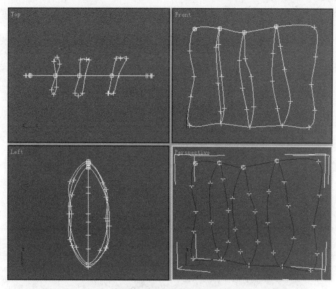

图5-22 继续创建线

（7）至此，垂直方向的线就创建完了，下面创建水平方向的线。单击 Create Line （创建线）按钮，在透视图捕捉第二行的各个顶点创建线，如图5-23所示。

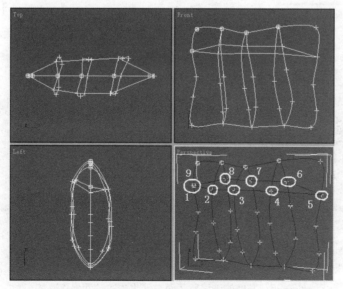

图5-23 创建水平的线

(8) 将新创建的点全部框选，在任意一个选择的点上右键，将点改变为【Smooth】（光滑）的属性，并将各个点再次进行调整，使线段更圆滑。

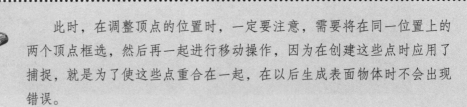

此时，在调整顶点的位置时，一定要注意，需要将在同一位置上的两个顶点框选，然后再一起进行移动操作，因为在创建这些点时应用了捕捉，就是为了使这些点重合在一起，在以后生成表面物体时不会出现错误。

(9) 重复操作（7）、（8）的步骤，再创建下面两条水平的线并将点变成【Smooth】（光滑）的属性，结果如图5-24所示。调整完成之后，关闭次对象按钮，以及按钮。

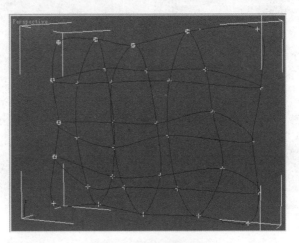

图5-24 改变点的属性

(10) 单击 Modifier List （修改器列表），再从列表中选择【Surface】（表面）修改器，此时观察透视图，可以发现虽然生成了枕头，但是法线反了，这时应该勾选右侧参数面板中的 Flip Normals（翻转法线），就会正确显示了，如图5-25所示。

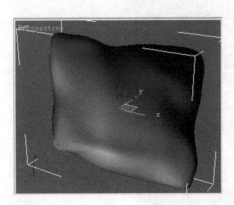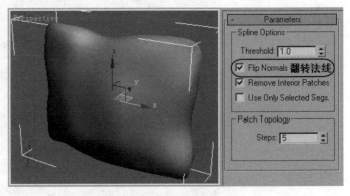

图5-25 左侧的法线反了而右侧生成的表面是正确的

(11) 至此，枕头就创建完成了。在视图中单击鼠标右键，从弹出的快捷菜单中选择【Unhide All】（全部显示）选项，将隐藏的物体显示出来，此时可以将枕头进行复制，如图5-26所示。如果大小比例不合适可以通过主要工具栏上的 ■ （比例缩放）工具按钮，将枕头缩小或放大直至满意，还可以通过 ◯ 按钮调整枕头的角度。

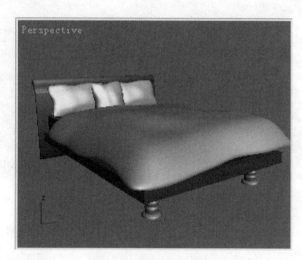

图5-26 调节枕头的比例

5.4 应用【Loft】（放样）命令创建床罩

创建床罩的操作步骤如下：

(1) 激活左视图，单击 ◯ 按钮，再单击 Line （直线）按钮，绘制图5-27所示的床罩剖面线，单击 ◯ 按钮，选择次对象 ◯ 按钮，并改变点的属性为【Smooth】（光滑），将剖面线进行调整。

(2) 激活前视图，单击 ◯ 按钮，再单击 Ellipse （椭圆）按钮，在前视图创建一个椭圆，作为模拟床罩厚度的剖面图形，如图5-28所示。

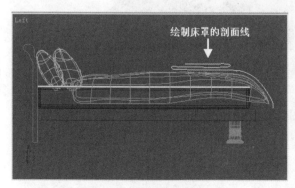

图5-27 绘制床罩剖面线

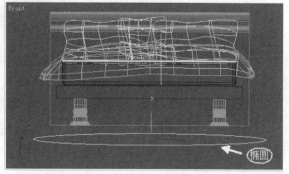

图5-28 创建一个椭圆

(3) 单击 按钮，再单击 Modifier List （修改器列表），从列表中选择【Edit Spline】（编辑样条曲线）修改器，选择次对象 按钮，向上拖动参数面板，单击 Refine （精细加点）按钮，在椭圆的边线上均匀地增加一些节点，并改变各个点的属性以及调整各个点的位置，如图5-29所示。

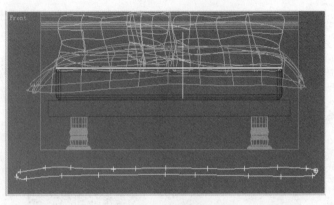

图5-29 编辑椭圆

(4) 选择图5-30中所示的床罩剖面线，单击 （创建）按钮，再单击 （几何体）按钮，再单击 Standard Primitives （标准几何体），从弹出的类型下拉列表中选择 Compound Objects （复合物体）选项，单击复合物体面板中的 Loft （放样）工具按钮。

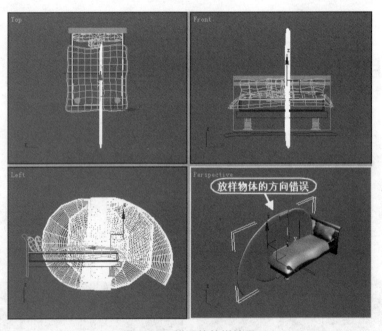

图5-30 错误的放样结果

(5) 单击参数面板中的 Get Shape （拾取图形）按钮，将光标移至视图中编辑的椭圆边线上，出现放样标记 时，单击椭圆，此时视图中虽然生成了一个实体，但不是想像的正确床罩，如图5-30所示，这是由于在放样时，椭圆截面图形被旋转了90°所造成的结果。

(6) 下面将错误的放样实体进行纠正。激活前视图，选择放样生成的床罩，单击 按钮，在堆栈栏中，将【Loft】（放样）命令前面的 加号展开呈 减号，单击次对象【Shape】（图形），将鼠标移至前视图中放样物体上，当光标变成"✥"十字光标时，单击放样物体，此时放样物体上会出现坐标，这表示已选取了截面图形。

（7）单击 ↻ 按钮，并在该按钮上右键，将弹出的对话框中的参数设置为图5-31所示。

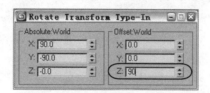

图5-31 设置旋转参数

（8）然后按回车键，此时椭圆截面图形被旋转了90°，床罩也随之显示正确了，如图5-32所示。

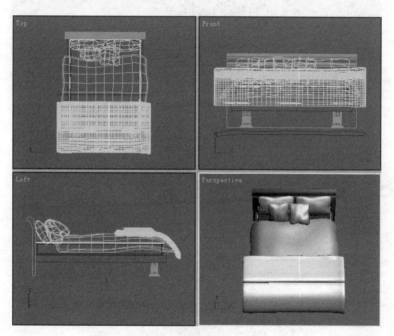

图5-32 旋转截面图形之后的正确结果

（9）选择生成的床罩，单击 ⌬ 按钮，再单击 Modifier List（修改器列表），从列表中选择【Edit Mesh】（编辑网格）修改器，在堆栈栏中，将【Edit Mesh】修改器前面的 ⊞ 加号展开呈 ⊟ 减号，单击次对象【Vertex】（顶点）或者单击 ⋯ 按钮，向上拖动右侧的参数面板，单击 ⊞ Soft Selection （软选择）卷展栏，将其展开，并设置其选项及参数，如图5-33所示。

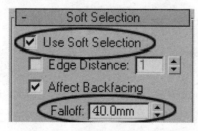

图5-33 设置软选择的衰减值

【软选择】参数面板中【Fall Loff】（衰减）值，应随着调整不同位置的点的变化而随时改变该衰减值，或大或小，以符合调整点时所影响的范围需要，最好不要一成不变。

（10）选择床罩上的点进行调整，调节出织物柔软下坠的感觉，如果此时主要工具栏上的当前坐标系为 Local 时，可以单击▼符号，从坐标系下拉列表中选择 View 坐标系，这样会方便调整各个点的方向及位置。最终调整结果如图5-34所示。

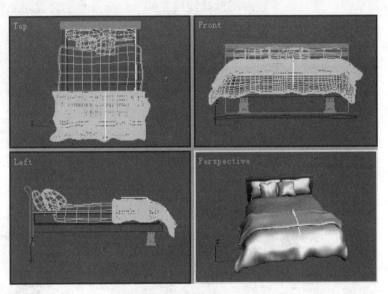

图5-34　床罩调整的最终效果

【View】为视图坐标系，在该坐标系中，3个正交视图（顶、前、左视图）均以X轴表示水平方向，Y轴表示垂直方向。此时可以用鼠标锁定某一轴向进行变换操作。【Local】为局部坐标系，在该坐标系中，坐标被标定在物体本身。当用轴向按钮锁定轴向时，可以方便地以移动、旋转、缩放命令来正确调整物体，而不管该物体是否与世界坐标系一致。

5.5　创建毛毯以及布穗儿

5.5.1　创建毛毯以及布穗儿

（1）在任意视图当中，确认没有选择任何物体，单击鼠标右键，从弹出的快捷菜单中选择【Hide Unselected】（隐藏没有选择的）选项。将视图中所有的物体全部隐藏，以方便以下的操作。激活左视图，单击 按钮，再单击 Line （直线）按钮，绘制毛毯剖面线，单击按钮，选择次对象按钮，并改变点的属性为【Smooth】（光滑），将剖面线进行调整。激活顶视图将点调节成图5-35所示的状态。

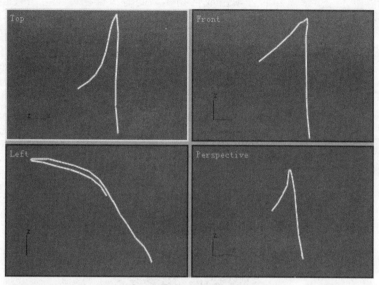

图5-35 绘制并调节毛毯的剖面线

（2）激活前视图，单击 按钮，再单击 Ellipse （椭圆）按钮，在前视图创建一个椭圆，作为模拟毛毯厚度的剖面图形，单击 按钮，再单击 Modifier List （修改器列表），从列表中选择【Edit Spline】（编辑样条曲线）修改器，选择次对象按钮，向上拖动参数面板，单击 Refine （精细加点)按钮，在椭圆的边线上均匀地增加一些节点，并改变各个点的属性以及调整各个点的位置，如图5-36所示。

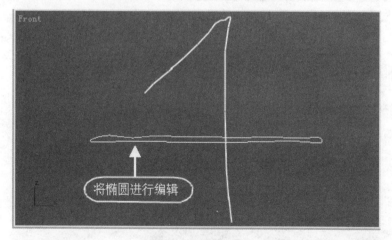

图5-36 编辑椭圆

（3）选择图5-35中的毛毯剖面线，单击类型下拉列表中选择 Compound Objects （复合物体）选项，单击复合物体面板中的 Loft （放样）工具按钮。

（4）单击参数面板中的 Get Shape （拾取图形）按钮，将光标移至视图中编辑的椭圆边线上，出现放样标记时，单击椭圆，此时生成的毛毯并不是所需要的，因此还需进一步调整。

（5）激活顶视图，选择生成的实体，单击 按钮，在堆栈栏中，将【Loft】（放样）命令前

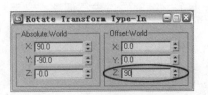

图5-37 设置旋转的角度

面的 加号展开呈 减号，单击次对象【Shape】（图形），将鼠标移至前视图中放样物体上，当光标变成"十"十字光标时，单击放样物体，此时放样物体上会出现坐标，这表示已选取了截面图形。单击 按钮，并在该按钮上右键，将弹出的对话框中的参数设置为图5-37所示。

（6）此时已正确的显示出毛毯实体，单击 按钮，再单击 Modifier List （修改器列表），从列表中选择【Edit Mesh】（编辑网格）修改器，在堆栈栏中，单击次对象【Vertex】（顶点）或者单击 按钮，向上拖动右侧的参数面板，单击 Soft Selection （软选择）卷展栏，并设置合适的【Falloff】（衰减）值，调节各个顶点呈现下坠的感觉，如图5-38所示。

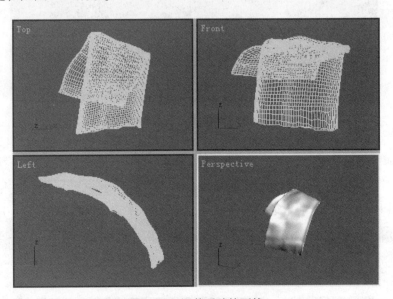

图5-38 调节毛毯的形状

5.5.2 制作毛毯下边的穗儿

（1）激活顶视图，单击 （几何体）按钮。再单击 Box （立方体）按钮，在顶视图中创建一个立方体，单击 按钮，设置该立方体的参数为图5-39所示。

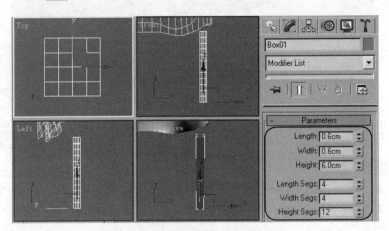

图5-39 创建立方体

(2) 单击 Modifier List （修改器列表），从列表中选择【Edit Mesh】（编辑网格）修改器，在堆栈栏中，单击次对象【Vertex】（顶点）或者单击 按钮，移动各个顶点，编辑出一个布穗儿，结果如图5-40所示。

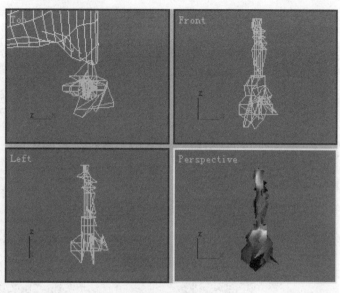

图5-40 布穗儿

(3) 单击 Modifier List （修改器列表），再从列表中选择【Mesh Smooth】（网格光滑）修改器，设置其参数如图5-41所示，将布穗儿进行光滑处理。

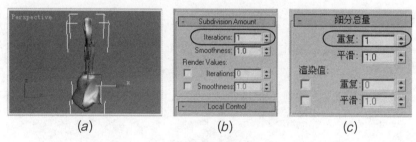

(a)　　　　　　　(b)　　　　　　　(c)

图5-41 设置光滑参数（中英文对照）

(a)3d建模；(b)英文面板；(c)中文面板

(4) 将布穗儿进行复制并调整位置，最终结果如图5-42所示。

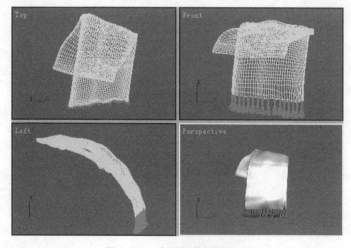

图5-42 布穗儿的最终结果

(5) 将毛毯以及所有的布穗儿进行选择，单击菜单栏【Group】（组）中的【Group】（组）子菜单选项，在弹出的对话框中，为其命名为"毛毯"单击 OK 按钮。

(6) 在视图中单击鼠标右键，从弹出的快捷菜单中选择【Unhide All】（全部显示）选项，至此，床及床上用品就创建完成了，结果如图5-43所示，并将该场景文件保存。

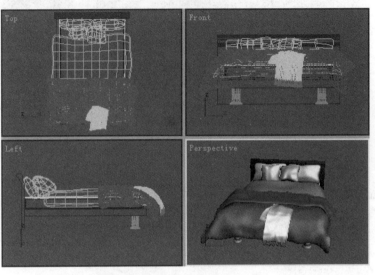

图5-43　床及床上用品的最终结果

在实际制作效果图过程中，如果创建的某一个模型的组成构件比较多，可以在最终创建完成之后，将所有模型的构件全部选择，将它们组成一个组，这样在其他场景中合并该模型时，就不会出现在编辑操作时（比如移动）将各个构件弄成"四分五裂"，会减少很多不必要的麻烦，特别是对于初学者，这一点尤为重要。

第6章

打造温馨阳光客厅

在当下流行的渲染器中,VR从众多的渲染器中脱颖而出,并受到了许多爱好者的追捧,以其真实、易用的独特之处占据一席之地。通过本章的实例讲解,练习用VR材质、VR灯光以及VR渲染器的结合,力求打造一个温馨的阳光客厅。最终效果如图6-1所示。

图6-1 最终效果图

6.1 制作室内空间框架

6.1.1 制作框架

打开3ds Max场景，首先调整模型的尺寸单位。

(1) 单击菜单栏上的【Customize】（自定义）菜单，从下拉菜单中选择【Units Setup】（单位设置）选项，则弹出【Units Setup】对话框，如图6-2所示。

(2) 单击【Units Setup】（单位设置）对话框中最上边的 System Unit Setup 按钮，弹出图6-3所示对话框，将单位设置为"厘米"。

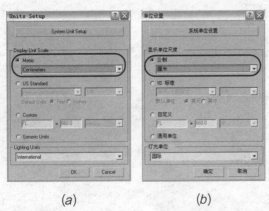

(a)　　　　　　　(b)

图6-2 【Units Setup】（单位设置）对话框（中英文对照）(a) 英文对话框；(b) 中文对话框

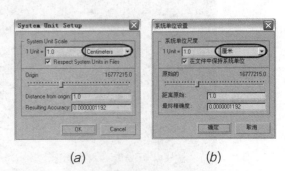

(a)　　　　　　　(b)

图6-3 【系统单位设置】对话框（中英文对照）(a) 英文对话框；(b) 中文对话框

3ds Max 2008中，进行正确的单位设置更加重要，因为本版本新增的"高级光照特性"是使用真实世界的物体尺寸进行计算的，因此，它要求创建的模型时，要按照真实世界尺寸进行创建。

(3) 选择命令面板上的标准几何体【Box】，在Top视图上建立一个长"550.0cm"，宽"400.0cm"，高"260.0cm"，的长方体，并起名为"框架"，调节"框架"的宽与高的段数为"3"如图6-4所示。

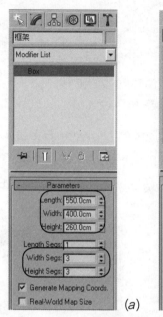

图6-4 空间框架参数（中英文对照）

(a) 英文面板；(b) 中文面板

(4) 为框架添加命令，单击 在下拉菜单中选择【Edit Mesh】(编辑网格)命令，并选择【Vertex】(顶点)控制，在Front视图里调整"框架"模型的段数点，右键 按钮，在弹出的位移对话框中，调整中间两列点的位置，左列点水平向左（X轴方向）移动，位移值为"-90.0cm"，左列点水平向右（X轴方向）移动，位移值为"90.0cm"。依照相同操作调整中间两行点分别向上向下（Y轴方向）移动，位移值为向上"60.0cm"，向下"-60.0cm"，结果如图6-5所示。

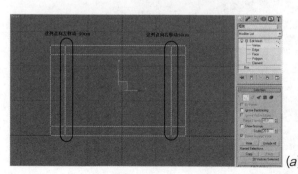
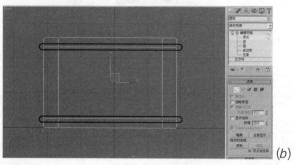

图6-5 框架参数设置（中英文对照）

(a) 英文面板；(b) 中文面板

(5) 为了在空间内打摄像机，我们需要为模型添加一个命令，在 修改面板里为框架添加【Normar】（法线）命令，如图6-6所示。

图6-6 框架参数设置（中英文对照）
(a) 英文面板；(b) 中文面板

(6) 在【Edit Mesh】(编辑网格)命令中选择编辑【Polygon】(多边形)，在Front视图中选择"框架"作为窗口的面，下拉选择【Extrude】(挤出)命令，并输入值为"20cm"，如图6-7(a)、图6-7(b)所示。因为我们不需要看到窗口面，所以将其删除即可，如图6-7(c)所示。

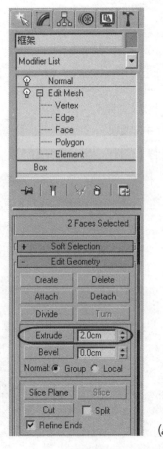 

图6-7 窗口设置及制作（中英文对照）
(a)【Extrude】英文面板；(b)【Extrude】中文面板

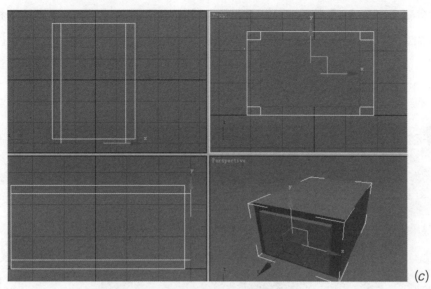

图6-7 窗口设置及制作（中英文对照）

(c) 窗口的制作

为了更快更好地表达窗外景色，通常作为玻璃的一面可以删除掉，方便调节室外的配景。

（7）在创建面板中选择相机，单击【Target】（目标），在场景中创建一个相机，将默认的【Lens】（镜头）值设置为"28.0mm"，在场景中调节其位置如图6-8所示。

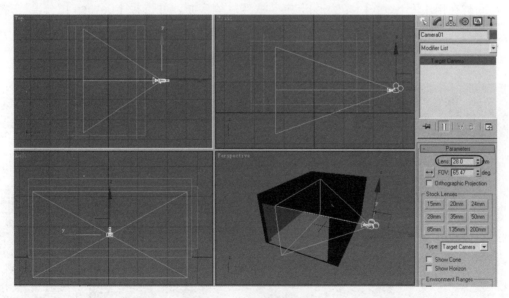

图6-8 为场景创建相机

一张好的效果图，相机的定位和视角是整个画面的主题思想，不同的视角可表达出不同的感觉，非常重要。镜头值越小，视角越扭曲。镜头值不应小于28。

(8) 按住键盘上的【C】键，将透视图切换到相机视图，这时我们会发现由于相机在场景的外侧，不能看到里面，在 修改面板里勾选【Clip Manually】(手动剪切)，增加【Near Clip】(近剪辑)值为"100.0cm"，此项设置为相机在100cm内的物体将被剪切为不可见，数值随着不同的场景而不同，如图6-9所示。

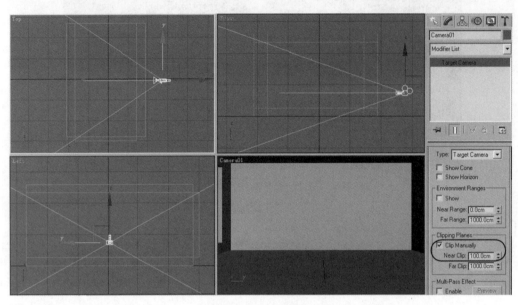

图6-9　相机的参数设置

创建室内地面：

(9) 同样在用【Polygon】(多边形)选中"框架"的底面，并选择【Detach】(分离)，将选中面的从"框架"中分离出来，并起名为"地面"，如图6-10所示。

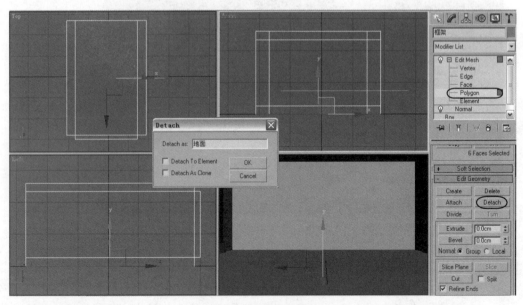

图6-10　地面的创建

6.1.2 制作简单吊顶：

(1) 最大化Top(顶视图)，在创建面板中选择二维物体【Rectangle】(矩形)，打开三维捕捉 从"框架"的一端画出一个与其等大小的矩形框，并起名为"吊顶"， 在 面板里，为吊顶添加命令【Edit Spline】(编辑曲线)命令，如图6-11所示。

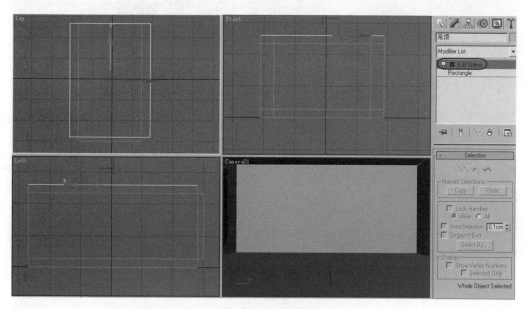

图6-11 吊顶的创建

(2) 选择【Edit Spline】(编辑曲线)下的【Spline】(曲线)，下拉命令里的【Outline】(轮廓)，输入轮廓值为"50.0cm"。从修改器列表中为吊顶添加【Extrude】(挤出)命令，设置【Amount】(数量)为"10"，并在视图中将其调整至如图6-12所示位置。

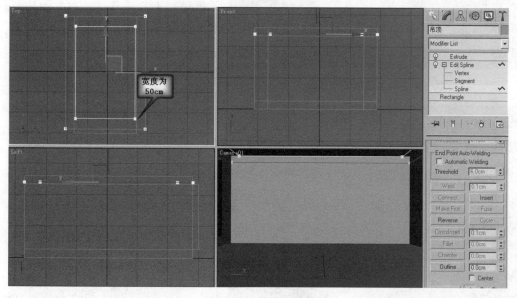

图6-12 吊顶的创建

(3) 创建墙面玻璃。在创建面板中选择三维模型【Box】，最大化Left视图，新建一个长"240.0cm"、宽"80.0cm"、高"0.8cm"的立方体。单击对齐命令，将模型与"吊顶"X轴【Maximum】(最大)与【Maximum】(最大)对齐，单击【Apply】(应用)，再与Y轴【Maximum】(最大)与【Minimum】(最小)对齐，得到如图6-13所示状态。

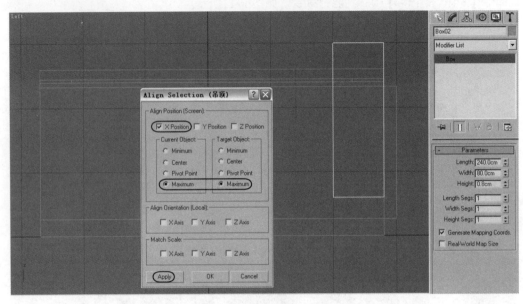

图6-13 墙面玻璃的创建

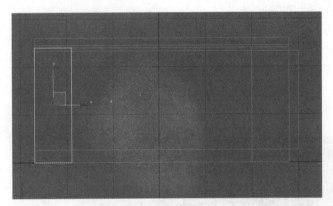

图6-14 墙面玻璃的创建

(4) 打开三维捕捉，选中刚创建的墙面玻璃，按住键盘上的【Shift】键，将其向左复制出一个，位置如图6-14所示。

(5) 创建壁纸。在创建面板中选择三维模型【Plane】，打开三维捕捉，在两块墙面玻璃中间创建一个平面，并起名为"壁纸"，如图6-15所示。

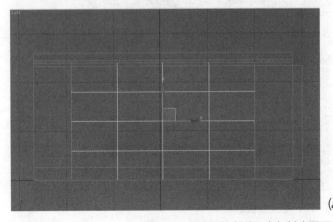
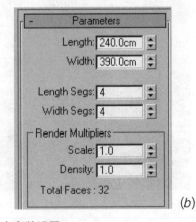

图6-15 壁纸的创建 (a) 创建平面；(b) 参数设置

(6) 最大化显示Top（顶视图），将墙面玻璃和壁纸放置在图6-16所示位置。

图6-16 墙面玻璃与壁纸的位置

背景墙的制作完成了，但只有墙面还不够，我们需要为它挂上几幅画可以烘托气氛。

(7) 在创建面板中选择二维物体【Rectangle】(矩形)，在Left（左视图）中画一个长"90.0cm"，宽"60.0cm"的矩形。添加【Edit Spline】(编辑曲线) 命令，点取【Spline】(曲线)，选择下拉命令里的【Outline】(轮廓)，输入轮廓值为"10.0cm"。给模型添加命令【Extrude】(挤出)，调节【Amount】(数量)为"5cm"，按住键盘上的【Shift】键，将其向左复制出一个，如图6-17所示。

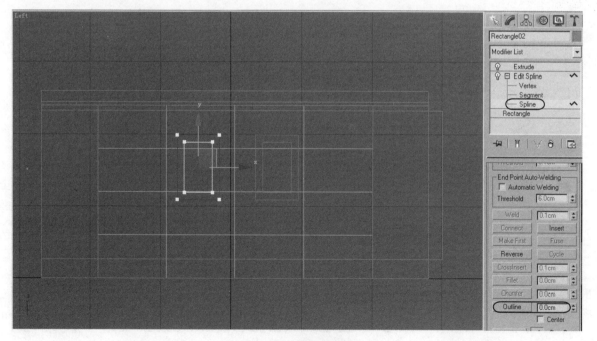

图6-17 画框的创建

(8) 在创建面板中选择三维模型【Plane】，打开三维捕捉，分别在两个画框中间创建一个平面作为装饰画的画面，如图6-18所示。

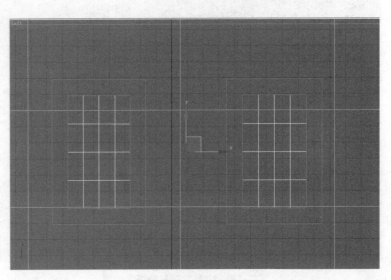

图6-18　画面的创建

(9) 在Front视图中创建一个长"120.0cm"、宽"50.0cm"的【Rectangle】(矩形)，添加【Edit Spline】(编辑曲线)命令，点取【Spline】(曲线)，选择下拉命令里的【Out line】(轮廓)，输入轮廓值为"5.0cm"。给模型添加命令【Extrude】(挤压)，调节【Amount】(数量)为"3.0cm"。

(10) 在创建面板中选择三维模型【Plane】，打开三维捕捉，在画框中间创建一个平面作为装饰画的画面，如图6-19所示。

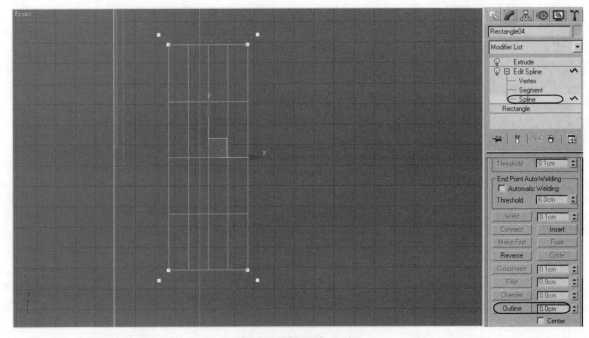

图6-19　装饰画的创建

(11) 将三个装饰画放置在图6-20所示位置。

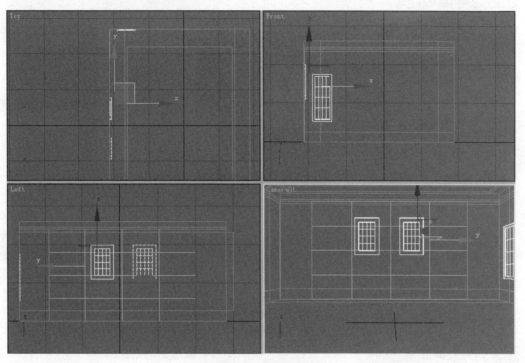

图6-20 装饰画的创建

(12) 单击菜单栏上的【File】(文件)下的【Merge】(合并),将本章实例目录下的其他模型导入进来,并放置在图6-21所示位置。

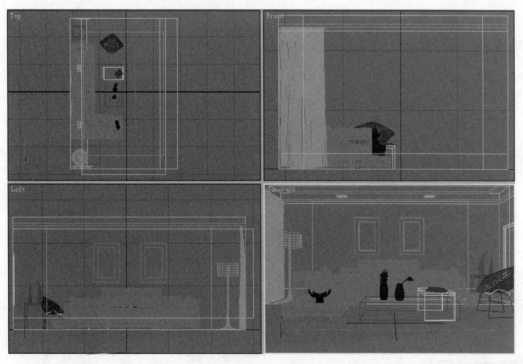

图6-21 场景中的模型导入

6.2 编辑材质
6.2.1 制作墙面材质

图6-22　墙面材质球设置后的最终效果

(1) 打开材质编辑器，在默认的情况下，编辑中显示的是3ds Max标准材质。为材质球起名为"墙面"，单击【Standard】(标准)按钮，在弹出的编辑栏中选择【VrayMtl】(VR材质)，单击【Diffuse】右侧的色块，在弹出的颜色拾取器中，调节R、G、B值为"250"。

(2) 调节【Reflect】(反射色)的R、G、B值为"10"，激活【Hilight glossiness】(高光光滑)，设置高光光滑值为"0.6"，此设置是为了让墙面有乳胶漆光滑细腻的特性，其他数值默认即可。

(3) 下拉打开【Options】(选项)卷展栏，去掉【Trace reflections】(跟踪反射)前面的对勾，这样材质就只有高光没有反射了。材质效果及设置如图6-22～图6-24所示。

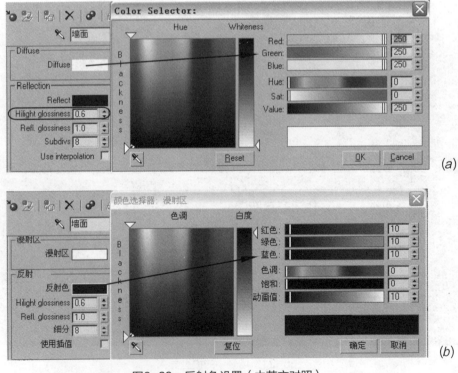

图6-23　反射色设置（中英文对照）
(a) 英文对话框；(b) 中文对话框

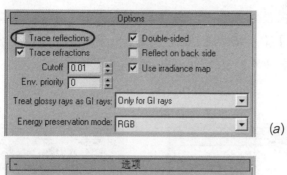

(a)

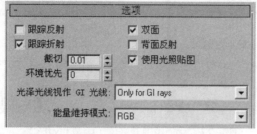

(b)

图6-24 墙面材质的设置(中英文对照)

(a) 英文面板;(b) 中文面板

 在制作效果图过程中,材质尽量不要设置成纯白与纯黑的颜色,因为纯白与纯黑的颜色在渲染时不参与光线跟踪。

(4)选择场景中的框架模型与吊顶模型,为了方便调节,按住键盘快捷键【Alt+Q】单独显示模型,并将材质赋予它们,如图6-25所示。

图6-25 包含墙面材质的模型

6.2.2 制作地板材质

(1)木地板材质是效果图制作中比较常用的材质。在新的材质球上单击【Standard】(标准)按钮,在弹出的编辑栏中选择【VrayMtl】(VR材质)并起名为"地板"。单击【Diffuse】(漫射区)右侧的方块按钮,在弹出的材质/贴图浏览器中选择【Bitmap】(位图),选择本章实例对应下的"白松木.jpg"。在【Coordinates】(坐标)卷展栏下调节【Blur】(模糊)值为"0.5",让材质的纹理更加清晰。

图6-26 地板材质球设置后的最终效果

(2) 回到基本参数设置卷展栏，调节【Reflect】(反射色)的R、G、B值为"20"，激活【Hilight glossiness】(高光光滑)，设置高光光滑值为"0.8"，加大材质的【Subdivs】(细分)值为"20"。材质效果及设置如图6-26～图6-28所示。

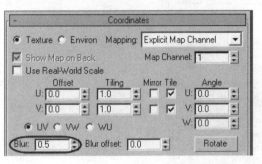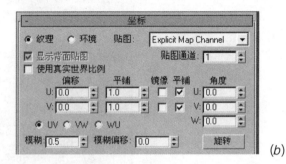

图6-27 材顶纹理清晰度（中英文对照）
(a) 英文面板；(b) 中文面板

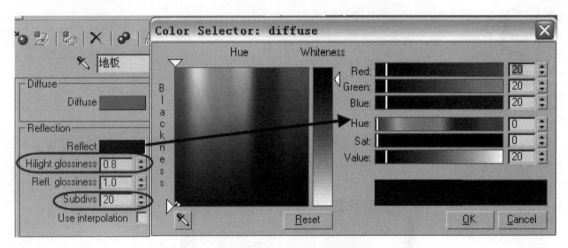

图6-28 地板材质的设置

在调节带有纹理材质时，如果是面积比较大或比较近景的时候，可以适当降低材质的模糊值，得到清晰的表现效果，同样加大材质的细分值也是真实表现材质的必要数值。

(3) 下拉到【Map】卷展栏，将光盘本章目录对应下的"白松木-2.jpg"贴图直接拖到【Map】卷展栏下的【Bump】(凹凸)长按钮上，并将凹凸数值调节至"50.0"，此贴图为材质的黑白效果，用在凹凸通道中可以得到材质真实的纹理凹凸效果。数值越大，凹凸感越强，根据不同的材质而定，如图6-29所示。

(4) 选中地板，按住键盘快捷键【Alt+Q】单独显示模型，将材质赋予"地面"，由于是从

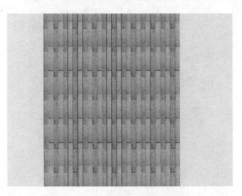

图6-29 地板材质的设置（中英文对照）

(a) 英文面板；(b) 中文面板

框架中分离出来的模型，贴图不会正常显示，需要添加一个【UVW Mapping】(指定贴图坐标)命令，设置U、V平辅值为"7.0"、"4.0"，地板材质效果如图6-30所示。

图6-30 地板材质的设置

【UVW Mapping】(指定贴图坐标)命令在制作效果图过程中会经常使用，它可以使材质在复杂或不规则的模型上正常地显示。

6.2.3 制作沙发布面材质

图6-31 沙发布面材质球设置后的最终效果

（1）为材质球起名为"沙发"，单击【Standard】(标准)按钮，在弹出的编辑栏中选择【VrayMtl】(VR材质)，单击【Diffuse】(漫射区)右侧的方块按钮，在弹出的材质/贴图浏览器中选择【Falloff】(衰减)，设置前景色的R、G、B值为"65"、"50"、"45"；侧景色的R、G、B

值为"170"、"150"、"150"。回到基本参数栏，其他数值默认即可。

（2）下拉到【Map】卷展栏，将光盘本章目录对应下的"SF-32.jpg"贴图直接拖到【Map】卷展栏下的【Bump】（凹凸）下，并将凹凸数值调节至"80"，得到一个稍稍褶皱的效果。材质效果及设置如图6-31～图6-33所示。

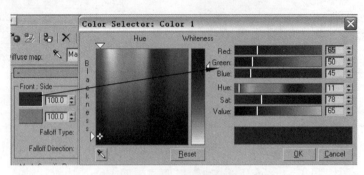

图6-32　前景色设置

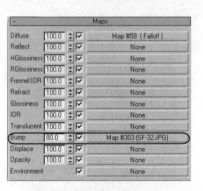

图6-33　沙发材质的设置

（3）选择"沙发"模型组，按住键盘快捷键【Alt+Q】单独显示模型，单击菜单栏上的【Group】（群组）下的【Open】（打开），将材质赋予包含沙发材质的模型，如图6-34所示。

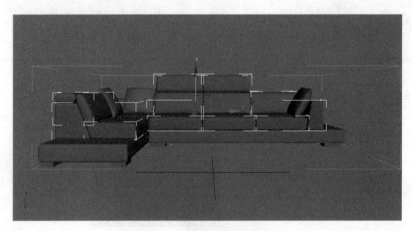

图6-34　包含沙发材质的模型

在制作绒布面材质时，在【Diffuse】（漫射区）中添加【Falloff】（衰减）是为了让材质有真实的绒质效果。

6.2.4 制作抱枕材质

抱枕材质与沙发材质相同。

图6-35 抱枕材质球设置后的最终效果

(1) 为材质球起名为"抱枕",单击【Standard】(标准)按钮,在弹出的编辑栏中选择【VrayMtl】(VR材质),单击【Diffuse】(漫射区)右侧的方块按扭,在弹出的材质/贴图浏览器中选择【Falloff】(衰减),设置前景色的R、G、B值为"255"、"240"、"185";侧景色的R、G、B值为"255"、"250"、"220"。回到基本参数栏,其他数值默认即可。

(2) 下拉到【Map】卷展栏,将光盘本章目录对应下的"SF-32.jpg"贴图直接拖到【Map】卷展栏下的【Bump】(凹凸)下,并将凹凸数值调节至"80",得到一个稍稍褶皱的效果。材质效果及设置如图6-35~图6-37所示。

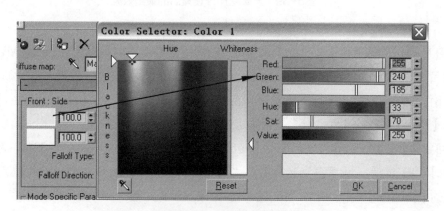

图6-36 前景色设置

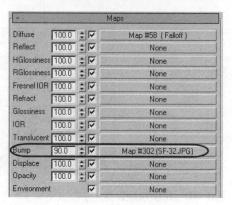

图6-37 抱枕材质的设置

(3) 选中沙发组中包含抱枕材质的模型,并将材质赋予它们,如图6-38所示。

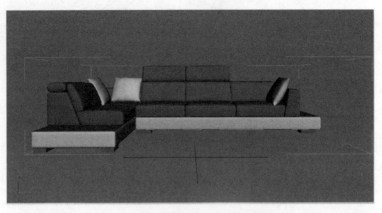

图6-38 包含抱枕材质的模型

6.2.5 制作皮革材质

图6-39 皮革材质球设置后的最终效果

(1) 在新的材质球上单击【Standard】(标准)按钮,在弹出的编辑栏中选择【VrayMtl】(VR材质)并起名为"皮革"。单击【Diffuse】(漫射区)右侧的方块按扭,在弹出的材质/贴图浏览器中选择【Bitmap】(位图),选择本章实例对应下的"皮革.jpg"。在【Coordinates】(坐标)卷展栏下调节【Blur】(模糊)值为"0.5",让材质的纹理更加清晰。

(2) 回到基本参数设置卷展栏,调节【Reflect】(反射色)的R、G、B值为"80",激活【Hilight glossiness】(高光光滑),设置高光光滑值为"0.75",勾选【Fresnel Reflection】(菲涅尔反射)。加大材质的【Subdivs】(细分)值为"16"。材质效果及设置如图6-39~图6-41所示。

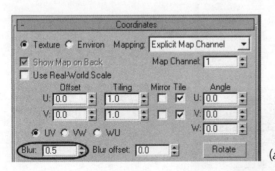
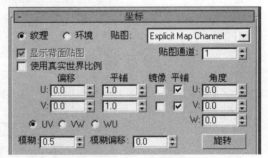

图6-40 材质纹理设置(中英文对照)

(a) 英文面板;(b) 中文面板

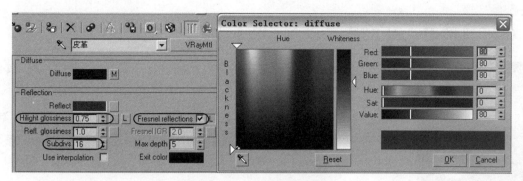

图6-41 皮革材质的设置

 在制作反射效果不是十分强烈的材质时，勾选【Fresnel Reflection】（菲涅尔反射）可以得到一个非常真实的反射效果。【Fresnel Reflection】（菲涅尔反射）可以有效地避免因反射产生的高光曝光现象。

（3）下拉到【Map】卷展栏，将【Diffuse】（漫射区）贴图直接拖到【Map】卷展栏下的【Bump】（凹凸）下，并将凹凸数值调节至"40"，使其得到真实的皮革颗粒凹凸效果，如图6-42所示。

图6-42 皮革材质的设置

（4）选中沙发组中包含皮革材质的模型，并将材质赋予它们，如图6-43所示。

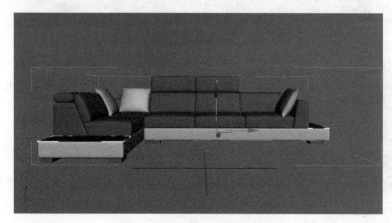

图6-43 包含皮革材质的模型

6.2.6 制作磨砂金属材质

图6-44 磨砂金属材质球设置后的最终效果

金属材质可以说是在制作效果图过程中最常用到的材质，其设置方法也是多种多样的。在后面的章节中我们会一一介绍。

(1) 为材质球起名为"磨砂金属"，单击【Standard】(标准)按钮，在弹出的编辑栏中选择【VrayMtl】(VR材质)，设置Diffuse颜色，调节R、G、B值分为"230"。

(2) 设置【Reflect】(反射色)的R、G、B值为"40"，设置【Refl glossiness】(反射光滑)值为"0.7"，数值越大材质越模糊，但渲染时间也就越长，这里作适当调节即可。其他数值默认。材质效果及设置如图6-44、图6-45所示。

(3) 选中沙发组中包含磨砂金属材质的模型，并将材质赋予它们，如图6-46所示。

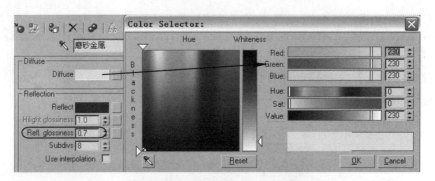

图6-45 磨砂金属材质的设置

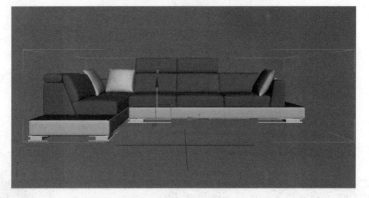

图6-46 包含磨砂金属材质的模型

图6-47 坐垫材质球设置后的最终效果

(4) 单击菜单栏上的【Group】(群组)下的【Close】(关闭)，将"沙发"模型组关闭，并退出单独显示。

6.2.7 制作坐垫材质

(1) 为材质球起名为"坐垫"，单击【Standard】(标准)按钮，在弹出的编辑栏中选择【VrayMtl】(VR材质)，单击【Diffuse】(漫射区)右侧的方块按扭，在弹出的材质/贴图浏览器中选择【Falloff】

(衰减),设置前景色的R、G、B值为"135"、"2"、"2";侧景色的R、G、B值为"190"、"120"、"120"。返回到基本参数栏,其他数值默认即可。

(2)下拉到【Map】卷展栏,将光盘本章目录对应下的"SF-32.jpg"贴图直接拖到【Map】卷展栏下的【Bump】(凹凸)下,并将凹凸数值调节至"80",得到一个稍稍褶皱的效果。材质效果及设置如图6-47~图6-49所示。

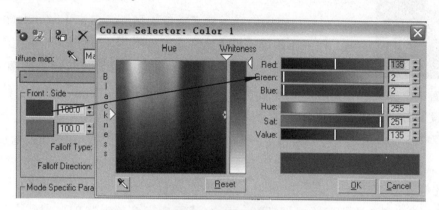

图6-48 设置前景色

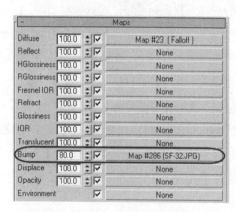

图6-49 坐垫材质的设置

(3)将材质赋予场景中椅子上的坐垫模型,并用前面设置过的磨砂金属材质赋予椅子模型,如图6-50所示。

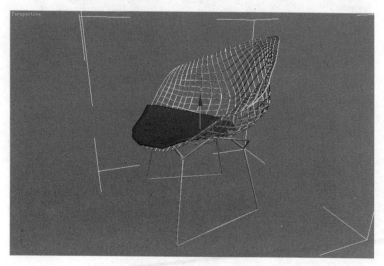

图6-50 椅子材质的调节

6.2.8 制作墙面玻璃材质

图6-51 墙面玻璃材质球设置后的最终效果

玻璃材质在效果图制作过程中也是常用到的一种材质，运用好玻璃材质的表现，可以让整个画面更亮丽更自然真实，也可以大大提高效果图的分数。

（1）为材质球起名为"墙面玻璃"，单击【Standard】（标准)按钮，在弹出的编辑栏中选择【VrayMtl】(VR材质)，将【Diffuse】(漫射区）的颜色设置为纯黑色。类似玻璃、金属等材质的调节时，其颜色都可以设置为黑色，与金属不同的是，玻璃的最终颜色是由【Fog color】（大气雾颜色)决定。

（2）单击【Reflect】(反射）右侧的方块，在弹出的材质/贴图浏览器中选择【Falloff】(衰减)，设置前景色的R、G、B值为"12"；侧景色的R、G、B值为"105"。

（3）返回到基本参数卷展栏，设置【Refl glossiness】（反射光滑）值为"0.93"，得到一个非常光滑的反射表面。再来调节材质的【Refraction】(折射）部分，在Vray材质中，【Refraction】（折射）部分不再只是名义上的光影折射，而是作为物体材质的透明度调节出现。【Refract】（折射色）越浅，物体越透明。

（4）单击【Refract】（折射色）右侧的方块按扭，在弹出的材质/贴图浏览器中选择【Falloff】(衰减），设置前景色的R、G、B值为"255"的纯白色；侧景色的R、G、B值为"85"。使材质的透明效果更加柔和。

（5）返回到基本参数卷展栏，增加【Subdivs】细分值为"50"，为了实现灯光穿过模型投射阴影的真实效果，在这里我们要勾选【Affect shadows】（影响阴影）。

（6）设置【Fog color】(大气雾颜色）为纯黑色，调节【Fog multiplier】（大气倍增值）为"0.1"，数值越大材质的最终颜色越深。材质效果及设置如图6-51～图6-54所示。

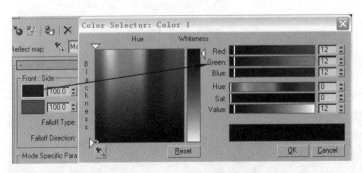

图6-52 设置前景色（反射）

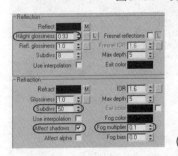 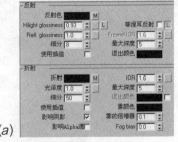

图6-53 基本参数设置（中英文对照）

(a) 英文面板；(b) 中文面板

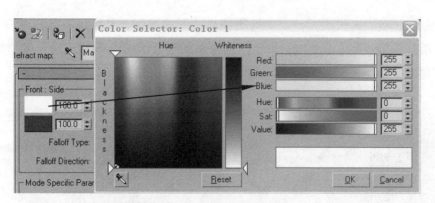

图6-54 墙面玻璃材质的设置（折射色）

(7) 将材质赋予场景中的两个墙面玻璃模型，如图6-55所示。

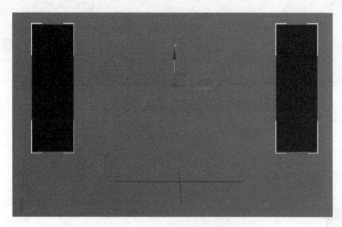

图6-55 包含墙面材质的模型

6.2.9 制作壁纸材质

(1) 在新的材质球上单击【Standard】(标准)按钮，在弹出的编辑栏中选择【VrayMtl】(VR材质)并起名为"壁纸"。单击【Diffuse】(漫射区)右侧的方块按扭，在弹出的材质/贴图浏览器中选择【Bitmap】(位图)，选择本章实例对应下的"壁纸.bmp"，其他数值默认即可。

(2) 返回到基础参数栏，下拉到【Map】卷展栏，将【Diffuse】(漫射区)贴图直接拖到【Map】卷展栏下的【Bump】(凹凸)下，并将凹凸数值调节至"50"。使材质有壁纸真实的凹凸效果。材质效果及设置如图6-56、图6-57所示。

图6-56 壁纸材质球设置后的最终效果

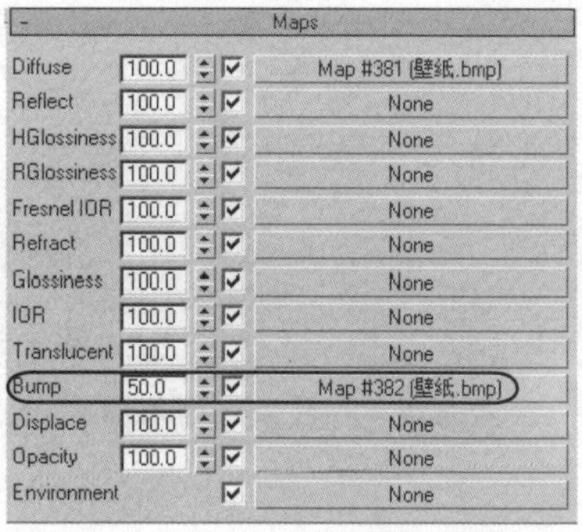

图6-57 壁纸材质的设置

(3) 因为壁纸墙的面积很大，如果材质按1∶1形式满辅，其纹理将会扭曲变形，所以这里我们要为模型添加一个【UVW Mapping】(指定贴图坐标)命令，设置U、V平辅值为"4.0"、"3.0"，将材质赋予场景中的壁纸模型，如图6-58所示。

图6-58 包含壁纸材质的模型

6.2.10 制作白瓷瓶材质

图6-59 白瓷瓶材质球设置后的最终效果

(1) 为材质球起名为白瓷瓶，单击【Standard】(标准)按钮，在弹出的编辑栏中选择【VrayMtl】(VR材质)，设置【Diffuse】(漫射区)的颜色R、G、B值为"255"、"255"、"245"，一个乳白色，设置【Reflect】(反射)值为"180"，勾选【Fresnel Reflection】(菲涅耳反射)得到陶瓷的真实反射，激活【Fresnel IOR】(菲涅耳大气值)，设置【Fresnel IOR】(菲涅耳大气值)为"2"，数值越大反射越大越透明。

(2) 激活【Hilight glossiness】(高光光滑)，设置高光光滑值为0.8，其他数值默认即可。材质效果及设置如图6-59、图6-60所示。

(3) 将材质赋予场景中的落地灯和白瓷瓶模型，如图6-61所示。

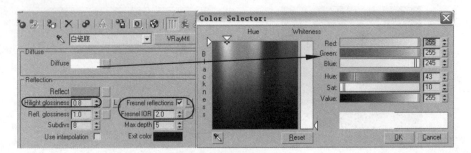

图6-60 白瓷瓶材质的设置

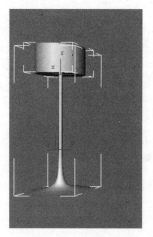 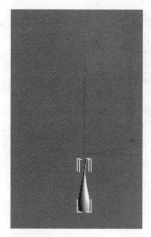

图6-61 包含白瓷瓶材质的模型

6.2.11 制作红瓷瓶材质

(1) 与白瓷瓶材质相同。为材质球起名为"红瓷瓶",单击【Standard】(标准)按钮,在弹出的编辑栏中选择【VrayMtl】(VR材质),设置【Diffuse】(漫射区)的颜色R、G、B值为"95"、"15"、"15",一个中国红的颜色,设置【Reflect】(反射) R、G、B值为"200"、"180"、"180",勾选【Fresnel Reflection】(菲涅耳反射)得到陶瓷的真实反射,激活【Fresnel IOR】(菲涅耳大气值),设置【Fresnel IOR】(菲涅耳大气值)为"2"。

图6-62 红瓷瓶材质球设置后的最终效果

(2) 激活【Hilight glossiness】(高光光滑),设置高光光滑值为"0.8",其他数值默认即可。材质效果及设置如图6-62、图6-63所示。

(3) 将材质赋予场景中包含红瓷瓶材质的模型,如图6-64所示。

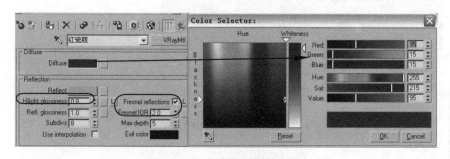

图6-63 红瓷瓶材质的设置

图6-64 包含红瓷瓶材质的模型

在制作有色物体的反射时,其反射颜色可以用与本身颜色相近的颜色,这样制作出来的反射效果会比较真实。

6.2.12 制作茶几白色部分材质

图6-65 茶几白色部分材质球设置后的最终效果

(1) 为材质球起名为"茶几白色部分",单击【Standard】(标准)按钮,在弹出的编辑栏中选择【VrayMtl】(VR材质),设置Diffuse颜色,调节R、G、B值分为"245"。

(2) 设置【Reflect】(反射色)的R、G、B值为"10",激活【Hilight glossiness】(高光光滑),设置高光光滑值为"0.85",设置【Refl glossiness】(反射光滑)值为"0.95",让材质稍有一点模糊。其他数值默认即可。材质效果及设置如图6-65、图6-66所示。

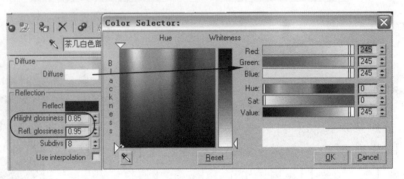

图6-66 茶几白色部分材质的设置

(3) 选择"茶几"模型组,按住键盘快捷键【Alt+Q】单独显示模型,单击菜单栏上的【Group】(群组)下的【Open】(打开),将材质赋予包含茶几白色部分材质的模型,如图6-67所示。

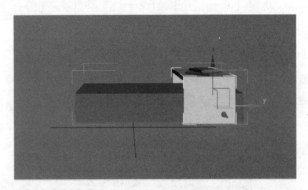

图6-67 包含茶几白色部分材质的模型

图6-68 茶几黑色部分材质球设置后的最终效果

6.2.13 制作茶几黑色部分材质

(1) 为材质球起名为"茶几黑色部分",单击【Standard】(标准)按钮,在弹出的编辑栏中选择【VrayMtl】(VR材质),设置Diffuse颜色,调节R、G、B值分为"18"、"0"、"0"。

(2) 设置【Reflect】(反射色)的R、G、B值为"10",激活【Hilight glossiness】(高光光滑),设置高光光滑值为"0.85",设置【Refl glossiness】(反射光滑)值为"0.95",让材质稍有一点模

糊。其他数值默认即可。材质效果及设置如图6-68、图6-69所示。

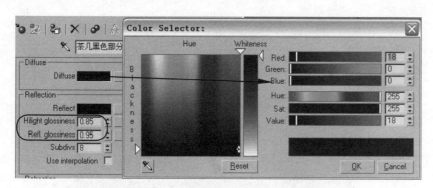

图6-69 茶几黑色部分材质的设置

（3）将材质赋予包含茶几黑色部分材质的模型，如图6-70所示。

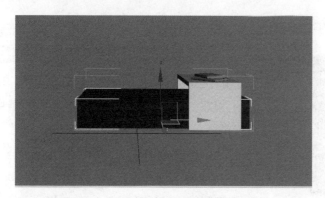

图6-70 包含茶几黑色部分材质的模型

6.2.14 制作书皮材质

（1）书皮材质在场景中所占比例是非常少的，这里我们直接用3D的标准材质制作就可以了。为材质球起名为"书皮"，单击【Diffuse】（漫射区）在弹出的材质/贴图浏览器中选择【Bitmap】（位图），选择本章实例对应下的"书皮.jpg"，调节【Specular Level】（高光级别）为40，调节【Glossiness】（光泽度）为"20"，其他数值默认即可。材质效果及设置如图6-71、图6-72所示。

图6-71 书皮材质球设置后的最终效果

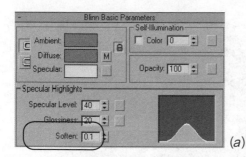
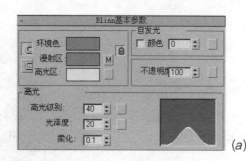

图6-72 书皮材质的设置图
(a) 英文面板；(b) 中文面板

（2）将材质赋予场景中书籍封面，其他部分用前面设置过的墙面材质赋予，如图6-73所示。

图6-73　包含书皮材质的模型

6.2.15　制作窗帘材质

图6-74　窗帘材质球设置后的最终效果

（1）为材质球起名为"窗帘"，单击【Standard】（标准）按钮，在弹出的编辑栏中选择【VrayMtl】（VR材质），单击【Diffuse】（漫射区）右侧的方块按扭，在弹出的材质/贴图浏览器中选择【Falloff】（衰减），设置前景色的R、G、B值为"73"、"36"、"12"；侧景色的R、G、B值为"58"、"23"、"0"。因为丝绸的质感是非常柔和的，会有不同的光影变化，所以这里加了【Falloff】（衰减）。

（2）返回到基本参数卷展栏，单击【Reflect】（反射）右侧的方块，在弹出的材质/贴图浏览器中再次选择【Falloff】（衰减），设置前景色的R、G、B值为"91"；侧景色的R、G、B值为"10"。

（3）返回到基本参数卷展栏，设置【Refl glossiness】（反射光滑）值为"0.6"，磨砂值根据丝绸的特性来设置，加大材质的【Subdivs】（细分）值为"12"。

（4）再来调节材质的【Refraction】（折射）部分，之前我们说过，在Vray材质中【Refraction】（折射）部分不再是名义上的光影折射，而是作为物体材质的透明度调节出现。【Refract】（折射色）越浅，物体越透明。因为窗帘是纱质的，这里我们将【Refract】（折射色）的R、G、B值设为"3"，增加细分值为"12"，为了达到阳光穿过窗帘投射阴影的真实效果，在这里我们要勾选【Affect shadows】（影响阴影）【Affect alpha】（影响alpha通道）。材质效果及设置如图6-74～图6-78所示。

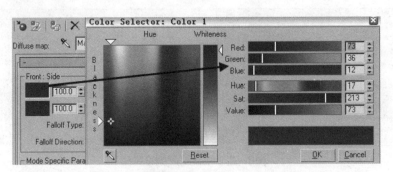

图6-75　【Diffuse】（漫射区）下【Falloff】（衰减）的前景色设置

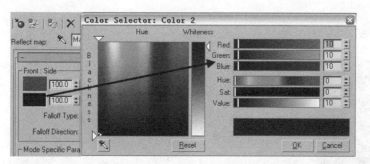

图6-76 【Reflect】(反射区)下【Falloff】(衰减)的侧景色设置

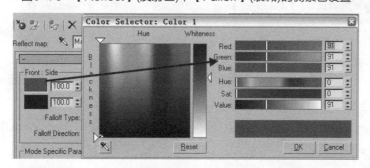

图6-77 【Reflect】(反射)下【Falloff】(衰减)的前景色设置

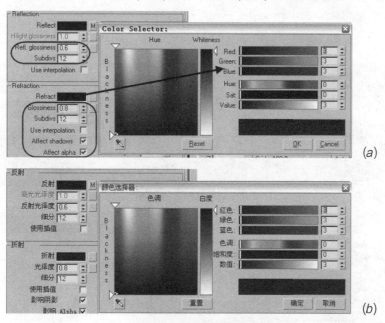

图6-78 窗帘材质的设置（中英文对照）
(a) 英文面板；(b) 中文面板

(5) 将材质赋予场景中的窗帘模型，如图6-79所示。

图6-79 包含窗帘材质的模型

6.2.16 制作玻璃材质

(1) 为材质球起名为"玻璃",单击【Standard】(标准)按钮,在弹出的编辑栏中选择【VrayMtl】(VR材质),将【Diffuse】(漫射区)的颜色设置为纯黑色。

(2) 单击【Reflect】(反射)右侧的方块,在弹出的材质/贴图浏览器中选择【Falloff】(衰减),更改【Falloff】(衰减)方式为【Fresnel】(菲涅耳)衰减,以得到柔和的光滑反射效果。

(3) 返回到基本参数卷展栏,设置【Refl glossiness】(反射光滑)值为"0.98",得到一个比较光滑的反射表面。

图6-80 玻璃材质球设置后的最终效果

(4) 设置【Refract】(折射色)的R、G、B值设为"255"的纯白色,也就是完全透明,增加【Subdivs】细分值为"50",为了实现灯光穿过模型投射阴影的真实效果,在这里我们要勾选 【Affect shadows】(影响阴影)【Affect alpha】(影响alpha通道)。

(5) 设置【Fog color】(大气雾颜色)的R、G、B值为"240"、"255"、"245",一个淡淡的绿色,调节【Fog multiplier】(大气倍增值)为"0.1",数值越大材质的最终颜色越深。材质效果及设置如图6-80~图6-82所示。

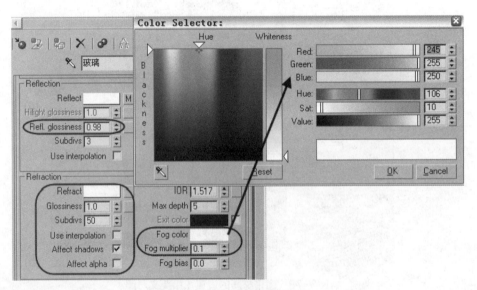

图6-81 基本参数各项设置

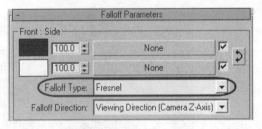 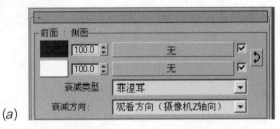

图6-82 玻璃材质的设置(中英文对照)

(a) 英文面板;(b) 中文面板

(6) 选择"绿植"模型组，按住键盘快捷键【Alt+Q】单独显示模型，单击菜单栏上的【Group】(群组)下的【Open】(打开)，将材质赋予包含玻璃分材质的模型，如图6-83所示。

图6-83　包含玻璃材质的模型

6.2.17　制作绿植材质

这里的绿植不是场景中非常明显的材质，所以为了节省渲染时间，我们只要简单的设置一下就可以了。

(1) 为材质球起名为绿植，单击【Standard】(标准)按钮，在弹出的编辑栏中选择【VrayMtl】(VR材质)，单击【Diffuse】(漫射区)右侧的方块按扭，在弹出的材质/贴图浏览器中选择【Gradient】(渐变)。设置第一个颜色R、G、B值为"15"、"17"、"15"，第二个颜色R、G、B值为"120"、"135"、"40"，第三个颜色R、G、B值为"150"、"205"、"130"，一组由深到浅的渐变色。

图6-84　绿植材质球设置后的最终效果

(2) 返回到基本参数设置卷展栏，调节【Reflect】(反射色)的R、G、B值为"8"，设置【Refl glossiness】(反射光滑)值为"0.84"。以上设置如图6-84～图6-88所示。

图6-85　漫射区第一个颜色设置

图6-86 漫射区第二个颜色设置

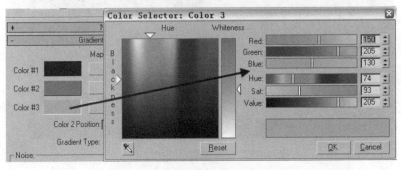

图6-87 漫射区第三个颜色设置

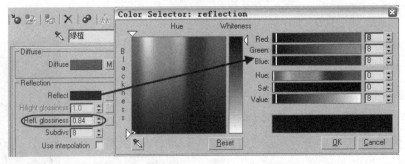

图6-88 绿植材质的设置（反射光滑）

(3) 将材质赋予"绿植"模型组中的绿植部分，如图6-89所示。

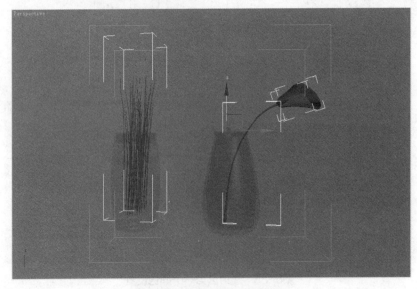

图6-89 包含绿植材质的模型

6.2.18 制作金色金属材质

(1) 为材质球起名为"金色金属",单击【Standard】(标准)按钮,在弹出的编辑栏中选择【VrayMtl】(VR材质),将【Diffuse】(漫射区)的颜色设置为纯黑色。因为在前面我们说过,类似玻璃、金属等材质的调节时,其颜色都可以设置为黑色。

(2) 设置【Reflect】(反射) R、G、B值为"195"、"170"、"105",一个金黄的颜色。设置【Refl glossiness】(反射光滑)值为"0.85",使反射稍带些模糊效果。增加【Subdivs】细分值为"16"。

(3) 设置【Refract】(折射色)的R、G、B值设为纯黑色,也就是完全不透明,增加【Subdivs】细分值为"50",更改【IOR】(大气值)为"0.47"。材质效果及设置如图6-90、图6-91所示。

图6-90 金色金属材质球设置后的最终效果

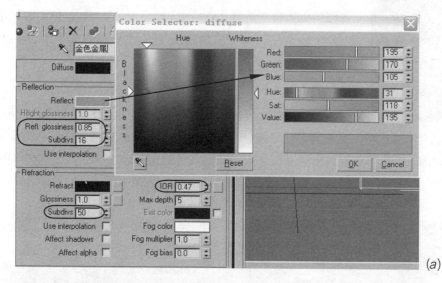

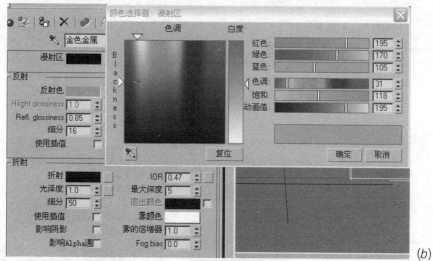

图6-91 金色金属材质的设置(中英文对照)
(*a*) 英文面板;(*b*) 中文面板

(4) 将材质赋予场景中的"手模"模型，如图6-92所示。

图6-92 包含金色金属材质的模型

6.2.19 制作木纹材质

图6-93 木纹材质球设置后的最终效果

(1) 为材质球起名为"木纹"，单击【Standard】(标准)按钮，在弹出的编辑栏中选择【VrayMtl】(VR材质)，单击【Diffuse】(漫射区)右侧的方块按扭，在弹出的材质/贴图浏览器中选【Bitmap】(位图)，导入本章实例对应下的"木纹.TIF"，在【Coordinates】(坐标)卷展栏下调节【Blur】(模糊)值为"0.5"，让材质的纹理更清晰。

(2) 返回到基本参数设置卷展栏，调节【Reflect】(反射色)的R、G、B值为"10"，激活【Hilight glossiness】(高光光滑)，与磨砂木材一样，设置高光光滑值为"0.8"，设置【Refl glossiness】(反射光滑)值为"0.8"。材质效果及设置如图6-93～图6-95所示。

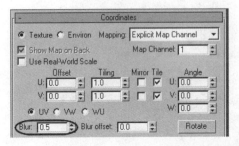 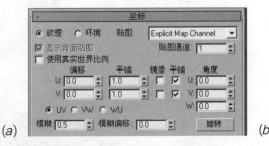

图6-94 模糊值调节（中英文对照）
（a）英文面板；（b）中文面板

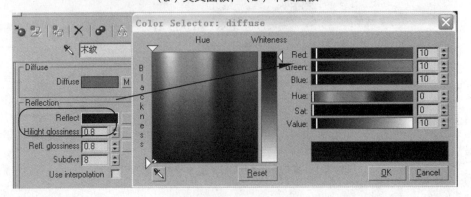

图6-95 木纹材质的设置

(3) 将材质赋予场景中沙发边上的木几，由于模型不是规则的，我们需要为其添加一个【UVW Mapping】(指定贴图坐标)命令，将【Mapping】(贴图)模型改为【Box】(立方体)，其他数值默认即可，如图6-96所示。

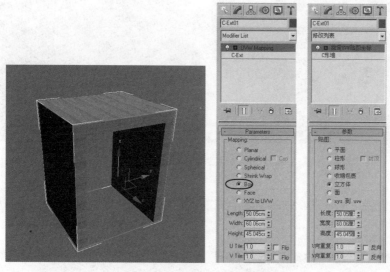

图6-96　包含木纹材质的模型

6.2.20　制作装饰画材质

(1) 为材质球起名为"木纹"，单击【Standard】(标准)按钮，在弹出的编辑栏中选择【VrayMtl】(VR材质)，单击【Diffuse】(漫射区)右侧的方块按扭，在弹出的材质/贴图浏览器中选【Bitmap】(位图)，导入本章实例对应下的"装饰画-花.jpg"，其他数值默认即可，将材质赋予场景中正面的两个装饰画。材质效果及设置如图6-97、图6-98所示。

图6-97　装饰画材质

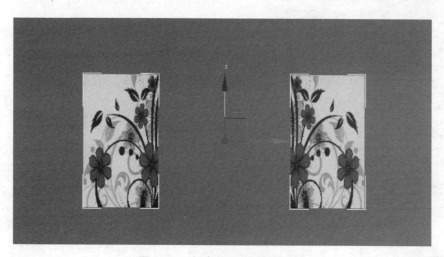

图6-98　包含装饰画材质的模型

(2) 用同样的方法制作另一张装饰画，最终效果如图6-99所示。

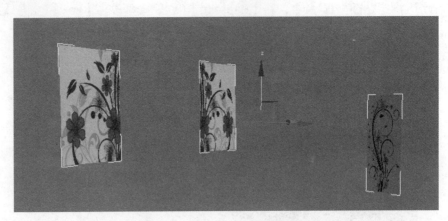

图6-99　包含装饰画材质的模型

(3) 将前面设置过的墙面材质茶几黑色部分材质分别赋予场景中的装饰画画框，如图6-100所示。

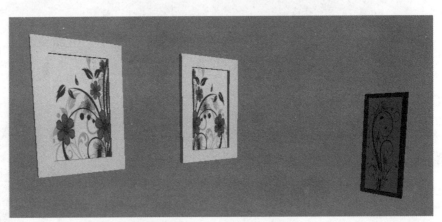

图6-100　画框材质的赋予

6.2.21 制作地毯材质

(1) 为材质球起名为"地毯"，单击【Standard】(标准)按钮，在弹出的编辑栏中选择【VrayMtl】(VR材质)，单击【Diffuse】(漫射区)右侧的方块按扭，在弹出的材质/贴图浏览器中选择【Bitmap】(位图)，导入本章实例对应下的"绒毛地毯.jpg"。

(2) 返回到基本参数卷展栏，保持默认状态。

(3) 下拉到【Map】卷展栏，将本章实例目录下的"绒毛地毯_mono.jpg"贴图直接拖到【Map】卷展栏下的【Displace】(置换)栏下，并将置换数值调节至

图6-101　地毯材质的设置

"6"，数值越大，凹凸差距越大，但过大的数值会导致模型扭曲变形，同样也会增加渲染时间，如图6-101所示。

(4) 将材质赋予场景中的地毯模型，添加一个【UVW Mapping】(指定贴图坐标)命令，设置【U Tile】(U向平辅)值为"3.0"，【V Tile】(V向平辅)值为"4.0"，使材质可以更适合模型的大小，如图6-102所示。

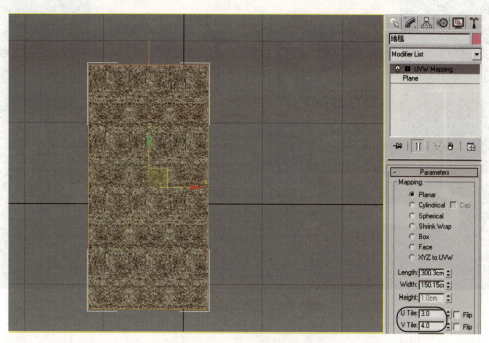

图6-102 地毯材质的设置

 地毯材质的制作方式有很多种，通过【Displace】(置换)设置的地毯，通常为绒面或织物形地毯，通过黑白贴图，使材质产生凹凸的效果，但其与【Bump】(凹凸)不同的是，置换针对的是模型本身，而凹凸则是针对材质的表面。

(5) 选择场景中的"射灯"模型组，按住键盘快捷键【Alt+Q】单独显示模型，单击菜单栏上的【Group】(群组)下的【Open】(打开)，将前面设置过的"磨砂金属"材质赋予模型的白色部分，将"茶几黑色部分材质"赋予模型的黑色部分，因为模型在场景中所占比例也是非常少，为了节省作图时间，材质没必要单独设置，如图6-103所示。

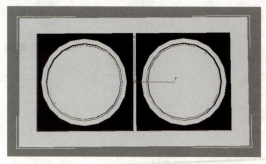

图6-103 射灯材质的赋予

场景中所有的材质部分就设置完了，将其全部显示并渲染，结果如图6-104所示。

图6-104 全部材质显示结果

按住键盘快捷键【Ctrl+A】全选所有模型，右键选择【Vray properties】(VR属性)在弹出的对话框中，调节【Generate GI】(产生全局照明)的数值为"0.3"，减少色溢现象的出现，如图6-105所示。

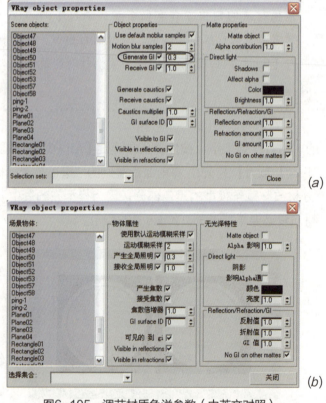

图6-105 调节材质色溢参数（中英文对照）
(a) 英文对话框；(b) 中文对话框

120

> 色溢现象是新手最常忽略的问题，适当地控制全局照明值可以得到想要的真实效果，也是必要的一步设置。

6.3 布置灯光

灯光是效果图传达情感最直接的方式，气氛的塑造、意图的表现都离不开它。先让我们看一下最终的光源分布，如图6-106所示。

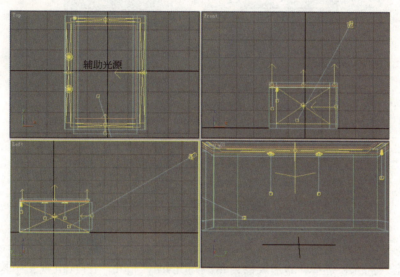

图6-106　灯光分布

6.3.1 创建室外太阳光

（1）在创建面板中选择灯光下拉中的【Photometric】（光度学灯光）→【TargetPoint】（目标点光源），在Top视图中创建一个光源。返回到修改面板，勾选【Shadows】（阴影），在阴影类型中选择【VrayShadow】（Vray阴影）；调节【Multiplier】（倍增）值为"2.0"，太阳光在场景中只作投射阴影的作用，它对照亮场景的作用不是很大，而且容易产生曝光现象。颜色R、G、B值为"255"、"235"、"180"的一个模拟太阳光的淡黄色（图6-107）。

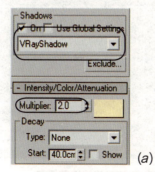 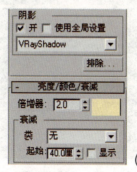

图6-107　光源修改面板（中英文对照）

(a) 英文面板；(b) 中文面板

(2) 下拉打开【Directional Parameters】(方向参数)卷展栏，将【Hotspot/Beam】(聚光区/光束)值调节到最小，再将【Falloff/Field】(衰减区/光域)值调节到大过场景中的窗口大小，因为要模拟太阳光从整个窗口投射的效果。

(3) 下拉打开【VrayShadows params】(Vray阴影参数)卷展栏，勾选【Area shadow】(面阴影)，此选项为Vray渲染器的专用，只有在阴影类型中选择Vray阴影时才会有，在勾选后，阴影边缘会产生模糊过度的效果，不会那么锐利。增加【Subdivs】(细分)值为"30"。调节位置如图6-108所示。

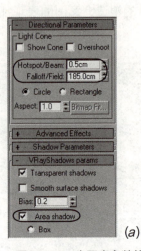 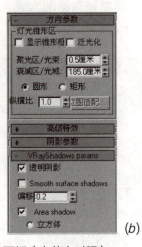

图6-108　太阳光参数的调节面板（中英文对照）
(a) 英文面板；(b) 中文面板

(4) 创建室外天光，选择Vray渲染器自带的灯光VrayLight，在Front视图中拖拽出一个与窗口相同大小的光源（图6-109）。

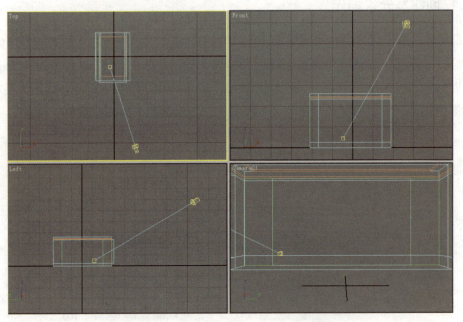

图6-109　太阳光的创建和参数调节的视图显示

(5) 在修改面板中调节【Multiplier】(倍增值)为4.0。并设置颜色R、G、B值为"230"、"250"、"255"的一个天蓝色，来模拟天光的颜色。勾选【Invisible】(不可见)，勾选此选项为光源在场景中以不可见物体出现，如果不勾选，光源则以一个发光片的形式出现在场景中，通常都要勾选它。增加灯光的【Subdivs】(细分)值为"30"，将光源放至如图6-110、图6-111所示位置。

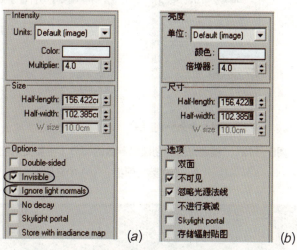

图6-110 室外天光的创建（中英文对照）
(a) 英文面板；(b) 中文面板

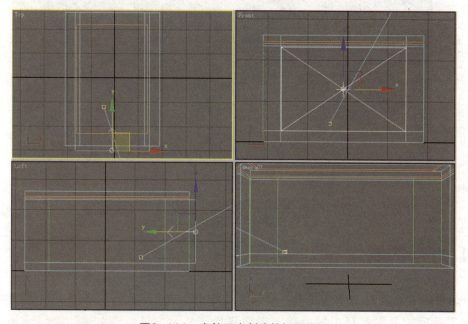

图6-111 室外天光创建的视图显示

6.3.2 创建室内辅助光

同样用Vray渲染器自带的灯光VrayLight，在Left视图中拖拽出一个与框架同等大小的光源范围，调节【Multiplier】(倍增值)为"2.0"，并设置颜色R、G、B值为"245"、"255"、"255"的一个淡蓝色。辅助光不需要调节很大的倍增值，否则没有层次感。勾选【Invisible】(不可见)，增加灯光的【Subdivs】(细分)值为"30",将光源放至如图6-112、图6-113所示位置。

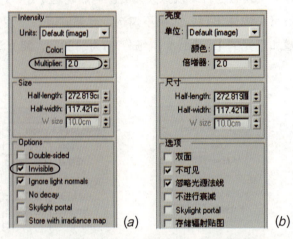

图6-112　辅助光源的创建和参数的调节(中英文对照)
(a) 英文面板；(b) 中文面板

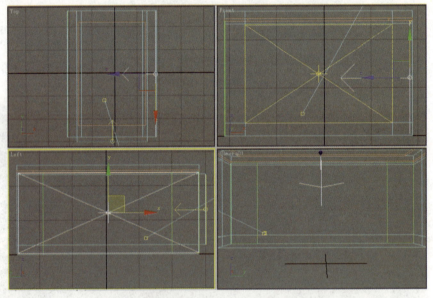

图6-113　辅助光源的创建和参数调节的视图显示

6.4 灯带的制作

灯带是室内装修常用的一种光源,其制作方法也有很多,矩形灯带多用VrayLight制作,如果是圆形吊顶或异形吊顶中的光带,则需要用到其他方法,例如通过Vray渲染器自带的【VrayMtlWrapper】(Vray包裹)材质,通过加大【Generate GI】(产生全局照明)的数值来完成灯带的效果。

(1) 在Top视图中用VrayLight拖拽一个与吊顶一边相近大小的光源,调节【Multiplier】(倍增值)为"4.0",并设置颜色R、G、B值为"255"、"220"、"115"。勾选【Invisible】(不可见)增加灯光的【Subdivs】(细分)值为"30"。按住键盘上的【Shift】键,将其复制到吊顶另一边,调节位置如图6-114～图6-116所示。

 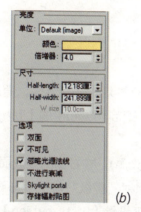 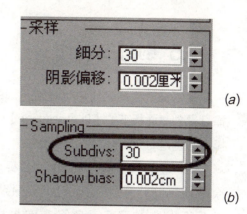

图6-114 灯带的创建和参数的调节（中英文对照）　　　图6-115 采样设置（中英文对照）
(a) 英文面板；(b) 中文面板　　　　　　　　　　　　(a) 英文面板；(b) 中文面板

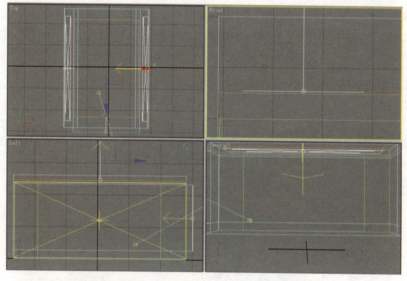

图6-116 灯带的创建和参数调节的视图显示

(2) 用同样的方法和参数，在框架的前后创建另两个灯带，将其放置在图6-117所示位置。

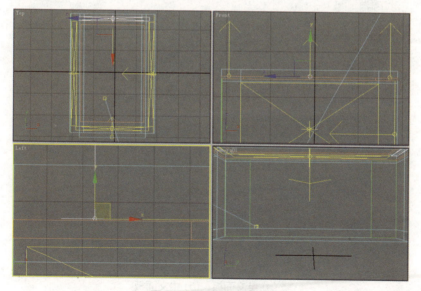

图6-117 灯带的创建

125

6.5 射灯的制作

射灯在效果图制作中也是常用到的一种灯光表现方式,通过不同的光域网文件来表现。选择灯光创建面板下的【Photometric】(光度光学灯光)中的【Target Point】(目标点光源)在筒灯模型下创建一个射灯。

(1) 选择【Target Point】(目标点光源),在右侧的参数面板中将光照范围【Exclude】(排除)为【Include】(包括),让此光源只照射"壁纸"与"装饰画"模型。在【Intensity/Color/Distribution】(亮度/颜色/分布)卷展栏下设置【Distribution】(分布)模式来【Web】(光域网)分布,【Filter Color】(过滤颜色)颜色R、G、B值为"255"、"220"、"115"的黄色。在【Web Parameters】(光域网参数)卷展栏下选择单击【Web File】(光域网文件)在弹出的光域网文件浏览中,选择本章目录对应下的"4.ies",【Resulting Intensity】(最终亮度)为"1500"cd。由于不用投射阴影,所以【Subdivs】(细分)值就不用设置了。按住键盘上的【Shift】键,将其关联复制一个,位置如图6-118～图6-120所示。

(2) 同样用【Photometric】(光度光学灯光)中的【Target Point】(目标点光源)在吊顶模型下创建另一个射灯。

(3) 将光照范围【Exclude】(排除)为【Include】(包括),让此光源只照射"框架"与"装饰画"模型。在【Intensity/Color/Distribution】(亮度/颜色/分布)卷展栏下设置【Distribution】(分布)模式

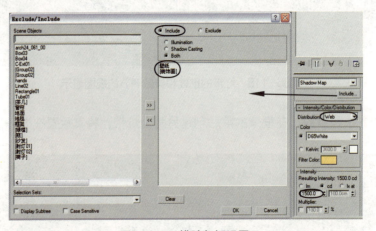

图6-118 排除包括设置

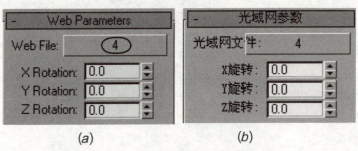

(a)　　　　　　　　　　(b)

图6-119 光域网文件(中英文对照)

(a) 英文面板;(b) 中文面板

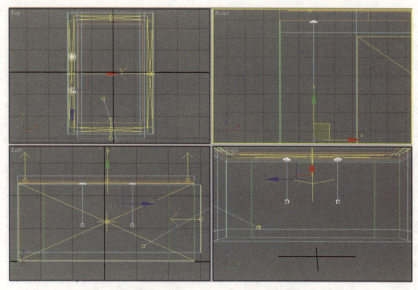

图6-120 射灯的创建、光域网文件的应用和参数的调节

来【Web】(光域网)分布,【Filter Color】(过滤颜色) 颜色R、G、B值为"255"、"220"、"115"的黄色。在【Web Parameters】(光域网参数) 卷展栏下选择单击【Web File】(光域网文件) 在弹出的光域网文件浏览中,选择本章目录对应下的"29.ies",【Resulting Intensity】(最终亮度)为"1500"cd。由于不用投射阴影,所以【Subdivs】(细分)值就不用设置了,如图6-121、图6-122所示。

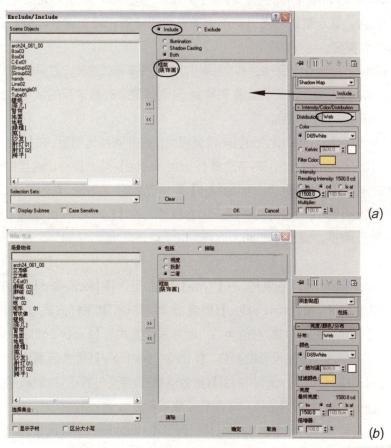

图6-121 排除包括设置（中英文对照）
(a) 英文面板；(b) 中文面板

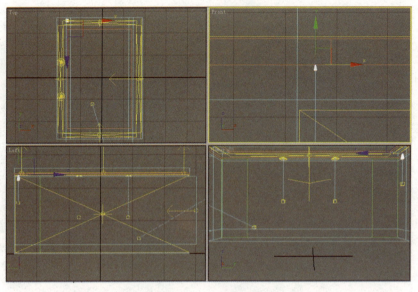

图6-122 射灯的创建

6.6 Vray参数的设置和渲染

所有的灯光都布置完成了，现在我们来用简单的渲染来测试一下场景。

(1) 打开Vray渲染器面板，简单的设置一下试渲染参数。

打开【Global switches】卷展栏，勾掉【Default lights】(默认灯光)，在默认情况下，渲染器会自带一个灯光，这个默认灯光只能用为简单照明场景，无法调节，所以在正式测试与最终渲染的时候都要勾掉它。

(2) 打开【Image sampler】(图像采样)卷展栏，为了提高测试速度，在采样方式里选择【Fixed】(固定比率采样器)。【Fixed】(固定比率采样器)是测试渲染时最常用的采样方式，其速度快但效果不是很好，只适合做测试使用。

(3) 打开【Indirect illumination】(间接光照明) 打开间接光照明，在【Secondary bounces】(二次反弹)中的【GI engine】(GI引擎)中选择【Light cache】(灯光缓冲)，这里的设置可谓是Vray渲染器最主要的部分，当【Indirect illumination】(间接光照明)关闭时，其他任何设置都等于徒劳。

(4) 打开【Irradiance map】(光子贴图)卷展栏，在【Current preset】(预制模式)中选择【Very low】(最低)模式。调节【HSph.subdivs】(半球细分)值为"30"。这些都是用来提高测试渲染速度的参数。

(5) 打开【Color mapping】卷展栏，在【Type】(样式)里选择【Reinhard】(雷因哈德)，调节【Burn value】(燃烧)值为"0.75"，当【Burn value】(燃烧)值为"1"时，其采样方式与【Linear multiply】(线性倍增)相同，当【Burn value】(燃烧)值为"0"时其采样方式与【Exponential】(指数倍增)相同，不同的场景采取不同的采样方式，没有绝对值，【Linear multiply】(线性倍增)的特点是色彩鲜艳，对比度强，但曝光很难控制；而【Exponential】(指数倍增)的特点与其正好相反，色彩饱和度不够，但曝光控制良好，【Reinhard】(雷因哈德）的调节可取二者优点于一身。

(6) 打开【r QMC Sampler】(r QMC采样) 调节【Adaptive amount】(重要性抽样数量)值为"1.0" 调节【Noise threshold】(噪波极限值)值为"1"，在测试渲染中这里的设置最大限度地决定了渲染时间，所以测试时都调节到比较粗略的数值。

(7) 打开【Light cache】(灯光缓冲)卷展栏，调节【Subdivs】(细分)值为"200"。降低细分值也是为了提高渲染时间。所有设置如图6-123～图6-126所示。

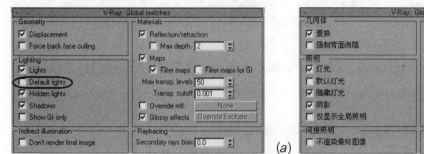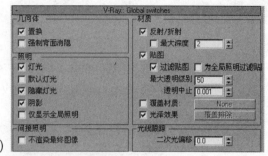

图6-123 【Global switches】卷展栏的设置
（中英文对照）(a) 英文面板；(b) 中文面板

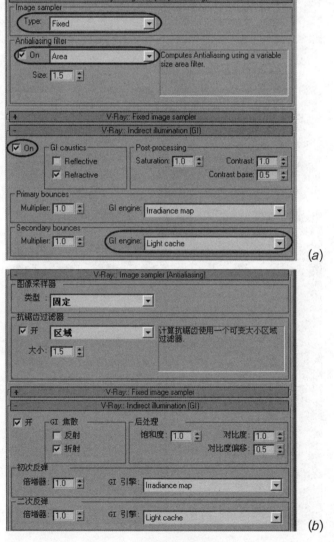

图6-124 【Image sampler】(图像采样)卷展栏的设置（中英文对照）
(a) 英文面板；(b) 中文面板

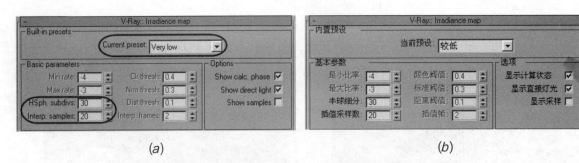

图6-125 【Irradiance map】(光子贴图)展卷栏的设置（中英文对照）
(a) 英文面板；(b) 中文面板。

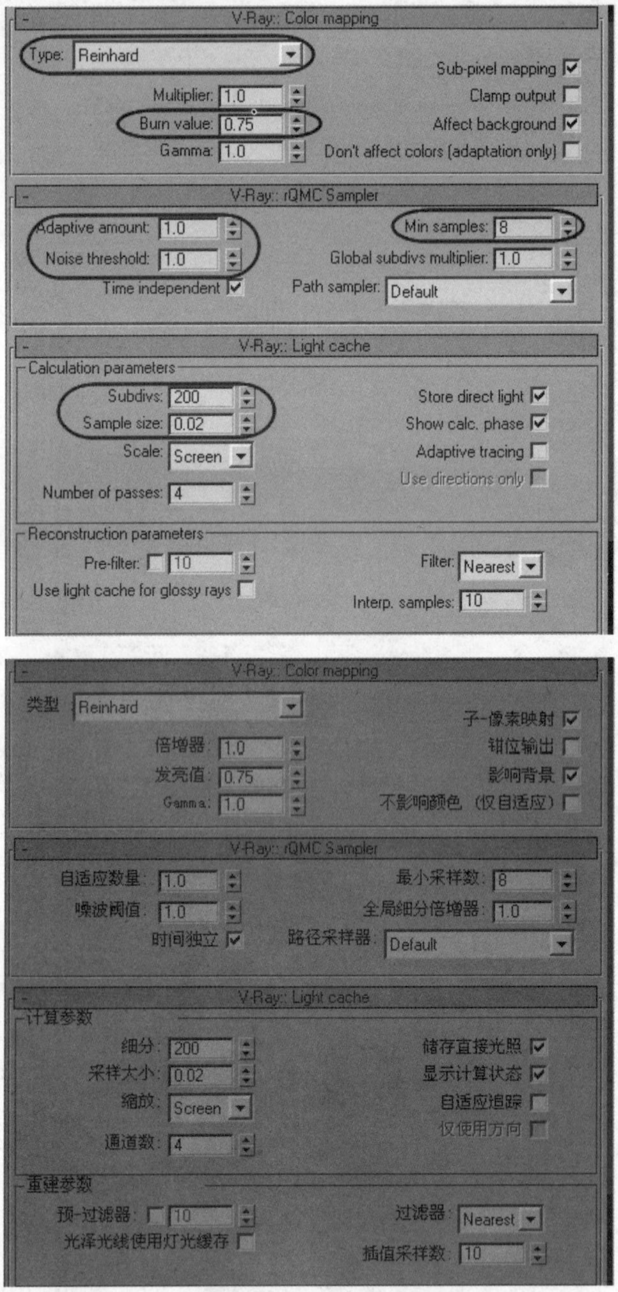

图6-126 测试渲染的参数设置（中英文对照）
(a) 英文面板；(b) 中文面板

单击渲染,得到图6-127所示的效果。

图6-127　测试渲染效果图

我们看到材质的效果还是不错的,只是画面稍有点暗,这时如果盲目地增加灯光的倍增值只会使受光部分产生曝光现象,这里我们通过加大【Indirect illumination】(间接光照明)下【Primary bounces】(首次反弹)的【Multiplier】(倍增值)为"1.8",再来渲染测试一下,单击渲染,得到图6-128所示的效果。

图6-128　测试渲染效果图

现在的亮度是可以的,因为还要在Photoshop里进行后期的修改,所以通常渲染时不能渲染得太亮,否则后期很难调节修改。

进行最终渲染的参数设置,只要增加一些细节就可以了。然后我们来渲染一个光子贴图,以备后面渲染大图时使用,可以有效地减少渲染时间。

(8) 打开【Global switches】卷展栏,勾选【Don't render final image】(不渲染最终图像),因为我们已经清楚了最终的效果,在渲染光子贴图的时候就不用再渲染图像了。

(9) 打开【Image sampler】(图像采样)卷展栏,在采样方式里选择【Adaptive subdivision】(自适应细分采样器)在【Antialiasing filter】(抗锯齿过滤器)的下拉列表里选择【Catmull Rom】(可得到非常锐利的边缘)。

(10) 打开【Irradiance map】(光子贴图)卷展栏,在【Current preset】(预制模式)中选择

【Medium】(中等)模式。调节【HSph.subdivs】(半球采样)值为"70"(较小的取值可以获得较快的速度,但很可能会产生黑斑,较高的取值可以得到平滑的图像,但渲染时间也就越长)调节【Interp.samples】(插值的样本)数值为"35"(较小的取值可以获得较快的速度,但很可能会产生黑斑,较高的取值可以得到平滑的图像,但渲染时间也就越长)。下拉到【On render end】(渲染结束)栏,勾选【Auto save】(自动保存),将光子贴图在渲染结束后自动保存的指定位置,并勾选【Switch to saved map】(自动调取已保存的光子贴图),这样在再渲染大图的时候就不用手动选取已保存的光子贴图了。

(11) 打开【r QMC Sampler】(r QMC采样)调节【Adaptive amount】(重要性抽样数量)值为"0.75"(减少这个值会减慢渲染速度,但同时会降低噪波和黑斑),调节【Noise threshold】(噪波极限值)值为"0.002"(较小的取值意味着较少的噪波,得到更好的图像品质,但渲染时间也就越长),调节【Min samples】(最小采样数)为"18"(较高的取值会使早期终止算法更可靠,但渲染时间也就越长)。

(12) 打开【Light cache】(灯光缓冲)卷展栏,调节【Subdivs】(细分)值为"1200"(确定有多少条来自摄像机的路径被追踪,同样下拉到【On render end】(渲染结束)栏,勾选【Auto save】(自动保存),将光子贴图在渲染结束后自动保存的指定位置,并勾选【Switch to saved map】(自动调取已保存的光子贴图)。

具体设置如图6-129~图6-133所示。

单击渲染,得到如图6-134所示效果。

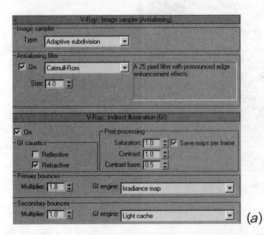 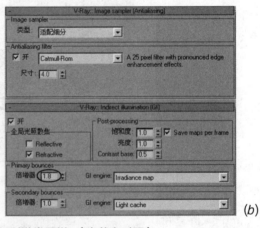

图6-129 【Image sampler】(图像采样)卷展栏 (中英文对照)
(a) 英文面板;(b) 中文面板

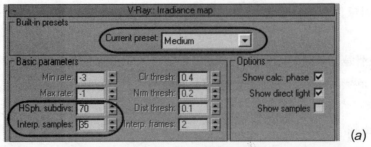

图6-130 【Irradiance map】(光子贴图)卷展栏的参数(中英文对照)
(a) 英文面板

(*b*)

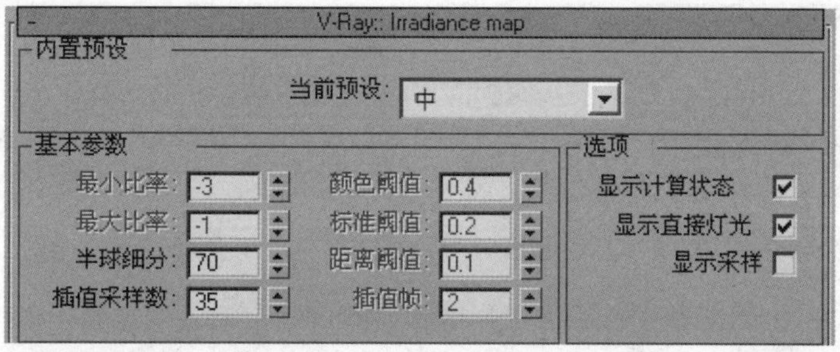

图6-130 【Irradiance map】(光子贴图)卷展栏的参数（中英文对照）

(*b*) 中文面板

(*a*)

(*b*)

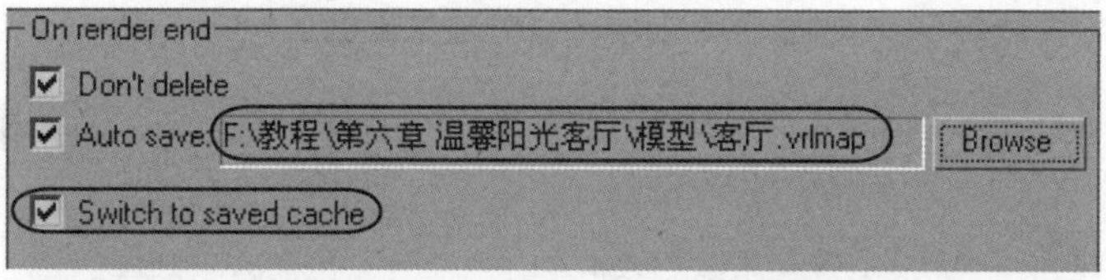

图6-131 渲染结束设置（中英文对照）

(*a*) 英文面板；(*b*) 中文面板

(*a*)

(*b*)

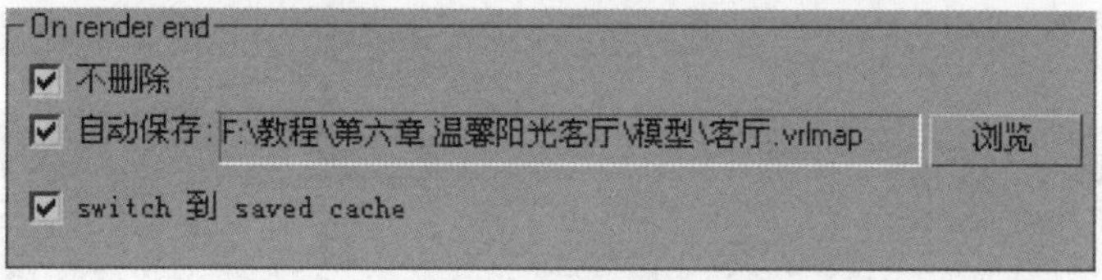

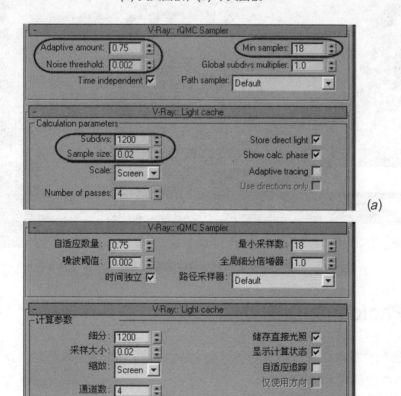

图6-132 rQMC采样和灯光缓冲设置（中英文对照）

(*a*) 英文面板；(*b*) 中文面板

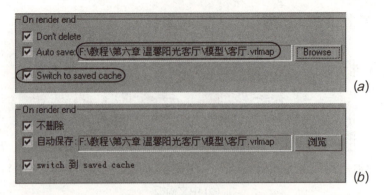

图6-133 最终渲染的参数设置（中英文对照）
(a) 英文面板；(b) 中文面板

单击渲染，得到如图6-134所示效果。

图6-134 最终渲染效果图

6.7 Photoshop后期处理

在效果图制作中单单完成渲染是不够的，即使再强大的渲染器也无法直接满足我们的要求，多多少少都要进行后期处理。

(1) 打开Photoshop软件，将效果图文件调入，在进行后期处理之前我们先来分析一下图片中需要改善的地方，亮度、对比度、饱和度等。下面我们一一地来进行调节。

(2) 首先来调节画面的亮度，按键盘快捷键【Ctrl+M】，打开【曲线】亮度调节，添加上下两个控制点，分别调节它们的输入、输出值为"175"、"190"（图6-135），单击确定。再次按快捷键【Ctrl+M】，打开【曲线】对话框，分别调节输入、输出值为"60"、"60"，如图6-136所示。通过上下两个点进行调节，可使画面的层次感更强烈。

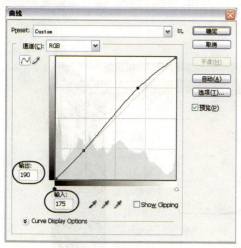

图6-135 曲线亮度调节　　　　图6-136 曲线亮度调节

（3）再来调节图片的饱和度，按键盘快捷键【Ctrl+U】，打开色相/饱和度框，增加图片的饱和度为"10"，这里的饱和值不宜调的过大，否则会使画面过于浓烈，导致色彩失真，如图6-137所示。

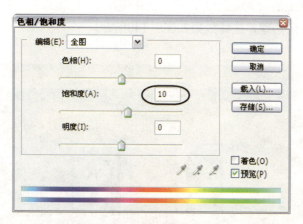

图6-137 调节画面的饱和度

（4）增加图片的对比度，单击菜单栏上的图像-调整-亮度/对比度，增加图片的对比度为"10"，如图6-138所示。

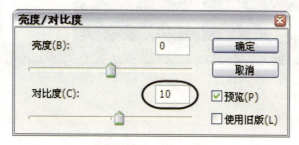

图6-138 对比度调节

（5）对比度与饱和度同样是为了丰富画面的色彩感，数值都不宜过大，否则会使画面过于浓烈导致失真。总体调节完成后还要进行局部调节，单击工具栏上的 多边形套索工具，选中画面中的吊顶底部，按住键盘快捷键【Ctrl+L】，打开色阶控制，调节亮度控制点向左移动"180"，如图6-139所示。

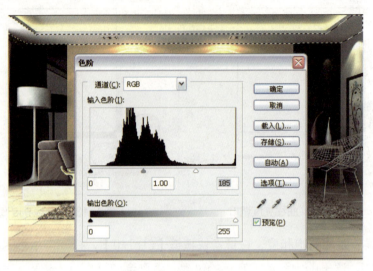

图6-139　吊顶局部调节

（6）选择工具栏上的锐化工具 ，调节锐化强度值为"50%"，在画面中地板、壁纸等大面积材质上单击进行锐化处理，最终效果如图6-140所示。

图6-140　最终效果图

第7章

浓郁中式风情

在前一章我们学习了简约风格的效果图表现,也是比较流行的一种装饰风格。不同的风格有其独特的代表性和别具一格的装饰效果,简约式讲究干练、明快,色彩分明,而中式则讲究大气、柔和、色彩浓郁等等。

在本章我们来学习一下带有中式风情的效果图制作，如图7-1、图7-2所示。

图7-1　白天最终效果

图7-2　夜景最终效果

7.1 制作空间框架

7.1.1 创建房间

打开3ds Max场景，首先调整模型的尺寸单位。

（1）单击菜单栏上的【Customize】（自定义）菜单，从下拉菜单中选择【Units Setup】（单位设置）选项，则弹出"Units Setup"对话框，如图7-3所示。

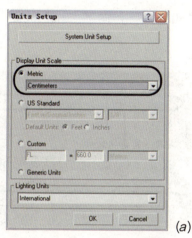
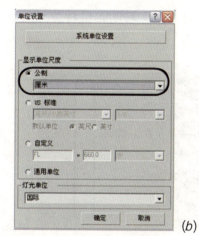

图7-3 "Units Setup"（单位设置）对话框（中英文对照）
(a) 英文对话框；(b) 中文对话框

(2) 单击"Units Setup"（单位设置）对话框中最上边的 System Unit Setup 按钮，弹出图7-4所示对话框，将单位设置为"厘米"。

(3) 选择命令面板上的标准几何体【Box】，在Top视图上建立一个长"750.0cm"，宽"450.0cm"，高"280.0cm"的长方体，起名为"框架"，增加其宽和高的段数为"3"，以方便制作空间的窗口，如图7-5所示。

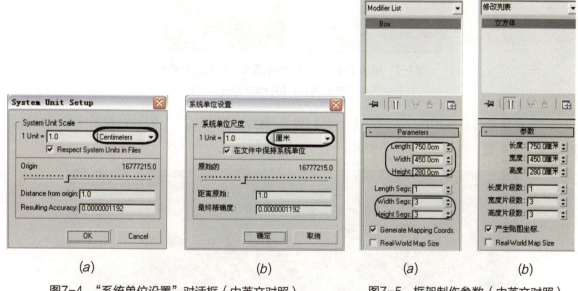

(a)　　　　　　(b)　　　　　　　　(a)　　　　　　(b)

图7-4 "系统单位设置"对话框（中英文对照）　　图7-5 框架制作参数（中英文对照）
(a) 英文对话框；(b) 中文对话框　　　　　　(a) 英文面板；(b) 中文面板

(4) 单击 在下拉菜单中选择【Edit Mesh】(编辑网格)命令，为其创建窗口。选择点控制，在Front视图里调整"框架"模型的段数点，右键 按钮，在弹出的位移对话框中，调整中间两列点的位置，左列点水平向左（X轴方向）移动，位移值为"-80.0cm"，左列点水平向右（X轴方向）移动，位移值为"80.0cm"。依照相同操作调整中间两行点分别向上向下（Y轴方向）移动，位移值为向上"60.0cm"，向下"-60.0cm"，得到图7-6所示位置。

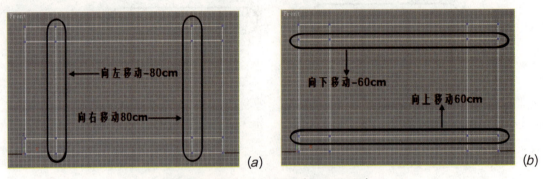

图7-6 窗口调节位置点（Front视图）
(a) X轴方向左右移动；(b) Y轴方向上下移动

（5）为了在空间内打摄像机，我们需要为模型添加一个命令，在 修改面板里为框架添加【Normal】（法线）命令，如图7-7所示。

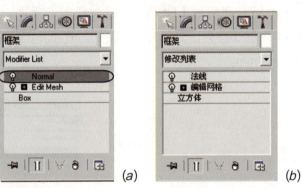

图7-7 添加【Normal】(法线)命令（中英文对照）
(a) 英文面板；(b) 中文面板

（6）在场景中添加相机，并调节【Lens】(镜头)值为"28.0mm"，在Front视图中将相机向上移动至适当高度，得到图7-8所示结果。

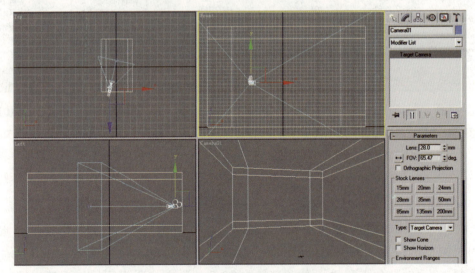

图7-8 相机调节位置及参数

(7) 将Perspective视图转换为相机视图，并按【F3】键，进行网格显示。选中"框架"，在【Edit Mesh】(编辑网格)命令中选择编辑【Polygon】(多边形)，并选中"框架"的窗口面，由于我们这个场景不需要看到窗外，只作室外天光的投射用，所以直接将其删除即可，如图7-9所示。

一张好的效果图，相机的定位和视角是整个画面的主题思想，不同的视角可表达出不同的感觉，非常重要。镜头值越小，视角越扭曲，故镜头值不应小于28cm。

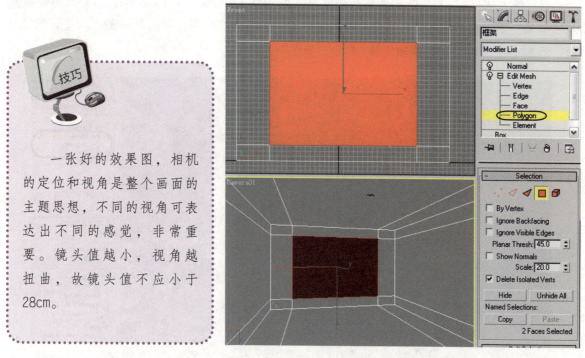

图7-9　窗口的创建

(8) 创建室内地面

同样在用【Polygon】(多边形)选中"框架"的底面，并选择【Detach】(分离)，将选中面从"框架"中分离出来，并起名为地面，如图7-10所示。

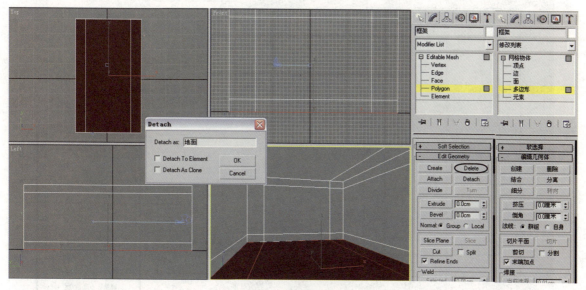

图7-10　地面的创建

7.1.2 创建房间其他模型

首先制作简单的吊顶。

(1) 最大化Top视图,在创建面板中选择二维物体【Rectangle】(矩形),打开三维捕捉，从"框架"的一端画出一个与其等大小的矩形框,起名为"吊顶"并为其在面板里,为"吊顶"添加【Edit Spline】(编辑曲线)命令,如图7-11所示。

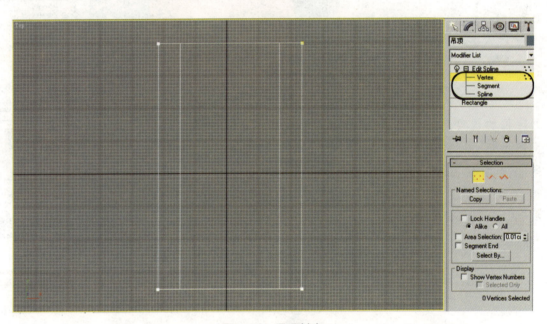

图7-11 吊顶创建

(2) 点取【Spline】(曲线),选择下拉面板里的【Out line】(轮廓),输入轮廓值为"60.0cm",得到图7-12所示结果。

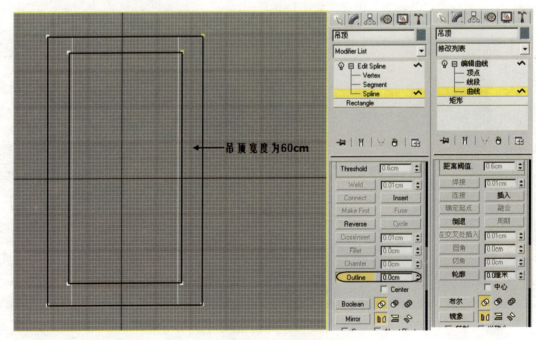

图7-12 吊顶创建

(3) 为吊顶添加命令【Extrude】(挤压)，调节【Amount】(数量)为"6.0cm"，并在视图中将其调整至适中位置，为了方便调整，先将场景中的模型颜色设置为黑色，如图7-13所示。

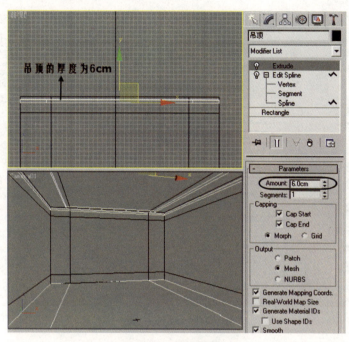

图7-13 吊顶的创建

(4) 再创建一个吊顶内侧边缘的吊顶线，同样最大化Top视图，在创建面板中选择二维物体【Rectangle】(矩形)，打开三维捕捉 从"吊顶"的最内侧边缘画出一个与其等大小的矩形框，在 面板里，为其添加【Edit Spline】(编辑曲线)命令，如图7-14所示。

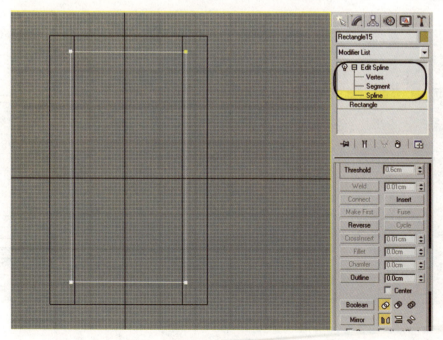

图7-14 创建吊顶线

(5) 点取【Spline】(曲线)，选择下拉面板里的【Out line】(轮廓)，输入轮廓值为"2"，添加命令【Extrude】(挤压)，调节【Amount】(数量)为"6cm"，在Front视图中单击对齐命令将其与吊顶X、Y、Z轴【Center】(中心)对齐，得到图7-15所示结果。

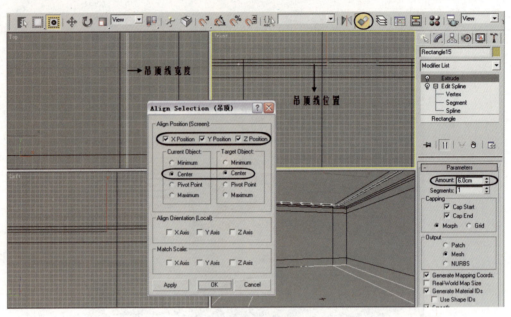

图7-15 吊顶线位置

(6) 创建电视墙造型。最大化Left视图，在创建面板中选择二维物体【Rectangle】(矩形)，在Left视图中画一个长"265.0cm"、宽"430.0cm"的矩形，并起名为"电视墙"。在面板里，添加【Edit spline】(编辑曲线)命令，点取【Spline】(曲线)，选择下拉面板里的【Outline】(轮廓)，输入轮廓值为"65.0cm"，选择顶点编辑，调节上下两个点的位置，得到位置如图7-16所示。

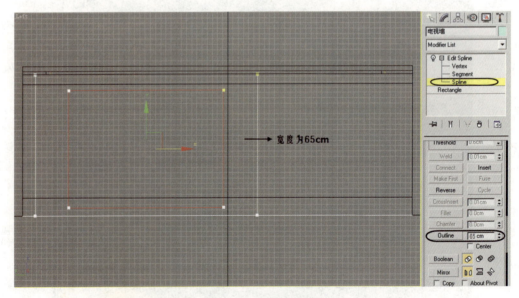

图7-16 创建电视墙

(7) 添加命令【Extrude】(挤压)，调节【Amount】(数量)为"6.0cm"，并在Front视图中将其调整至图7-17所示位置。

(8) 回到Left视图，在电视墙位置创建一个长"220.0cm"，宽"350.0cm"的Plane(面片)，并起名为"书法墙"，在Front视图中将其位置置于电视墙后面，如图7-18所示。

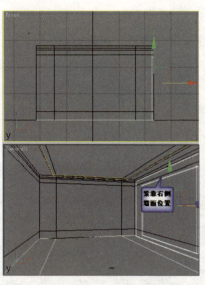

图7-17 电视墙位置

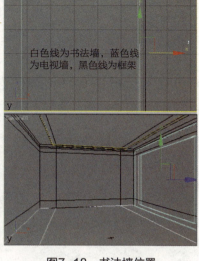

图7-18 书法墙位置

之所以这里的书法背景墙没有做成和电视墙镂空部分同等大小，是因为在实际施工中，两者之间要留一定的空隙放灯管，虽然是效果图，但也要尽量还原其真实性，不要一味地追求省事或美观。这也是作效果图的一个大忌。

7.1.3 创建背景墙

(1) 回到Left视图，为了方便调节，先将电视墙和书法墙隐藏起来。在创建面板中选择二维物体【Rectangle】(矩形)，在Left视图中画一个长"265.0cm"、宽"380.0cm"的矩形，在 面板里，添加【Edit Spline】(编辑曲线)命令，点取【Segment】(线段)，删除矩形的底边，接着点取【Spline】(曲线)，选择下拉面板里的【Out line】(轮廓)，输入轮廓值为"6.0cm"，调整其在场景中的位置，如图7-19所示。

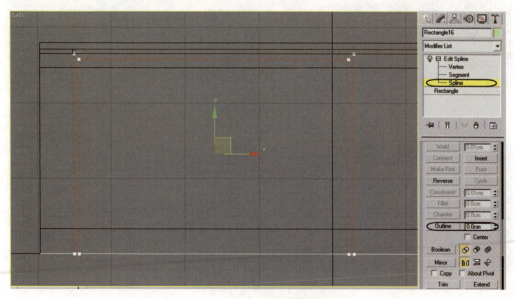

图7-19 背景墙框架制作

(2) 给模型添加命令【Extrude】(挤压)，调节【Amount】(数量)为"9.0cm"。

这是背景墙的框架之一，接下来制作背景墙的发光灯片。

(3) 打开捕捉，从背景墙第一个矩形的最内侧边缘顶点画出一个与其等大小的二维矩形，添加【Edit Spline】(编辑曲线)命令，点取【Segment】(线段)，删除矩形的底边，接着点取【Spline】(曲线)，选择下拉面板里的【Out line】(轮廓)，输入轮廓值为"10.0cm"。给模型添加命令【Extrude】(挤压)，调节【Amount】(数量)为"1.0cm"，如图7-20所示。

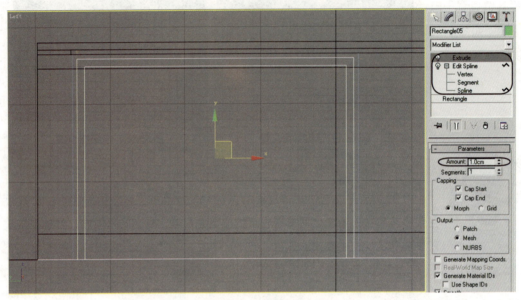

图7-20 背景墙灯带制作

(4) 制作第二个背景墙框架。利用捕捉，从背景墙发光灯片最内侧边缘顶点画出一个与其等大小的二维矩形，添加【Edit Spline】(编辑曲线)命令，点取【Segment】(线段)，删除矩形的底边，接着点取【Spline】(曲线)，选择下拉面板里的【Out line】(轮廓)，输入轮廓值为"6.0cm"。给模型添加命令【Extrude】(挤压)，调节【Amount】(数量)为"9.0cm"，如图7-21所示。

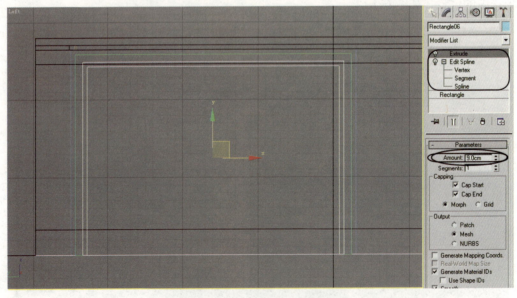

图7-21 背景墙框架制作

在Top视图中调节三个模型的位置，结果如图7-22所示。

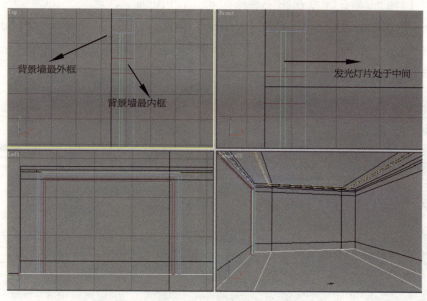

图7-22 背景墙位置调节

（5）现在的背景墙只是个空架子，我们来为它添加一个Plane（面片），这样才构成一面完整的背景墙。方法很简单，还是在Left视图，利用捕捉，用同样的方法从背景墙第二个框架最内侧边缘顶点画出一个与其等大小的二维矩形，按【F3】键打开相机视图与Left视图的实体显示，切换到透视图，转动视角，这时候我们发现刚创建的面片在透视图中是不可见的，而在其背面，也就是Left视图中却可以显示，虽然在后面赋予Vray贴图默认是双面显示，但为了减少差错的发生，我们在Front视图中将它镜像反转过来。单击镜像，在弹出的场景坐标中选择X轴作为镜像轴，最终如图7-23所示。

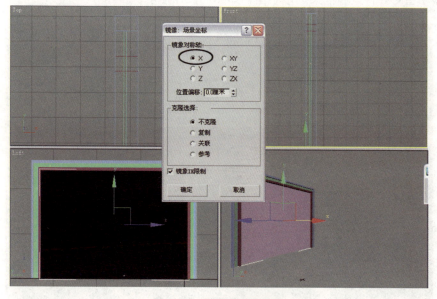

图7-23 背景墙墙面制作

背景墙的制作完成了，但只有墙面还不够，我们需要为它挂上几幅可以烘托气氛，从而更加明确表现中式风格的古典字画。

(6) 按【F3】键将Left视图还原为线性显示状态。在创建面板中选择二维物体【Rectangle】(矩形)，在Left视图中画一个长"120.0cm"，宽"55.0cm"的矩形。添加【Edit Spline】(编辑曲线)命令，点取【Spline】(曲线)，选择下拉面板里的【Out line】(轮廓)，输入轮廓值为"3.0cm"。给模型添加命令【Extrude】(挤压)，调节【Amount】(数量)为"3.0cm"，如图7-24所示。

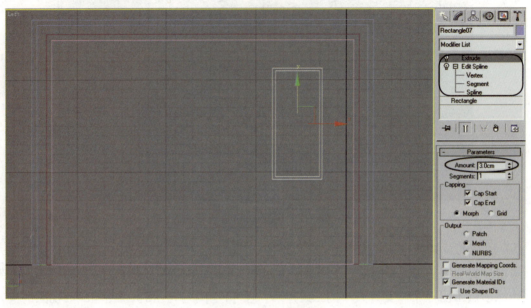

图7-24　画框的制作

(7) 利用三维捕捉，从画框最内侧边缘顶点画出一个与其等大小的Plane矩形，在Front视图中将它镜像反转过来。单击镜像，在弹出的场景坐标中选择X轴作为镜像轴。同时选中画框与画面，单击对齐命令，拾取背景墙框架，在弹出的对齐选择中，选择当前画框与画面两个物体的X轴最小值对齐背景墙框架的最小值，如图7-25所示。

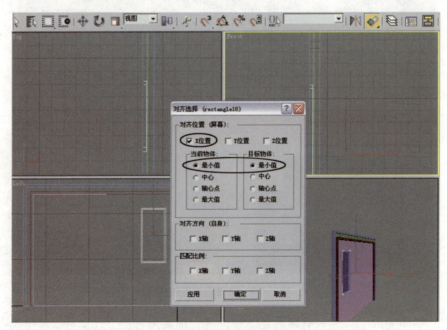

图7-25　画框与画面的制作

(8) 这时候由于画面与背景墙墙面产生了重合，再加上都是Plane(面片)，所以我们要适当调整画面的位置，稍稍离开背景墙墙面。最后框选画框与画面，关联复制三个。最终效果如图7-26所示。

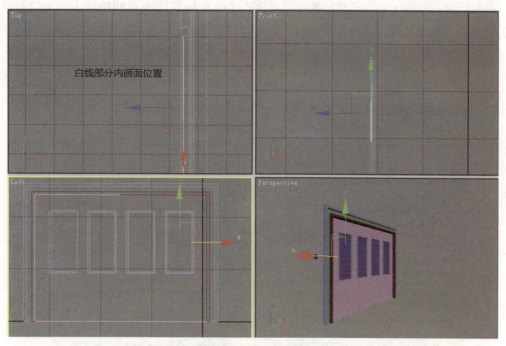

图7-26　古典字画制作

(9) 为吊顶加上筒灯。选择吊顶，按键盘快捷键【Alt+Q】单独显示。在Top视图中创建一个半径为"6.0cm"，高度为"1.0cm"的圆柱体，调整其位置至吊顶的最下面，关联复制，如图7-27所示。

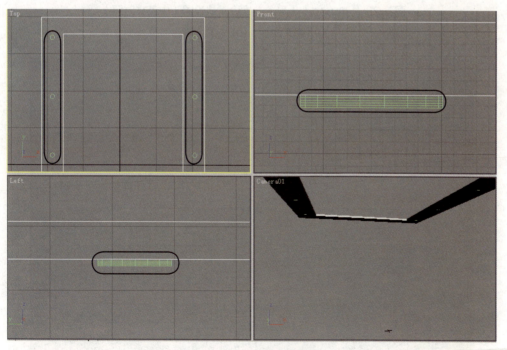

图7-27　筒灯的创建

7.2 模型的导入

下面我们导入Auto CAD格式的顶棚造型，单击【File】(文件)菜单栏中的【Import】(导入)命令，在弹出的"Auto CAD Import Option"(导入设置)对话框中直接采用默许设置即可，由于模型已经是CAD中有厚度的模块，所以导入3ds Max后不用再群组和挤压其厚度了。调整其位置，如图7-28、图7-29所示。

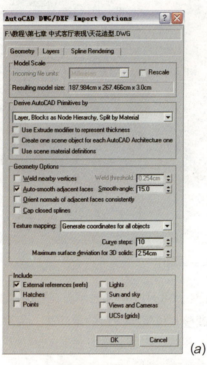 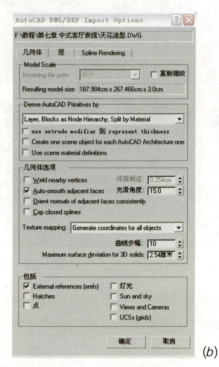

图7-28 【Import】(导入)命令默认设置(中英文对照)
(a) 英文面板；(b) 中文面板

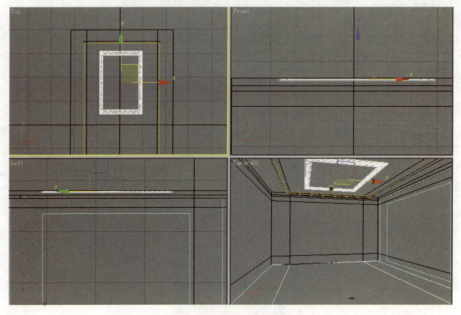

图7-29 导入顶棚造型

技巧 在制作效果图过程中,其与CAD的结合是很常见的一种形式,在制作大的场景时,通常都是用CAD搭建好整体建筑的结构轮廓,然后导入到3ds Max中进行三维处理,这样既快捷又准确。通常导入CAD模型时都为线框状,需要在3ds Max中给其添加【Extrude】(挤压)命令。

从光盘中导入本章对应的其他模型,依次调整位置如图7-30～图7-32所示。

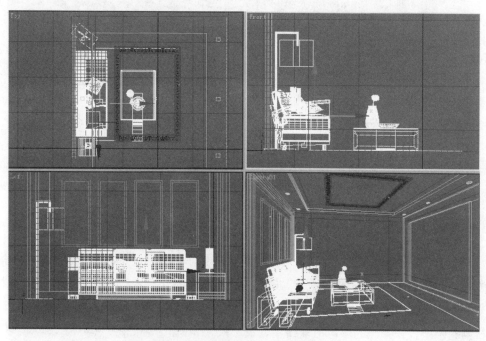

图7-30 场景配饰模型的导入及摆放(一)

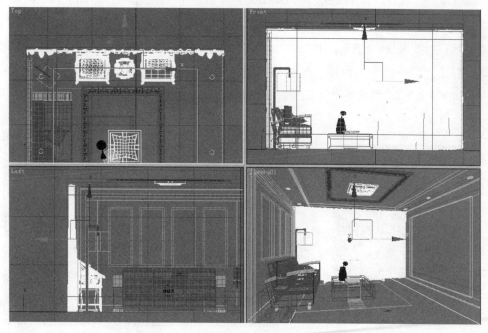

图7-31 场景配饰模型的导入及摆放(二)

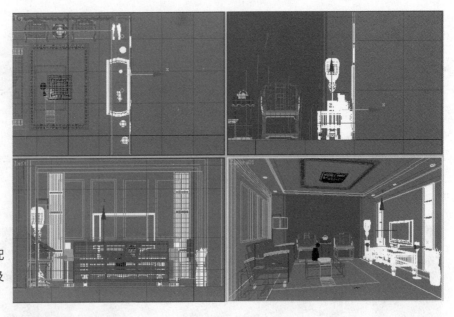

图7-32 场景配饰模型的导入及摆放（三）

7.3 编辑模型材质

所有的配饰模型导入完成了，接下来要为场景中全部模型一一添加材质。首先我们按照从大到小的方式来设置，为了方便调节，先隐藏刚导入的配饰模型，让场景中只剩下简单的框架。

7.3.1 制作墙面材质

（1）打开材质编辑器，在默认的情况下，编辑中显示的是3ds Max标准材质。为材质球起名为"墙面"，单击【Standard】(标准)按钮，在弹出的编辑栏中选择【VrayMtl】(VR材质)，由于中式风格讲求色彩浓烈，画面偏暖色调，这里的墙面就设置一个与风格相符的颜色。单击Diffuse右侧的色块，在弹出的颜色拾取器中，调节R、G、B值分别如图7-34所示。

（2）调节【Reflect】(反射色)的R、G、B值为"10"，激活【Hilight glossiness】(高光光滑)，设置高光光滑值为"0.5"，此设置是为了让墙面有乳胶漆光滑细腻的特性，打开【Options】(选项)卷展栏，去掉【Trace reflections】(跟踪反射)前面的对勾，这样材质就只有高光没有反射了。选中框架、吊顶、电视墙，将材质赋予它们，为了更清楚地看到效果，为场景添加一个Omini(泛光灯)照亮场景，如图7-35～图7-37所示。材质效果如图7-33所示。

图7-33 墙面材质球设置后的最终效果

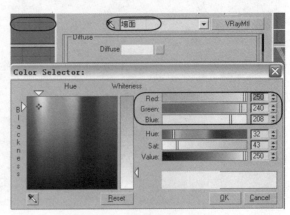

图7-34 墙面材质的颜色调节

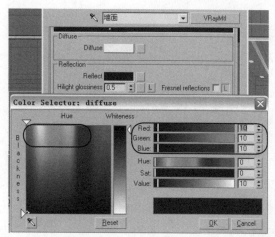

图7-35 高光光滑

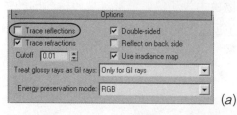(a)

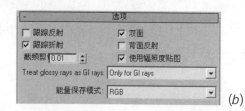(b)

图7-36 去掉跟踪反射（中英文对照）

(a) 英文面板；(b) 中文面板

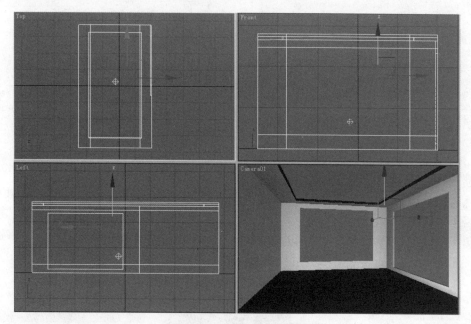

图7-37 墙面材质的调节

图7-38 地板材质的最终效果

7.3.2 制作地板材质

地板材质的最终效果（图7-38）。

(1) 在新的材质球上单击【Standard】(标准)按钮，在弹出的编辑栏中选择【VrayMtl】(VR材质)并起名为"地面"。单击【Diffuse】(漫射区)右侧的方块按扭，在弹出的材质/贴图浏览器中选择【Tiles】(平辅)。

(2) 下拉打开【Advanced Controls】(高级控制)卷展栏，单击【Tiles Setup】(平辅设置)里的【Texture】(纹理)，在弹出的材质贴图浏览器中选择【Bitmap】(位图)，选择本章实例对应下的"6XSP012M.JPG"。打开【Bitmap Parameters】(位图参数)卷展栏下面的【Cropping/Placement】(剪切/放置)里调节贴图的边缘，向上回到【Tiles】(平辅)卷展栏。调节【Grout Setup】(薄浆设置)的【Texture】(纹理)颜色为浅灰色，也就是地砖缝隙的颜色。调节【Horizontal Gap】(水平空隙)与【Vertical Gap】(垂直空隙)值为"0.1"，也就是地砖缝隙的宽度，如图7-39～图7-41所示。

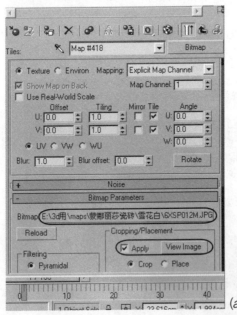 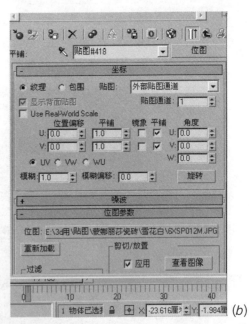

图7-39　插入贴图（中英文对照）
(a) 英文面板；(b) 中文面板

 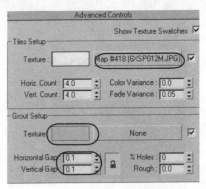

图7-40　调节贴图边缘　　　　　图7-41　地砖材质的设置

(3) 将材质赋予"地面",由于是从框架中分离出来的模型,贴图不会正常显示,需要添加一个【UVW Mapping】(指定贴图坐标)命令,这时候贴图虽然显示了,但并不是实际的地砖尺寸,为了真实的表现80cm×80cm一块的地砖,我们需要添加一个辅助物,单击"地面"在Top视图中单独显示,在"地面"的左上角建一个80cm×80cm×10cm的Box,打开捕捉 将Box对齐到左上角顶点,如图7-42所示。

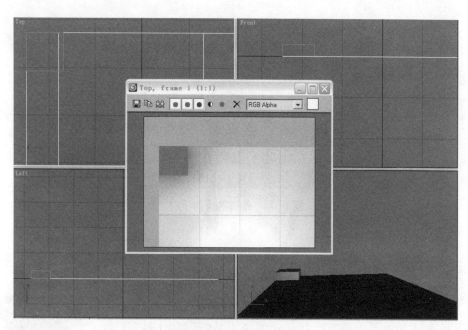

图7-42 地砖尺寸的调节

通过设置【UVW Mapping】(指定贴图坐标)的U、V平辅值来调节贴图到适当的规格,效果如图7-43所示。

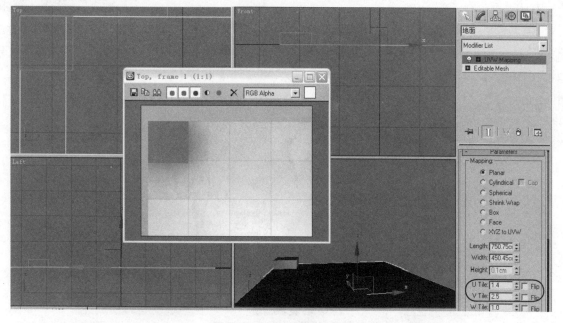

图7-43 地砖尺寸的调节

删除辅助物体,退出单独显示,继续设置地砖材质的其他参数。

(4)返回到"地面"材质框,设置【Reflect】(反射色)的R、G、B值为"15",激活【Hilight glossiness】(高光光滑),设置高光光滑值为"0.8",此设置是为了模拟材质的高光光滑效果,因为我们要表现的地砖属光滑材质,所以设置【Refl glossiness】(反射光滑)值为"0.95",只要一点点磨砂就够了,由于是大面积反射,需要加大材质的【Subdivs】(细分)值为"20",如图7-44所示。最终材质效果如图7-38所示。

图7-44 地砖的反射设置

7.3.3 制作磨砂木材

这里木材材质我们直接用一个接近深棕的颜色代表就可以了。

(1)为材质球起名为"磨砂木材",单击【Standard】(标准)按钮,在弹出的编辑栏中选择【VrayMtl】(VR材质),中式风格实木部分比较多,颜色也比较厚重,这里的木材颜色就设置一个与风格相符的颜色。单击【Diffuse】右侧的色块,在弹出的颜色拾取器中,调节R、G、B值分别为"30"、"3"、"4"。

由于要制作磨砂效果,所以要稍稍加大其反射值。

图7-45 磨砂木材材质球设置后的最终效果

(2)设置【Reflect】(反射色)的R、G、B值为"35",激活【Hilight glossiness】(高光光滑),设置高光光滑值为"0.75",设置【Refl glossiness】(反射光滑)值为"0.85",磨砂值不宜过大,加大材质的【Subdivs】(细分)值为"15"。将材质赋予吊顶内侧的吊顶线。材质效果及设置如图7-45～图7-47所示。

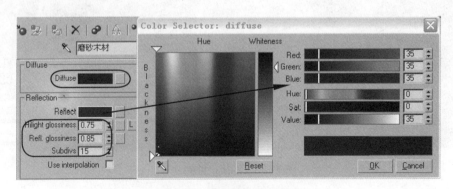

图7-46 磨砂效果数值设置

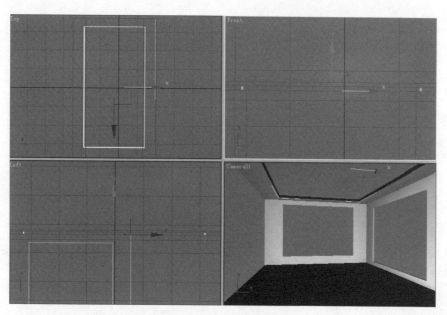

图7-47 磨砂木材的赋予

场景中有许多用到磨砂木材材质的地方,我们将它显示出来,并一一赋予,如图7-48所示。

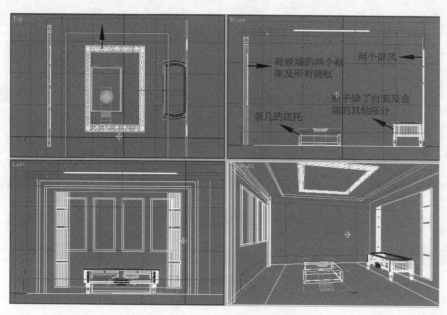

图7-48 包含磨砂木材的模型

7.3.4 制作清漆木材

(1)为材质球起名为"清漆木材",单击【Standard】(标准)按钮,在弹出的编辑栏中选择【VrayMtl】(VR材质),颜色与磨砂木材的Diffuse色相同,调节R、G、B值分别为"30"、"3"、"4"。

(2)由于是清漆的效果,所以要减少其反射值。设置【Reflect】(反射色)的R、G、B值为"20",激活【Hilight glossiness】(高光光滑),设置高光光滑值为"0.8",设置【Refl glossiness】(反射光滑)

图7-49 清漆木材材质球设置后的最终效果

值为"0.9",磨砂值适当给一些就可以了,加大材质的【Subdivs】(细分)值为"15"。材质效果及设置如图7-49、图7-50所示。

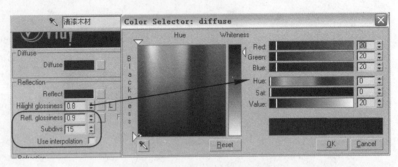

图7-50 清漆木材的设置

同样场景中有许多用到清漆木材材质的地方,将材质赋予它们,如图7-51所示。

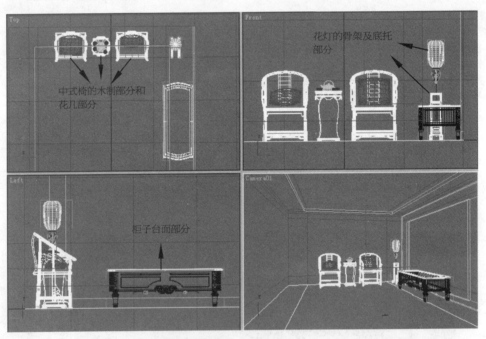

图7-51 包含清漆木材的模型

7.3.5 制作木纹材质

(1) 为材质球起名为"木纹",单击【Standard】(标准)按钮,在弹出的编辑栏中选择【VrayMtl】(VR材质),单击【Diffuse】(漫射区)右侧的方块按扭,在弹出的材质/贴图浏览器中选择【Bitmap】(位图),导入本章实例对应下的"黑胡桃木1.jpg",在【Coordinates】(坐标)卷展栏下调节【Blur】(模糊)值为"0.5",让材质的纹理更清晰。因为材质在画面中不是非常的有近景表现,所以模糊值不用调节得太低。

图7-52 木纹材质球设置后的最终效果

(2) 返回到基本参数设置卷展栏,调节【Reflect】(反射色)的R、G、B值为"40",激活【Hilight glossiness】(高光光滑),与磨砂木材一样,设置高光光滑值为"0.75",设置【Refl glossiness】(反射光滑)值为"0.85",加大材质的【Subdivs】(细分)值为"15"。材质效果及设置如图7-52～图7-54所示。

 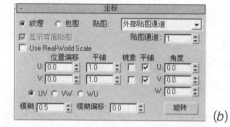

图7-53 【Coordinates】(坐标)卷展栏下调节【Blur】(模糊)值(中英文对照)
(a) 英文面板;(b) 中文面板

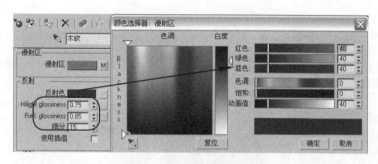

图7-54 木纹材质的设置

将材质赋予场景中的模型,如图7-55所示。

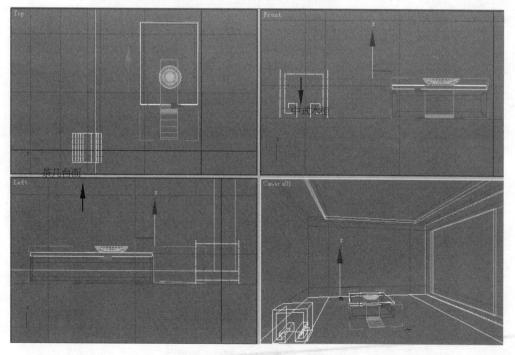

图7-55 木纹材质的设置

7.3.6 制作黄色金属材质

(1) 为材质球起名为"金属_金黄",单击【Standard】(标准)按钮,在弹出的编辑栏中选择【VrayMtl】(VR材质),设置Diffuse颜色,调节R、G、B值分别为"20",一个接近于黑色的数值。

(2) 设置【Reflect】(反射色)的R、G、B值为"250"、"190"、"90",通常调节金属材质时,颜色均为接近于黑色,因为金属本身是没有颜色的,只是在出厂加工的时候,在其表面镀上了一层需要的颜色,所以这里用反射色为决定其最终的颜色。激活【Hilight glossiness】(高光光滑),设置高光光滑值为"0.6",一个高光非常大的数值。设置【Refl glossiness】(反射光滑)值为"0.98",磨砂值适当给一些就可以了,加大材质的【Subdivs】(细分)值为"20"。材质效果及设置如图7-56、图7-57所示。

图7-56 黄色金属材质球设置后的最终效果

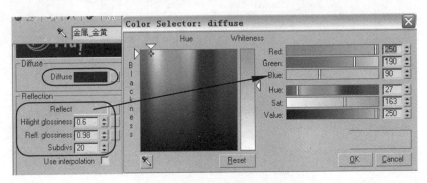

图7-57 黄色金属材质设置

(3) 选中中式落地灯、电视下面的柜子以及柜子上的两个装饰品,单独显示,并将黄色金属材质赋予模型中的金属部分,如图7-58所示。

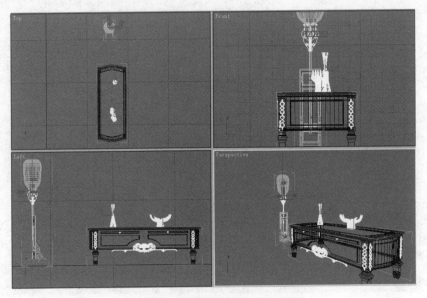

图7-58 包含黄色金属材质的模型

7.3.7 制作沙发布面材质

(1) 为材质球起名为"坐垫",单击【Standard】(标准)按钮,在弹出的编辑栏中选择【VrayMtl】(VR材质),设置Diffuse颜色,调节R、G、B值分别为"253"、"246"、"230",一个稍暖些的颜色。

这里的材质是单纯的布面,所以不用为其添加【Falloff】(衰减)来制作绒面的质感。

不涉及反射与折射,这部分可以不作调节。

(2) 下拉到【Map】卷展栏,将光盘本章目录对应下的"00.jpg"贴图直接拖到【Map】卷展栏下的【Bump】(凹凸)下,并将凹凸数值调节至"80"。在【Coordinates】(坐标)卷展栏下调节【Blur】(模糊)值为"0.01",让材质的纹理更清晰。材质效果及设置如图7-59~图7-62所示。

图7-59 沙发布面材质球设置后的最终效果

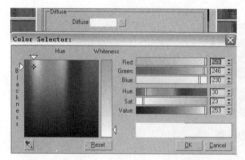

图7-60 【Diffuse】颜色设置

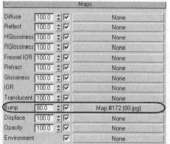

图7-61 贴图的凹凸设置

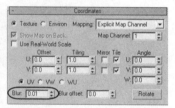

图7-62 沙发布面材质的设置

(3) 选中场景中的沙发模型以及中式椅上的坐垫,单独显示,并将材质赋予它们。结果如图7-63所示。

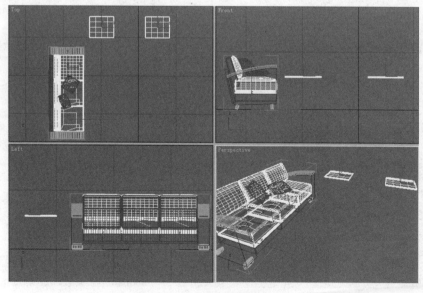

图7-63 包含布面材质的模型

7.3.8 制作灯罩材质

在Vray1.47版本以后，推出了一个新的材质，就是【VrayLightMtl】(Vray灯光)材质，用来模拟类似发光面的正确光照效果。例如开着的电视屏幕、电脑屏幕，以及常见的街头的灯箱广告效果，相对早期用单一的颜色来表现发光表面的手法，Vray灯光更真实地还原了想要表达的材质本身效果。

图7-64 灯罩材质球设置后的最终效果

(1) 为材质球起名为"灯罩"，单击【Standard】(标准)按钮，在弹出的编辑栏中选择【VrayLightMtl】(Vray灯光)材质，【VrayLightMtl】(Vray灯光)材质的设置非常简单，因为我们在这里用的是真实的贴图文件，所以不用去调节它的颜色，单击颜色后面的【None】在弹出的材质/贴图浏览器中选择【Bitmap】(位图)，导入本章实例对应下的"桔胶片2.jpg"，光照亮度为默认的1.0即可，其他不用设置。材质效果及设置如图7-64、图7-65所示。

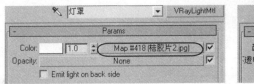 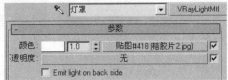

图7-65 Vray 灯光材质的设置

(2) 选中场景中台灯、落地灯、中式落地灯和吸顶灯模型，单独显示，选中灯罩部分,分别添加一个【UVW Mapping】(指定贴图坐标)命令并将材质赋予，如图7-66、图7-67所示。

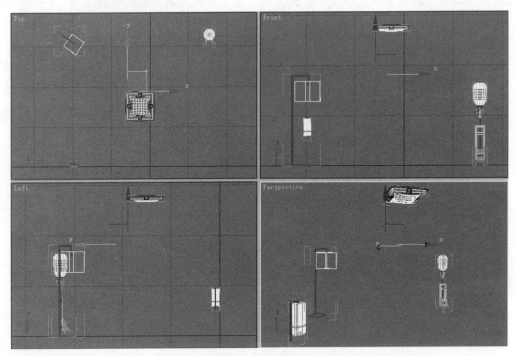

图7-66 材质赋予

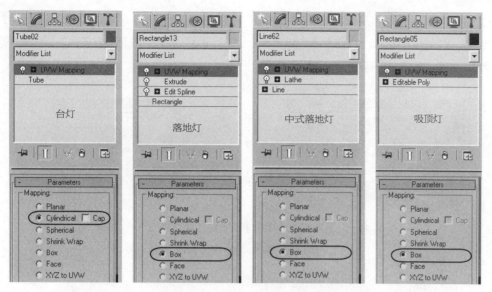

图7-67 包含灯罩材质的模型

(3) 选中落地灯和台灯的其他部分,将前面设置过的磨砂木材赋予它们,如图7-68所示。

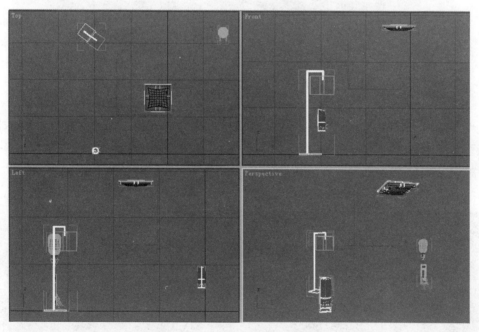

图7-68 包含磨砂木材材质的模型

7.3.9 制作沙发皮革材质

(1) 这里的皮革是光滑的革质材质,材质球起名为"沙发皮革",单击【Standard】(标准)按钮,在弹出的编辑栏中选择【VrayMtl】(VR材质),单击【Diffuse】(漫射区)右侧的方块按钮,在弹出的材质/贴图浏览器中选择【Bitmap】(位图),导入本章实例对应下的"019.tif",在【Coordinates】(坐标)卷展栏下调节【Blur】(模糊)值为"0.1",让材质的纹理更清晰。

图7-69 沙发皮革材质球设置后的最终效果

(2) 返回到基本参数卷展栏，设置【Reflect】(反射色)的R、G、B值为"10"，有轻微的反射就可以了。激活【Hilight glossiness】(高光光滑)，设置高光光滑值为"0.7"，磨砂值不动。材质效果及设置如图7-69～图7-71所示。

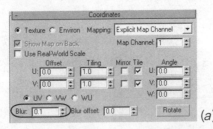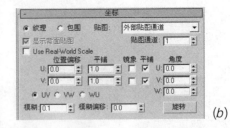

图7-70 【Blur】(模糊)值设置
(a) 英文面板；(b) 中文面板

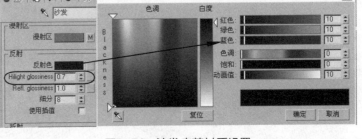

图7-71 沙发皮革材质设置

(3) 单独显示沙发模型，分别添加一个【UVW Mapping】(指定贴图坐标)命令，【Mapping】(贴图)模型均为Box，U、V平辅值为"3"、"2"。并将皮革材质赋予选中部分，如图7-72、图7-73所示。

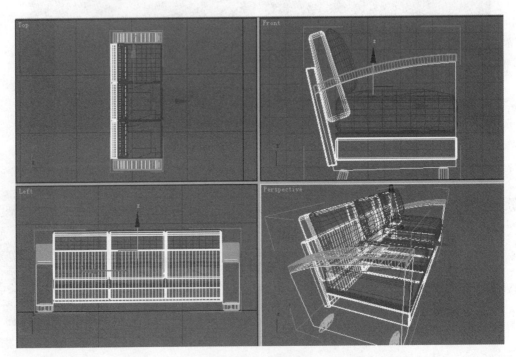

图7-72 材质赋予

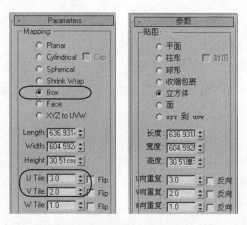

图7-73 沙发皮革材质的贴图坐标

(4) 选中沙发的扶手、底托部分,将前面设置过的磨砂木材赋予它们,如图7-74所示。

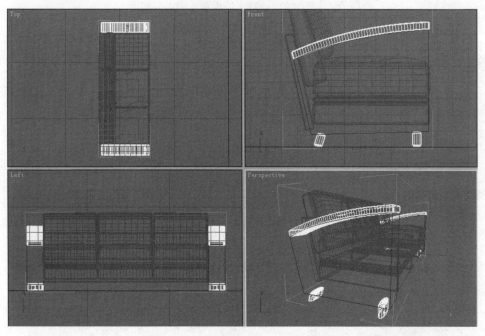

图7-74 包含磨砂木材质的沙发模型

7.3.10 制作砖墙材质

(1) 砖墙材质也是制作效果图过程中常用到的一种材质,与制作地板、地砖等纹理材质同,主要是凹凸效果的调节。

(2) 为材质球起名为"砖墙",单击【Standard】(标准)按钮,在弹出的编辑栏中选择【VrayMtl】(VR材质),单击【Diffuse】(漫射区)右侧的方块按钮,在弹出的材质/贴图浏览器中选择【Bitmap】(位图),导入本章实例对应下的"砖墙.jpg"在【Coordinates】(坐标)卷展栏下调节【Blur】(模糊)值为"0.5",让材质的纹理更清晰。

(3) 返回到基本参数卷展栏,设置【Reflect】(反射色)的R、G、B值为"40"。激活【Hilight glossiness】(高光光滑),设置高光光滑

图7-75 砖墙材质球设置后的最终效果

值为"0.5",因为室内的墙砖都是经过处理的,这里我们制作一个类似抛光光滑的砖墙效果。因为后面会用到凹凸材质,这里磨砂值就不用再设置了。

(4) 下拉到【Map】卷展栏,将光盘本章目录对应下的"砖墙.bump.jpg"贴图直接拖到【Map】卷展栏下的【Bump】(凹凸)下,并将凹凸数值调节至"90"。材质效果及设置如图7-75 ～图7-78所示。

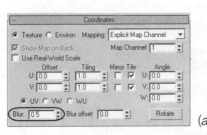 

图7-76 【Blur】(模糊)值设置(中英文对照)
(a) 英文面板;(b) 中文面板

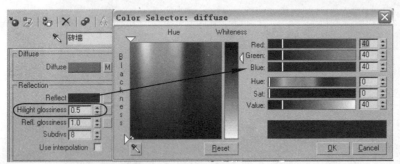 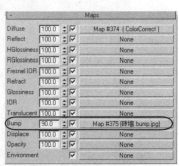

图7-77 高光光滑设置　　　　　　　　　　图7-78 砖墙材质设置

(5) 选中背景墙中间的墙面,为其添加一个【UVW Mapping】(指定贴图坐标)命令,【Mapping】(贴图)模型均为Box,U、V平铺值为"2.5"、"3",如图7-79所示。

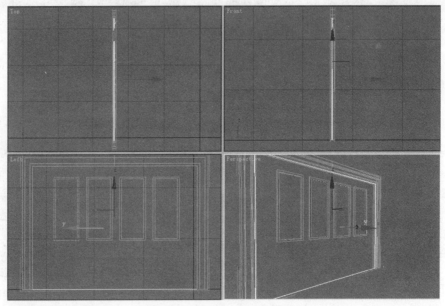

图7-79 为背景墙添加砖墙材质

7.3.11 制作发光灯片材质

(1) 同样用【VrayLightMtl】(Vray灯光)来制作发光灯片,为材质球起名为"黄色自发光"。

(2) 单击【Standard】(标准)按钮,在弹出的编辑栏中选择【VrayLightMtl】(Vray灯光)材质。

这里我们设置一个有渐变过度颜色的光照效果。

(3) 单击颜色后面的【None】在弹出的材质/贴图浏览器中选择【Gradient】(渐变),设置第一个颜色R、G、B值为"250"、"200"、"30",第二个颜色R、G、B值为"250"、"220"、"130",第三个与第一个数值一样。光照亮度为默认的"1.0"即可。材质效果及设置如图7-80~图7-84所示。

图7-80 发光灯片材质球设置后的最终效果

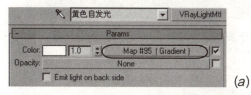 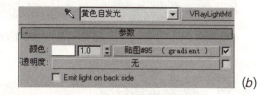

(a) (b)

图7-81 材质/贴图选择【Gradient】(渐变)(中英文对照)

(a) 英文面板;(b) 中文面板

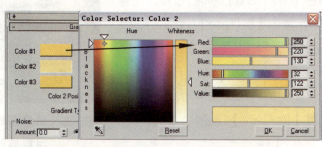

图7-82 渐变第一个颜色

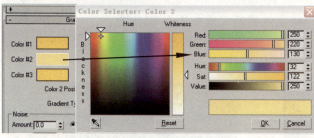

图7-83 渐变第二个颜色

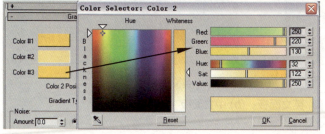

图7-84 发光灯片材质的设置(渐变第三个颜色)

(4) 选中背景墙中间的发光灯片，将材质赋予它，如图7-85所示。

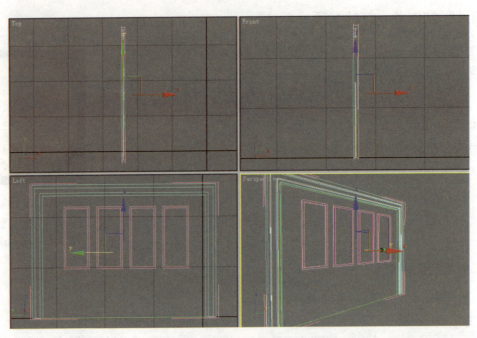

图7-85 为模型赋予发光灯片材质

7.3.12 制作装饰画材质

这里的装饰画效果我们来模拟一个类似有高光效果的字画材质。

(1) 为材质球起名为"画1"，单击【Standard】(标准)按钮，在弹出的编辑栏中选择【VrayMtl】(VR材质)，单击【Diffuse】(漫射区)右侧的方块按钮，在弹出的材质/贴图浏览器中选择【Bitmap】(位图)，导入本章实例对应下的"装饰画1.jpg"，在【Coordinates】(坐标)卷展栏下调节【Blur】(模糊)值为"0.01"，让材质的纹理更清晰。

图7-86 装饰画材质球设置后的最终效果

(2) 返回到基本参数卷展栏，设置【Reflect】(反射色)的R、G、B值为"15"。激活【Hilight glossiness】(高光光滑)，设置高光光滑值为"0.6"，其他数值默认即可。材质效果及设置如图7-86～图7-88所示。

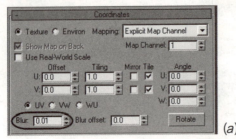 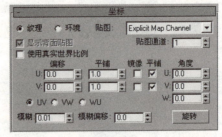

图7-87 【Blur】(模糊)值(中英文对照)

(a) 英文面板；(b) 中文面板

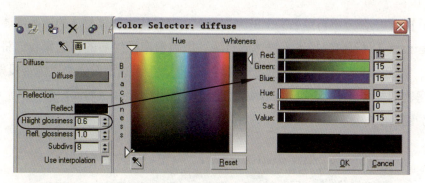

图7-88 装饰画材质设置

用同样的设置画2、画3，分别将材质赋予所有装饰画，如图7-89所示。

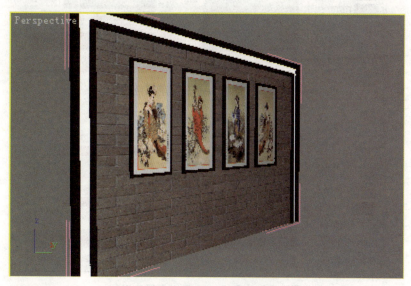

图7-89 背景墙上的装饰画

7.3.13 制作丝绸质感的窗帘材质

（1）为材质球起名为"深色窗帘"，单击【Standard】（标准）按钮，在弹出的编辑栏中选择【VrayMtl】（VR材质），单击【Diffuse】（漫射区）右侧的方块按钮，在弹出的材质/贴图浏览器中选择【Falloff】（衰减），设置前景色的R、G、B值为"73"、"36"、"12"；侧景色的R、G、B值为"58"、"23"、"0"。因为丝绸的质感是非常柔和的，会有不同的光影变化，所以这里加了【Falloff】（衰减）。

图7-90 丝绸质感的窗帘材质球设置后的最终效果

（2）返回到基本参数卷展栏，单击【Reflect】（反射）右侧的方块，在弹出的材质/贴图浏览器中再次选择【Falloff】（衰减），设置前景色的R、G、B值为"91"；侧景色的R、G、B值为"10"。

（3）返回到基本参数卷展栏，设置【Refl glossiness】（反射光滑）值为"0.6"，磨砂值根据丝绸的特性来设置，加大材质的【Subdivs】（细分）值为"12"。

再来调节材质的【Refraction】（折射）部分。之前我们说过，在Vray材质中，

【Refraction】(折射)部分不再是名义上的光影折射，而是作为物体材质的透明度调节出现。

(4)【Refract】(折射色)越浅，物体越透明。因为窗帘是纱质的，这里我们将【Refract】(折射色)的R、G、B值设为"3"，增加细分值为"12"，为了达到阳光穿过窗帘投射阴影的真实效果，在这里我们要勾选【Affect shadows】(影响阴影)【Affect alpha】(影响alpha通道)。材质效果及设置如图7-90～图7-95所示。

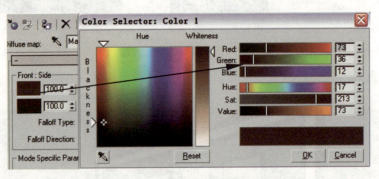

图7-91 【Diffuse】衰减前景色设置

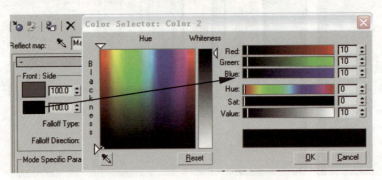

图7-92 【Reflect】衰减侧景色设置

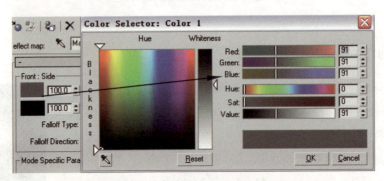

图7-93 【Reflect】衰减前景色设置

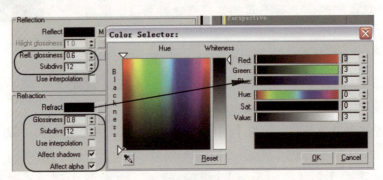

图7-94 基本参数各项设置

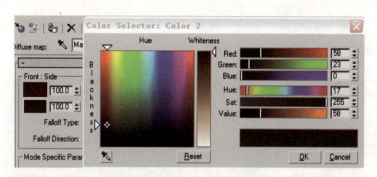

图7-95 丝绸窗帘材质的设置

选择窗帘组合,单独显示,将材质赋予选中部分,如图7-96所示。

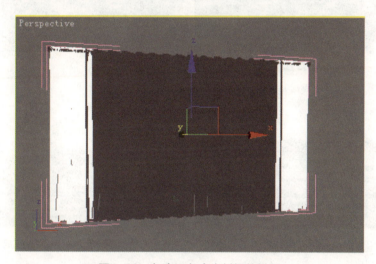

图7-96 包含深色窗帘材质的模型

7.3.14 制作纱帘材质

纱帘材质也是制作效果图过程中常用到的一种材质,其柔和的质感,可以让场景中多几分温馨,也是控制室内光影的一个重要表现。与前面设置过的深色窗帘材质不同,这是一个白色的没有任何反射效果的纱质窗帘,所以除了将【Diffuse】(漫射区)的颜色设置为R、G、B为"250"的近白色外,其他反射设置都不用调节。

图7-97 纱帘材质球设置后的最终效果

再来调节材质的【Refraction】(折射)部分,由于是带有透明效果的纱质窗帘,这里我们为【Refract】(折射色)添加一个【Falloff】(衰减),保持衰减颜色为黑白,在前景色黑色后面再添加一个【Falloff】(衰减),前景色为纯黑色,侧景色的R、G、B值为"64"。向上返回前面的衰减卷展栏,再为侧景色白色后面添加一个【Falloff】(衰减),保持衰减颜色为黑白。这样设置是为了让纱质窗帘有更细腻柔和的透明效果。

向上返回前面的衰减卷展栏,在【Falloff Type】(衰减类型)里将衰减方式改为【Fresnel】(菲涅耳),这样材质的透明质感更柔和。

回到基本参数卷展栏，增加折射细分值为"10"，同样勾选【Affect shadows】（影响阴影）。材质效果及设置如图7-97～图7-101所示。

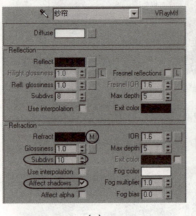 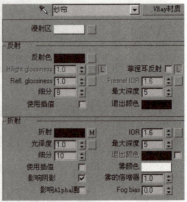

(a)　　　　　　　　　　　　(b)

图7-98　各参数设置（中英文对照）
(a) 英文面板；(b) 中文面板

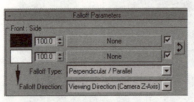 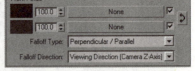

图7-99　前景色为黑色下的衰减　　图7-100　侧景色为白色下的衰减

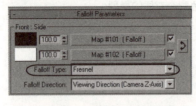 

(a)　　　　　　　　　　　　(b)

图7-101　纱质窗帘材质衰减的设置（中英文对照）
(a) 英文面板；(b) 中文面板

将材质赋予窗帘的中间部分，如图7-102所示。

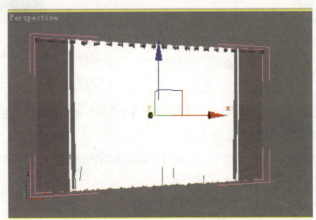

图7-102　包含纱质窗帘材质的模型

将模型中的窗帘杆用前面设置过的磨砂木材赋予，最终效果如图7-103所示。

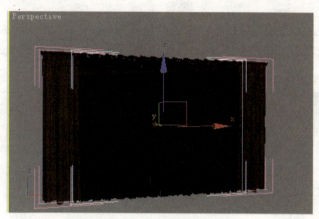

图7-103 窗帘模型的设置

7.3.15 制作陶瓷材质

（1）为材质球起名为"白瓷"，单击【Standard】（标准）按钮，在弹出的编辑栏中选择【VrayMtl】（VR材质），设置【Diffuse】（漫射区）的颜色R、G、B值为"255"、"255"、"247"，一种乳白色；单击【Reflect】（反射）右侧的方块，在弹出的材质/贴图浏览器中选择【Falloff】（衰减），设置前景色的R、G、B值为"140"；侧景色为纯白色。在【Falloff Type】（衰减类型）里将衰减方式改为【Fresnel】（菲涅耳），这样材质的反射质感更柔和。

（2）返回到基本参数卷展栏，勾选【Fresnel Reflection】（菲涅耳反射）得到陶瓷的真实反射，激活【Hilight glossiness】（高光光滑），设置高光光滑值为"0.85"，其他数值默认即可。材质效果及设置如图7-104～图7-106所示。

图7-104 陶瓷材质球设置后的最终效果

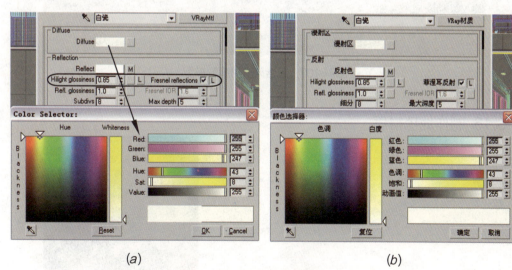

(a)　　　　　　　　　　　　　　(b)

图7-105 【Diffuse】（漫射区）颜色设置（中英文对照）

(a) 英文面板；(b) 中文面板

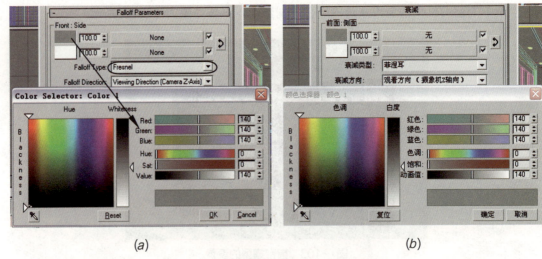

图7-106 陶瓷材质的设置（中英文对照）

(a) 英文面板；(b) 中文面板

(3) 选择场景中带有陶瓷材质的模型，单独显示，并将材质赋予它们，如图7-107所示。

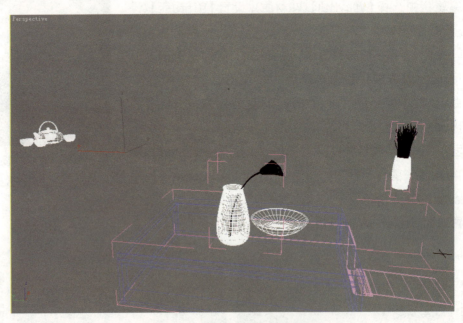

图7-107 包含陶瓷材质的模型

7.3.16 制作地毯材质

图7-108 地毯材质球设置后的最终效果

地毯的制作有很多种，根据现实材质决定，这里我们用到的地毯只是普通的织物地毯，所以设置也很简单。

（1）为材质球起名为"地毯"，单击【Standard】（标准）按钮，在弹出的编辑栏中选择【VrayMtl】（VR材质），单击【Diffuse】（漫射区）右侧的方块按钮，在弹出的材质/贴图浏览器中选择【Bitmap】（位图），导入本章实例对应下的"bw-026.jpg" 在【Coordinates】（坐标）卷展栏下调节【Blur】（模糊）值为"0.5"，让材质的纹理更清晰（图7-109）。

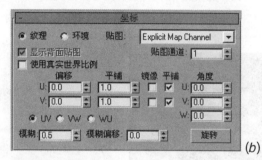

图7-109 【Blur】（模糊）值（中英文对照）
(a) 英文面板；(b) 中文面板

（2）返回到基本参数卷展栏，保持默认状态。

下拉到【Map】卷展栏，将【Diffuse】（漫射区）贴图直接拖到【Map】卷展栏下的【Bump】（凹凸）下，并将凹凸数值调节至"80"，如图7-110所示。

（3）将材质赋予地毯模型，并为模型添加一个【UVW Mapping】（指定贴图坐标）命令，【Mapping】（贴图）模型均为Box，U、V平辅值为"1.4"、"1.4"，如图7-111所示。材质最终效果如图7-108所示。

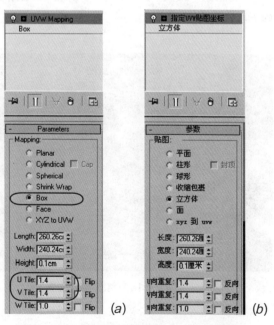

图7-110 地毯材质的设置　　图7-111 地毯材质的调节（中英文对照）
(a) 英文面板；(b) 中文面板

7.3.17 制作抱枕材质

(1) 为材质球起名为"抱枕",单击【Standard】(标准)按钮,在弹出的编辑栏中选择【VrayMtl】(VR材质),单击【Diffuse】(漫射区)右侧的方块按钮,在弹出的材质/贴图浏览器中选择【Bitmap】(位图),导入本章实例对应下的"bw-118.jpg"。

(2) 返回到基本参数设置卷展栏,调节【Reflect】(反射色)的R、G、B值为"15",只让它有一点丝绸质感的反射就可以了。激活【Hilight glossiness】(高光光滑),设置高光光滑值为"0.7",设置【Refl glossiness】(反射光滑)值为"0.9",如图7-113所示。

图7-112 抱枕材质球设置后的最终效果

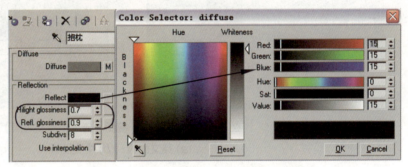

图7-113 抱枕材质的制作

(3) 将材质赋予抱枕模型,并为其分别模型添加一个【UVW Mapping】(指定贴图坐标)命令,【Mapping】(贴图)模型均为Box,其他数值默认即可,调整【Gizmo】(范围框)的位置,使其图案在中心显示,如图7-114、图7-115所示。材质的最终效果如图7-112所示。

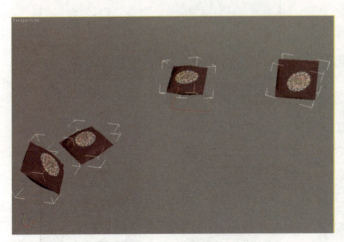

图7-114 材质实物赋予

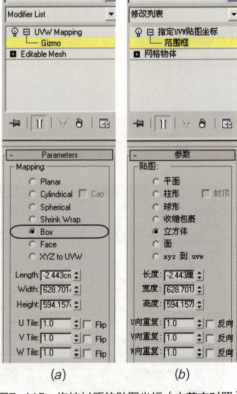

(a)　　　　　　　(b)

图7-115 抱枕材质的贴图坐标(中英文对照)

(a) 英文面板;(b) 中文面板

7.3.18 制作桌布材质

一个简单的毛绒布材质。

(1) 为材质球起名为"桌布",单击【Standard】(标准)按钮,在弹出的编辑栏中选择【VrayMtl】(VR材质),单击【Diffuse】(漫射区)右侧的方块按扭,在弹出的材质/贴图浏览器中选择【Falloff】(衰减),将侧景色白色调节R、G、B值为"100"、"40"、"40"的红色,让材质可以有一种红色的绒制效果。在前景色黑色后面再添加【Bitmap】(位图),导入本章实例对应下的"桌布.tif"。

(2) 返回到基本参数卷展栏,保持默认状态,如图7-117所示。

(3) 将材质赋予场景中的桌布模型,并添加一个【UVW Mapping】(指定贴图坐标)命令,【Mapping】(贴图)模型均为Box,其他数值默认即可,如图7-118所示。材质最终效果如图7-116所示。

图7-116 桌布材质球设置后的最终效果

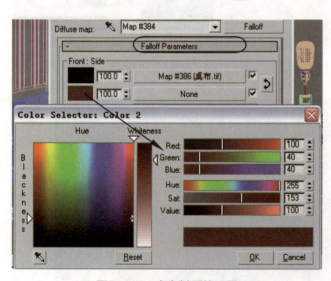

图7-117 桌布材质的设置

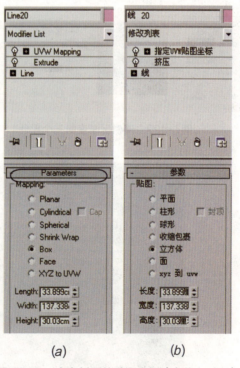

(a)   (b)

图7-118 桌布材质的贴图坐标(中英文对照)
(a) 英文面板;(b) 中文面板

7.3.19 制作绿植材质

(1) 为材质球起名为"绿植",单击【Standard】(标准)按钮,在弹出的编辑栏中选择【VrayMtl】(VR材质),单击【Diffuse】(漫射区)右侧的方块按扭,在弹出的材质/贴图浏览器中选择【Gradient】(渐变)。设置第一个颜色R、G、B值为"15"、"17"、"15",第二个颜色

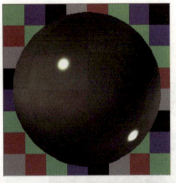

R、G、B值为"120"、"135"、"40",第三个颜色R、G、B值为"150"、"205"、"130",一组由深到浅的渐变色。

(2) 返回到基本参数设置卷展栏,调节【Reflect】(反射色)的R、G、B值为"8",设置【Refl glossiness】(反射光滑)值为"0.84"。材质效果及设置如图7-119～图7-123所示。

(3) 将材质赋予场景中包含绿植的模型,如图7-124所示。

图7-119 绿植材质的最终效果

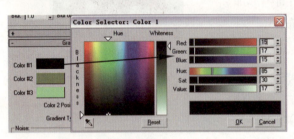

图7-120 漫射区渐变第一个颜色

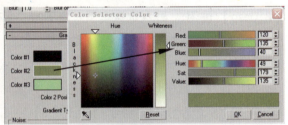

图7-121 漫射区渐变第二个颜色

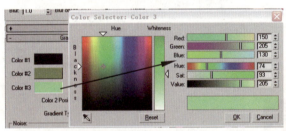

图7-122 漫射区渐变第三个颜色

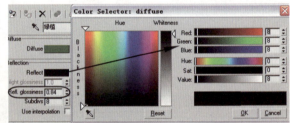

图7-123 绿植材质的设置(反射区)

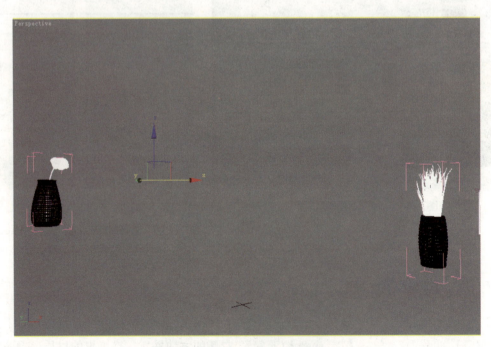

图7-124 包含绿植材质的模型

7.3.20 制作筒灯材质

(1) 一个非常简单的自发光材质,为材质球起名为"白色自发光",单击【Standard】(标准)按钮,在弹出的编辑栏中选择【VrayLightMtl】(Vray灯光)材质。所有数值默认即可。材质效果及设置如图7-125、图7-126所示。

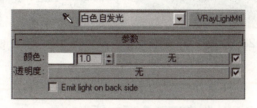

图7-125　筒灯材质球设置后的最终效果　　　图7-126　自发光材质的设置

(2) 将材质赋予场景中的管风筒灯,如图7-127所示。

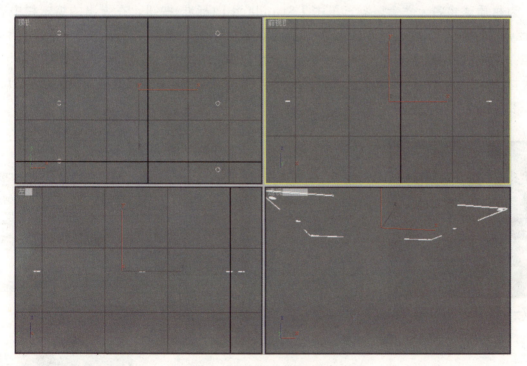

图7-127　筒灯材质的调节

7.3.21 制作电视屏幕材质

液晶屏幕材质在效果图也是常用的一种,出现在电视、显示器、笔记本电脑等中,我们制作的这个屏幕是处于关闭状态下的一个不透明玻璃屏幕材质。

为材质球起名为"TV屏幕",单击【Standard】(标准)按钮,在弹出的编辑栏中选择【VrayMtl】(VR材质),设置【Diffuse】(漫射区)的颜色R、G、B值为"2",一个近乎为黑色的值;设置【Reflect】(反射)值为"50"。激活【Hilight glossiness】(高光光滑),设置高光光滑值为"0.85",设置【Refl glossiness】(反射光滑)值为"0.9"。其他数值默认即可。材质效果及设置如图7-128、图7-129所示。

图7-128　电视屏幕材质球设置后的最终效果

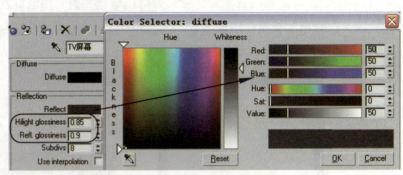

图7-129　电视屏幕材质的设置

7.3.22　制作磨砂金属材质

为电视的金属部分设置一个稍带磨砂效果的金属材质。

为材质球起名为"金属",单击【Standard】(标准)按钮,在弹出的编辑栏中选择【VrayMtl】(VR材质),设置【Diffuse】(漫射区)的颜色R、G、B值为"2",同样一种近乎为黑的颜色;设置【Reflect】(反射)值为"250"。设置【Refl glossiness】(反射光滑)值为"0.85"。加大材质的【Subdivs】(细分)值为"20",使其反射效果更细腻。材质效果及设置如图7-130、图7-131所示。

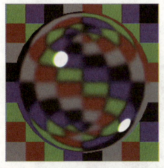

图7-130　磨砂金属材质球设置后的最终效果

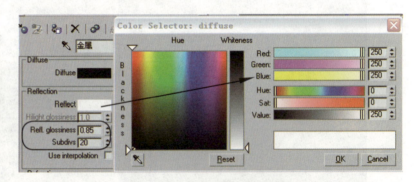

图7-131　磨砂金属材质的设置

7.3.23　制作黑色塑料材质

为电视的塑料部分制作一个光滑的塑料片材质。

为材质球起名为"黑色塑料",单击【Standard】(标准)按钮,在弹出的编辑栏中选择【VrayMtl】(VR材质),设置【Diffuse】(漫射区)的颜色R、G、B值为"2",同样一个近乎为黑色的值;设置【Reflect】(反射)值为"134"。激活【Hilight glossiness】(高光光滑),设置高光光滑值为"0.7"。勾选

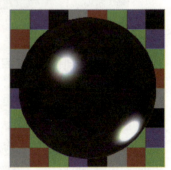

图7-132　黑色塑料材质球设置后的最终效果

【Fresnel Reflection】(菲涅耳反射)得到塑料的真实反射，这里我们将【Fresnel Reflection】(菲涅耳反射)后面的方块激活，调节【FresnelIOR】(菲涅耳大气值)为"0.3"，材质效果及设置如图7-132、图7-133所示。

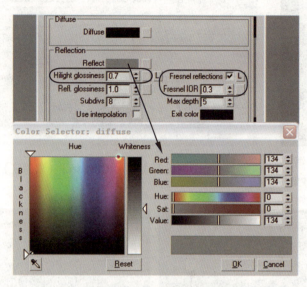

图7-133 塑料材质的设置

> 技巧：在现实中，不同的物体IOR大气值不同，尤其是在反射也折射方面，这里我们只是作个简单介绍，在非高质量要求下，基本上不用去设置。

将这三个材质赋予场景中的液晶电视模型，如图7-134所示。

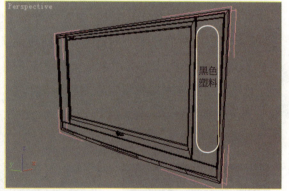

图7-134 电视模型材质的调节

7.3.24 制作音箱布材质

这是场景中所占比例最小的材质，所以我们也用最简单的方法来制作。为材质球起名为"音箱布"，直接【Standard】(标准)材质下调节【Diffuse】(漫射区)的颜色R、G、B值为"20"、"40"、"60"，得到一个深蓝色的材质，其他数值默认即可，直接将材质赋予场景中音箱的喇叭位置。材质效果及设置如图7-135～图7-137所示。

选中音箱模型的其他地方，将前面设置过的磨砂金属赋予它们，最终效果如图7-138所示。

图7-135 音箱布材质球设置后的最终效果

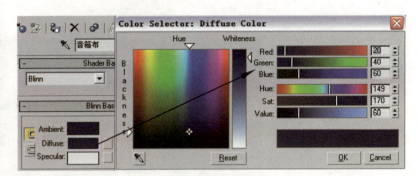

图7-136 【Diffuse】（漫射区）颜色设置

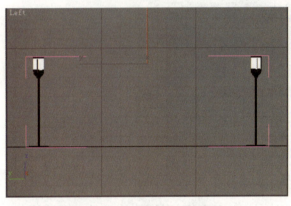

图7-137 包含音箱布材质的模型

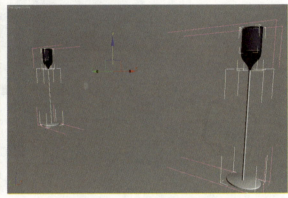

图7-138 音箱材质的设置

7.3.25 制作书法墙面材质

（1）为材质球起名为"书法墙"，单击【Standard】(标准)按钮，在弹出的编辑栏中选择【VrayMtl】(VR材质)，单击【Diffuse】(漫射区)右侧的方块按钮，在弹出的材质/贴图浏览器中选择【Bitmap】(位图)，导入本章实例对应下的"古文壁纸01.jpg"。

（2）返回到基本参数设置卷展栏，调节【Reflect】(反射色)的R、G、B值为"15"，只让它有一点反射就可以了。激活【Hilight glossiness】(高光光滑)，设置高光光滑值为"0.6"。其他数值默认即可。

图7-139 书法墙面材质球设置后的最终效果

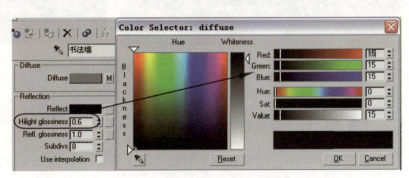

图7-140 反射色高光光滑值

(3) 下拉到【Map】卷展栏，将【Diffuse】(漫射区)贴图直接拖到【Map】卷展栏下的【Bump】(凹凸)下，默认凹凸数值"30"。将材质赋予书法墙。材质效果及设置如图7-139～图7-142所示。

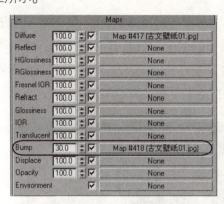

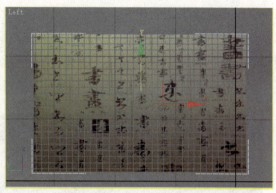

图7-141 贴图凹凸值　　　　　图7-142 书法墙材质的设置

(4) 场景中所有的材质部分设置完了，将其全部显示后，按住键盘快捷键【Ctrl+A】全选所有模型，右键选择【Vray properties】(VR属性)，在弹出的对话框中调节【Generate GI】(产生全局照明)的数值为"0.3"，减少色溢现象的出现，如图7-143所示。

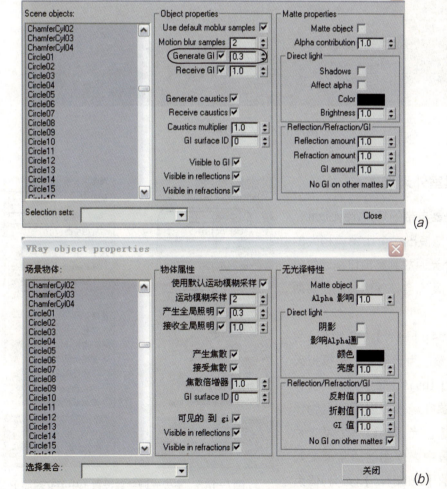

图7-143 模型的全局照明数值调节（中英文对照）(a) 英文面板；(b) 中文面板

材质设置部分就介绍完成了，下面开始为场景布置灯光。

7.4 布置灯光

如果说材质是效果图的皮肤，那么灯光可谓是效果图的灵魂，是烘托气氛的首要技法。在效果图制作过程中，灯光的布置也是颇具学问的，画面的层次、气氛等都是依靠灯光传达的。本章制作的场景，因为窗帘的遮挡，效果显示为一种近乎封闭空间里的光感。这样就要依靠室内的灯带、射灯以及辅助光源来完成。先看一下最终的光源分布，如图7-144所示。

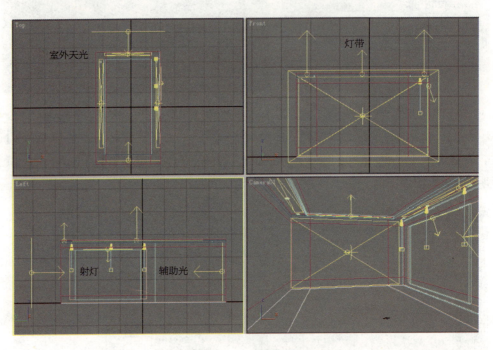

图7-144　光源分布

7.4.1 创建室外天光

选择Vray渲染器自带的灯光VrayLight，在Front视图中，拖拽出一个比窗口稍大的光源范围，将室外光源放到离窗口稍远的位置，否则，太近的距离会让纱帘材质在后期渲染时出现曝光。

调节【Multiplier】(倍增值)为"6.0"。并设置颜色为天蓝色，来模拟天光的颜色。勾选【Invisible】(不可见)，勾选此选项为光源在场景中以不可见物体出现，如果不勾选，光源则以一个发光片的形式出现在场景中，作图时通常都要勾选它。增加灯光的【Subdivs】(细分)值为"30"，如图7-145所示。

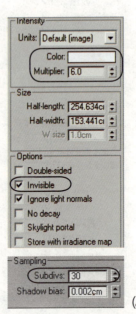

图7-145　室外光源参数设置（中英文对照）
(a) 英文面板；(b) 中文面板

7.4.2 创建室内辅助光

同样用Vray渲染器自带的灯光VrayLight，在Front视图中托拽出一个与框架同等大小的光源范围，调节【Multiplier】(倍增值)为"1.0"。辅助光不需要调节很大的倍增值，否则没有层次感。设置颜色为橘黄色，以模拟中式风格浓烈的色彩。勾选【Invisible】(不可见)，增加灯光的【Subdivs】(细分)值为30，如图7-146所示。

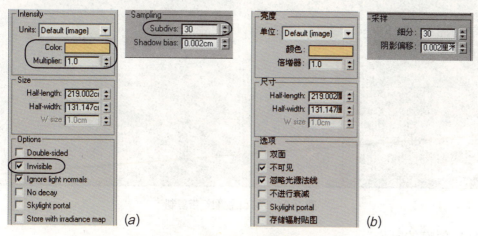

图7-146　辅助光源参数设置（中英文对照）
(a) 英文面板；(b) 中文面板

7.4.3 灯带的制作

前一章我们讲过，灯带是室内装修常用的一种光源，其制作方法也有很多，矩形灯带多用VrayLight制作，如果是圆形吊顶或导形吊顶中的光带，则需要用到其他方法，例如通过Vray渲染器自带的【VrayMtlWrapper】(Vray包裹)材质，通过加大【Generate GI】(产生全局照明)的数值来完成灯带的效果。

在Top视图中用VrayLight拖拽一个与吊顶一边相近大小的光源，调节【Multiplier】(倍增值)为"4.0"，并设置颜色为黄色。勾选【Invisible】(不可见)增加灯光的【Subdivs】(细分)值为"30"。复制到吊顶其他边，如图7-147、图7-148所示。

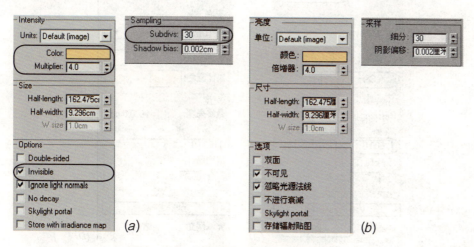

图7-147　灯带参数设置（中英文对照）
(a) 英文面板；(b) 中文面板

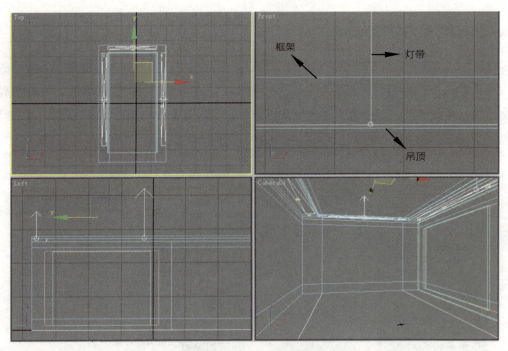

图7-148　Top视图灯带复制

7.4.4 射灯的制作

射灯在前一章我们也学过了，方法一样。选择灯光创建面板下的【Photometric】（光度光学灯光）中的【Target Point】（目标点光源）在筒灯模型下创建一个射灯。

在【Intensity/Color/Distribution】（亮度/颜色/分布）卷展栏下设置【Distribution】（分布）模式为【Web】（光域网）分布，【Filter Color】（过滤颜色）为黄色。在【Web Parameters】（光域网参数）卷展栏下选择单击【Web File】（光域网文件）在弹出的光域网文件浏览中，选择本章目录对应下的"20.ies"，【Resulting Intensity】（最终亮度）为"1600"cd。由于不用投射阴影，所以【Subdivs】（细分）值就不用设置了。关联复制两个，位置如图7-149、图7-150所示。

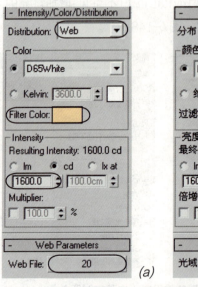 

(a)　　　　　　　　　　　　　(b)

图7-149　射灯参数设置（中英文对照）

(a) 英文面板；(b) 中文面板

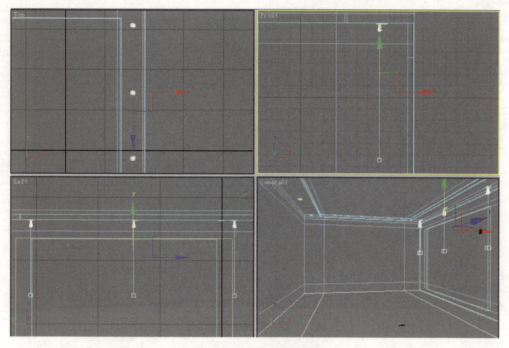

图7-150 视图中关联复制

7.4.5 电视墙内灯带制作

场景中电视墙的内侧我们也放置了一个灯带，与其他灯带制作方法一样，在Left视图中用VrayLight拖拽一个与电视墙内侧相近大小的光源(留出两侧屏风的位置)，调节【Multiplier】(倍增值)为"4.0"，并设置颜色为黄色。勾选【Invisible】(不可见)增加灯光的【Subdivs】(细分)值为"30"。旋转灯带的位置，将它放在电视墙内侧面边缘的位置，如图7-151、图7-152所示。

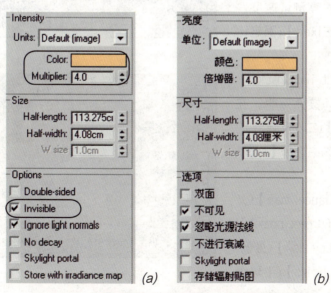

图7-151 电视墙灯带的参数设置（中英文对照）
(a) 英文面板；(b) 中文面板

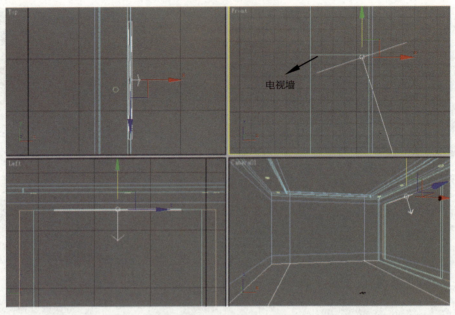

图7-152 视图中布置灯带

所有的灯光都布置完成了,现在我们用简单的渲染来测试一下场景。

7.5 Vray参数设置和渲染

打开Vray渲染器面板,简单地设置一下试渲染参数。

(1) 打开【Global switches】卷展栏,勾掉【Default lights】(默认灯光)。

(2) 打开【Image sampler】(图像采样)卷展栏,为了提高测试速度,在采样方式里选择【Fixed】(固定比率采样器)。

(3) 打开【Indirect illumination】(间接光照明)打开间接光照明,在【Secondary bounces】(二次反弹)中的【GI engine】(GI引擎)中选择【Light cache】(灯光缓冲)。

(4) 打开【Irradiance map】(光子贴图)卷展栏,在【Current preset】(预制模式)中选择【Very low】(最低)模式。调节【HSph.subdivs】(半球细分)值为"30"。

(5) 打开【Color mapping】

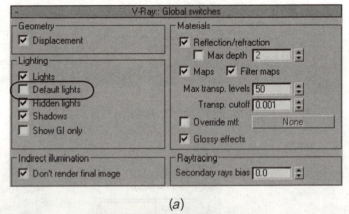

图7-153 去掉默认灯光项(中英文对照)
(a) 英文面板;(b) 中文面板

卷展栏，在【Type】(样式)里选择【Reinhard】(雷因哈德)，调节【Burn value】(燃烧)值为"0.75"，当【Burn value】(燃烧)值为"1"时，其采样方式与【Linear multiply】(线性倍增)相同，当【Burn value】(燃烧)值为"0"时，其采样方式与【Exponential】(指数倍增)相同，不同的场景采取不同的采样方式，没有绝对值，【Linear multiply】(线性倍增)的特点是色彩鲜艳，对比度强，但曝光很难控制；而【Exponential】(指数倍增)的特点与其正好相反，色彩饱和度不够，但曝光控制良好，【Reinhard】(雷因哈德)的调节可取二者优点于一身。

(6) 打开【r QMC Sampler】(r QMC采样) 调节【Adaptive amount】(重要性抽样数量)值为"1.0"调节【Noise threshold】(噪波极限值)值为"1"，在测试渲染中这里的设置最大限度地决定了渲染时间，所以测试时都调节到比较粗略的数值。

(7) 打开【Light cache】(灯光缓冲)卷展栏，调节【Subdivs】(细分)值为"200"。所有设置如图7-153～图7-156所示。

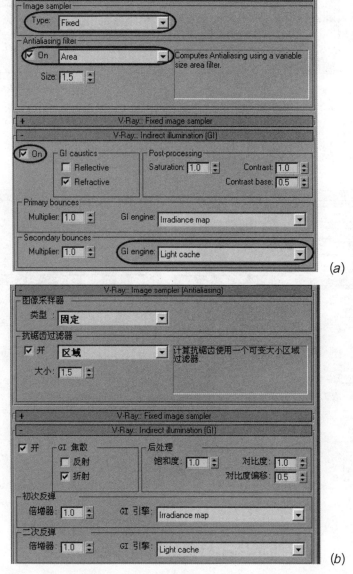

图7-154　选择【Fixed】及【Light Cache】（中英文对照）
(a) 英文面板；(b) 中文面板

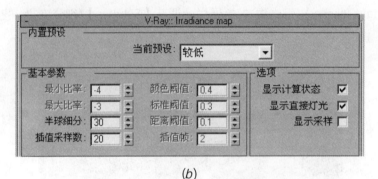

图7-155 光子贴图参数设置（中英文对照）
(a) 英文面板；(b) 中文面板

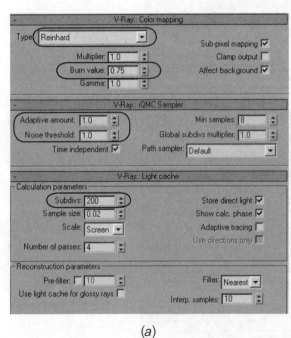
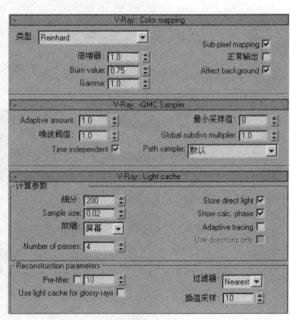

图7-156 测试渲染的参数设置（中英文对照）
(a) 英文面板；(b) 中文面板

单击渲染，得到如图7-157所示效果。

图7-157　灯光测试渲染

整体的效果还是不错的，如材质、灯光等。在最终出图的时候只需要增加一些细节就可以了。然后我们来渲染一个光子贴图，以备后面渲染大图时使用，可以有效地减少渲染时间。

(8) 打开【Global switches】卷展栏，勾选【Don't render final image】(不渲染最终图像)，因为我们已经清楚了最终的效果，在渲染光子贴图的时候就不用再渲染图像了。

(9) 打开【Image sampler】(图像采样)卷展栏，在采样方式里选择【Adaptive subdivision】(自适应细分采样器) 在【Antialiasing filter】(抗锯齿过滤器)的下拉列表里选择【Catmull Rom】(可得到非常锐利的边缘)。

(10) 打开【Irradiance map】(光子贴图)卷展栏，在【Current preset】(预制模式)中选择【Medium】(中等)模式。调节【HSph.subdivs】(半球采样)值为"70"(较小的取值可以获得较快的速度，但很可能会产生黑斑，较高的取值可以得到平滑的图像，但渲染时间也就越长) 调节【Interp.samples】(插值的样本)数值为"35"(较小的取值可以获得较快的速度，但很可能会产生黑斑，较高的取值可以得到平滑的图像，但渲染时间也就越长)。下拉到【On render end】(渲染结束)栏，勾选【Auto save】(自动保存)，将光子贴图在渲染结束后自动保存在指定位置，并勾选【Switch to saved map】(自动调取已保存的光子贴图)，这样在再渲染大图的时候就不用手动选取已保存的光子贴图了。

(11) 打开【r QMC Sampler】(r QMC采样)，调节【Adaptive amount】(重要性抽样数量)值为0.75(减少这个值会减慢渲染速度，但同时会降低噪波和黑斑)，调节【Noise threshold】(噪波极限值)值为0.002(较小的取值意味着较少的噪波，得到更好的图像品质，但渲染时间也就越长)，调节【Min samples】(最小采样数)为18(较高的取值会使早期终止算法更可靠，但渲染时间也就越长)。

(12) 打开【Light cache】(灯光缓冲)卷展栏，调节【Subdivs】(细分)值为1200，确定有多少条来自摄像机的路径被追踪，同样下拉到【On render end】(渲染结束)栏，勾选【Auto save】(自动保存)，将光子贴图在渲染结束后自动保存的指定位置，并勾选【Switch to saved map】(自动调取已保存的光子贴图)。以上具体设置如图7-158～图7-162所示。

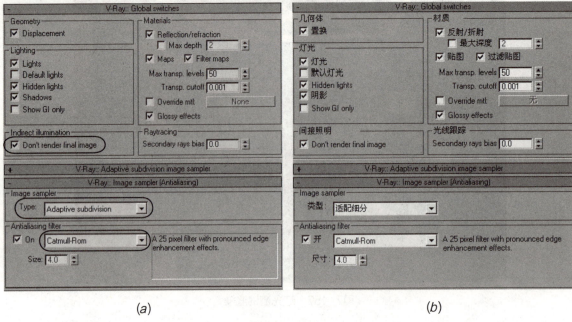

图7-158 【Global switches】及【Image sampler】参数设置（中英文对照）
(a) 英文面板；(b) 中文面板

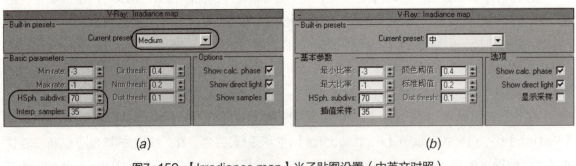

图7-159 【Irradiance map】光子贴图设置（中英文对照）
(a) 英文面板；(b) 中文面板

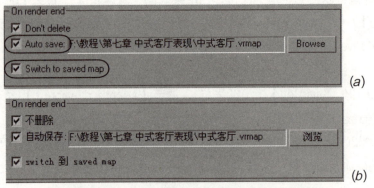

图7-160 【On render end】设置（中英文对照）
(a) 英文面板；(b) 中文面板

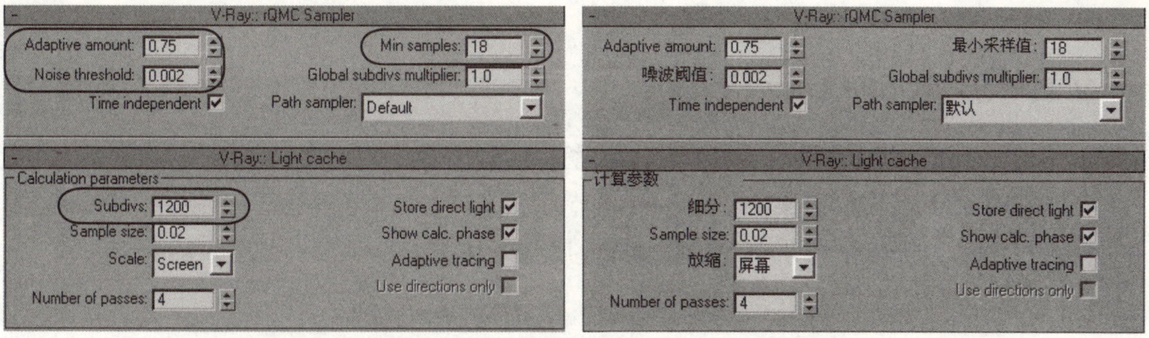

图7-161 【rQMC Sampler】及【Light cache】参数设置（中英文对照）
(a) 英文面板；(b) 中文面板

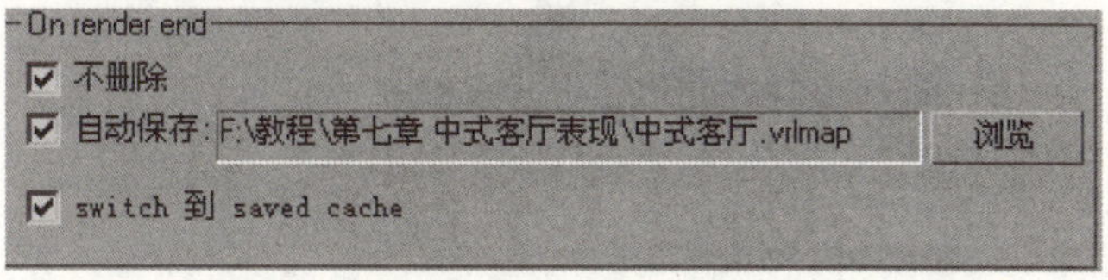

图7-162 最终渲染参数设置（摄像机路径追踪）

单击渲染，得到光子贴图，现在我们就利用光子贴图来渲染大尺寸效果图。调节渲染尺寸为"920×760"，去掉【Global switches】卷展栏下的【Don't render final image】(不渲染最终图像)。再次渲染，得到最终渲染效果，如图7-163所示。

图7-163 最终渲染效果图

7.6 Photoshop后期处理

先来分析一下图片中需要改善的地方，包括亮度、饱和度、对比度、锐化等。

（1）打开Photoshop，导入渲染效果图，先来调节图片的亮度。这个场景是近乎封闭的，所以有些偏亮，按住【Ctrl+L】组合键，打开色阶控制，调节亮度控制点向右移动"25"，如图7-164所示。

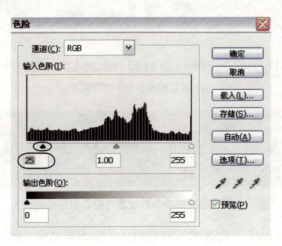

图7-164　亮度调节

（2）调节图片的饱和度，按住快捷键【Ctrl+U】，打开色相/饱和度框，增加图片的饱和度为"10"，如图7-165所示。

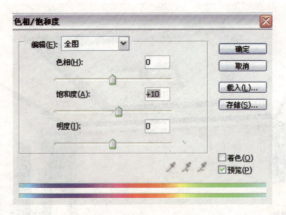

图7-165　饱和度调节

（3）增加图片的对比度，单击菜单栏上的图像-调整-亮度/对比度，增加图片的对比度为"10"，如图7-166所示。

图7-166　对比度调节

(4) 现在图片的中式色彩已经很浓了,接下来我们来给图片添加一个锐化滤镜。单击工具栏上的锐化工具,设置锐化强度为"50%",画笔为圆形虚边画笔,在图片的纹理材质上单击,加强其纹理的清晰度,但不能过多地加强,否则会破坏画面的真实效果,如图7-167所示。

图7-167 图片锐化调节

Photoshop的后期处理到这就可以了,得到最后的效果,如图7-168所示。

图7-168 最终渲染效果图

7.7 将日景效果调整为夜景效果

现在我们通过几步简单的调整,将场景从白天状态变成夜景状态。主要是在3ds Max中灯光的调节以及将电视屏幕设为开启状态,共同照亮场景。最终渲染效果如图7-179所示。

(1) 首先我们将室外天光从天蓝色调节成夜晚的深蓝偏紫色,选择室外光,在其修改面板里调节颜色R、G、B值为"20"、"0"、"30",并降低【Multiplier】(倍增值)为"4.0",如图7-169所示。

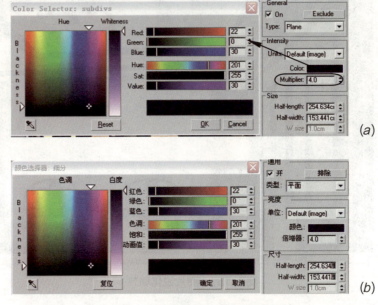

图7-169 室外光源调节(中英文对照)
(a) 英文面板;(b) 中文面板

(2) 接着将电视墙一侧的三个射灯关联到背景墙一侧。删除场景中的辅助光源,因为是夜景状态,辅助光也已经不需要了。最终的光源分布如图7-170所示。

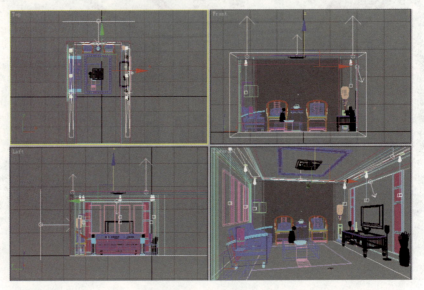

图7-170 夜景灯光分布

(3) 把电视机的关闭状态改为开启状态，共同照亮场景。打开材质编辑器，找到前面我们设置过的TV屏幕材质，用【VrayLightMtl】(Vray灯光)代替现有材质，单击颜色后面的【None】按钮。在弹出的材质/贴图浏览器中选择【Bitmap】(位图)，导入本章实例对应下的"剧照.bmp"在光照亮度为"35.0"。虽然大的数值会让材质曝光严重，但为了达到电视机共同照亮场景的效果。在后期Photoshop处理时，我们还需要用原始图片覆盖曝光的材质，所以在此不必担心材质的曝光问题，如图7-171所示。

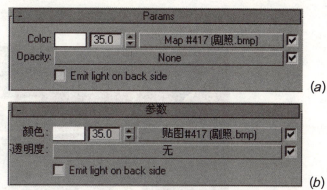

图7-171　设置贴图的光照亮度（中英文对照）
(a) 英文面板；(b) 中文面板

(4) 虽然是夜晚，但为了真实地表现窗外的夜景效果，我们给环境背景中添加一个夜景贴图，来模拟繁华的室外景色。单击菜单栏上的【Rendering】(渲染)在下拉选项中选择【Environment and Effects】(环境/效果)设置框，勾选【Use Map】(使用贴图)，单击【Environment Map】(环境贴图)，在弹出的材质/贴图浏览器中选择【Bitmap】(位图)，导入本章实例对应下的"夜景.jpg"，如图7-172所示。

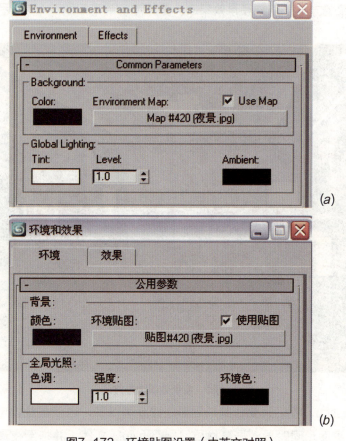

图7-172　环境贴图设置（中英文对照）
(a) 英文面板；(b) 中文面板

(5) 现在我们用前面设置过的渲染测试参数来测试一下夜景效果，如图7-173所示。

图7-173　夜景效果测试

(6) 大致的光感还是可以的，调节再加上后期Photoshop的处理会更好一些，现在我们可以用前面设置最终渲染的方法来渲染夜景效果图。最终渲染效果如图7-174所示。

图7-174　夜景效果图最终渲染

(7) 打开Photoshop，我们只要作简单后期处理就可以了，也就是替换电视屏幕曝光的画面即可。导入渲染效果图，同时导入屏幕材质"剧照.bmp"文件，并拖至夜景效果图中，调整其大小、位置与屏幕相同。按住键盘快捷键【Ctrl+L】，调节剧照图片的色阶亮度值为"220"，使其更符合现在的室内亮度。如图7-175所示。

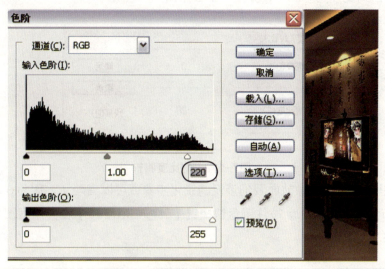

图7-175 夜景效果图的后期处理

(8) 再来修改一下地面上反射的电视画面，也是有曝光现象，单击工具栏上的 多边形套索工具，将地面上反射的屏幕处框选，按住键盘快捷键【Ctrl+Alt+D】，羽化选区值为"3"。再按住键盘快捷键【Ctrl+U】，在弹出的色相/饱和度框中，设置饱和底值为"-10"，明度为"-20"，如图7-176所示。

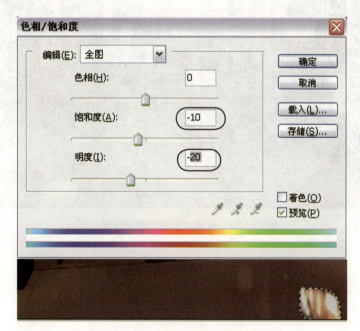

图7-176 画面中的曝光解决方法

(9) 单击工具栏上的 模糊工具，调节模糊强度为"50%"，画笔为圆形虚边画笔，在地面上反射的屏幕处单击，使其变得稍模糊些，如图7-177所示。

图7-177 画面中的曝光解决方法

（10）最后我们来设置一下画面的对比度。单击菜单栏上的【图像】-【调整】-【亮度/对比度】，增加图片的对比度为"20"，如图7-178所示。

图7-178　对比度调节

（11）由于是夜晚场景，像前面我们涉及的锐化步骤就可以省略了，因为在现实中，夜晚的灯光照出的细节没有那么清晰。按住键盘快捷键【Ctrl+Shift+E】合并所有图层，得到最后的效果图，如图7-179所示。

图7-179　夜景效果图的最终效果

第8章

卫生间效果表现

　　本章我们学习在全封闭的空间里制作效果图的一些技巧以及一些新的材质设置方式。同早期的渲染器(如Lightscape)一样，几乎大部分渲染器都是在场景中涉及天光的情况下能达到比较真实的效果和画面感，但在全封闭的空间里就显得很难把握，尤其是材质的质感以及灯光所表现的气氛感觉，通过本章的学习，同学们可运用实际布光方法结合渲染器的设置来实现最终效果（图8-1）。

图8-1 最终效果图

8.1 制作空间框架

(1) 设置单位。

打开 3ds Max 场景，首先调整模型的尺寸单位。

单击菜单栏上的【Customize】（自定义）菜单，从下拉菜单中选择【Units Setup】（单位设置）选项，则弹出"Units Setup"对话框，如图8-2所示。

(2) 单击"Units Setup"（单位设置）对话框中最上边的 System Unit Setup 按钮，弹出图8-3所示对话框，将单位设置为"厘米"。

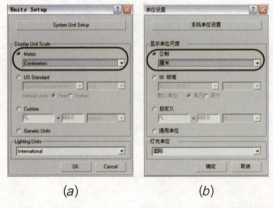

(a)　　　　　　　　(b)

图8-2 "Units Setup"（单位设置）对话框（中英文对照）(a) 英文面板；(b) 中文面板

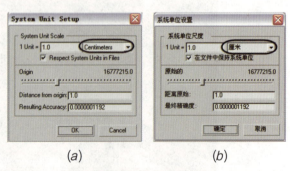

(a)　　　　　　　　(b)

图8-3 "系统单位设置"（对话框）（中英文对照）(a) 英文面板；(b) 中文面板

(3) 选择创建面板上的标准几何体【Box】，在Top视图上建立一个长"450.0cm"、宽"250.0cm"、高"250.0cm"的长方体（因为卫生间在实际施工中要进行吊顶，所以在高度上要低于常用的室内高度），起名为"框架"，增加宽度的段数为"3"，以方便后面制作马赛克墙，如图8-4所示。

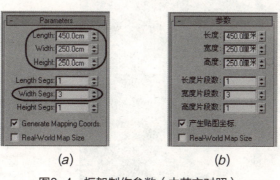

图8-4 框架制作参数（中英文对照）

(a) 英文面板；(b) 中文面板

(4) 单击 在下拉菜单中选择【Edit Mesh】(编辑网格)命令，并选择【Vertex】(顶点)控制，在Front视图里调整"框架"模型的段数点，右键 按扭，在弹出的位移对话框中，调整中间两列点的位置，左列点水平向左（X轴方向）移动，位移值为"-15.0cm"，左列点水平向右（X轴方向）移动，位移值为"15.0cm"，得到如图8-5所示位置。

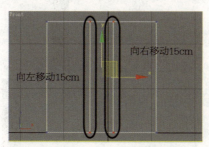

图8-5 马赛克墙面调节

(5) 为了在空间内创建摄像机，我们需要为模型添加一个命令，在 修改面板里为框架添加【Normar】(法线) 命令，如图8-6所示。

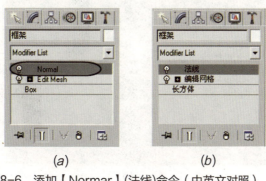

图8-6 添加【Normar】(法线)命令（中英文对照）

(a) 英文面板；(b) 中文面板框

203

(6) 在场景中添加相机，并调节【Lens】(镜头)值为"28.0cm"，在Front视图中将相机向上移动至适当高度，得到如图8-7所示结果。

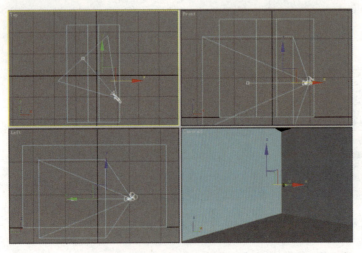

图8-7 移动相机

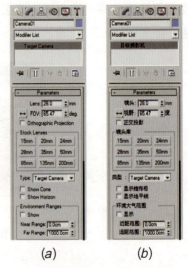

图8-8 相机调节位置及参数(中英文对照)
(a) 英文面板；(b) 中文面板

(7) 选择"框架"模型，选中 修改面板里【Edit Mesh】(编辑网格)命令中的【Polygon】(多边形)，为后面制作马赛克墙面分离出所用的面，并起名为"马赛克墙"，如图8-9所示。

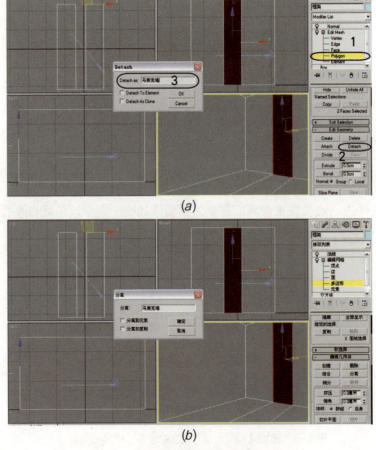

图8-9 马赛克墙面创建（中英文对照）
(a) 英文面板；(b) 中文面板

(8) 创建室内地面。

同样在用【Polygon】(多边形)选中"框架"的底面，并选择【Detach】(分离)，将选中面从"框架"中分离出来，并起名为"地面"，如图8-10所示。

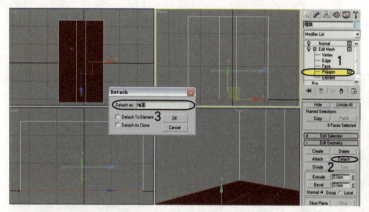

图8-10　地面的创建

(9) 顶面的创建。

用同样的方法创建顶面，如图8-11所示。

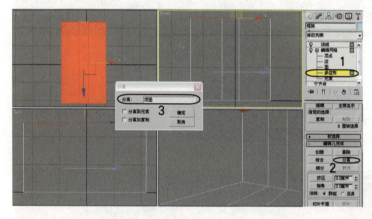

图8-11　顶面的创建

(10) 墙面的创建

由于在场景中我们要为一侧墙面做个墙面与马赛克墙穿插的效果，为了能正确显示，我们同样把那一侧墙面分离出来，以方便后面材质的赋予。用【Polygon】(多边形)选中与马赛克墙同侧的面，并选择【Detach】(分离)，将选中面从"框架"中分离出来，并起名为"墙面"，如图8-12所示。

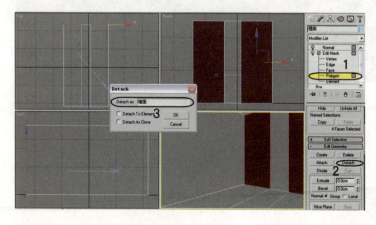

图8-12　墙面的创建

(11) 柱子的创建。

众所周知，卫生间是整个空间里柱子、管道最多的地方，这里我们也来创建两个简单的柱子作为承重结构。选择创建面板上的标准几何体【Box】，在Top视图上建立一个长"40.0cm"，宽"40.0cm"，高"250.0cm"的长方体，打开三维捕捉，将其对齐到"框架"的左上角顶点，按住键盘上的【Shift】键，向右关联复制出一个相同的模型，并将其对齐到"框架"的右上角顶点，如图8-13所示。

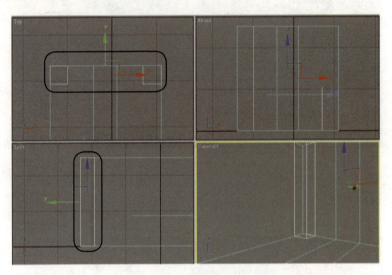

图8-13 柱子的创建

(12) 导入浴盆模型。

单击菜单栏上的【File】（文件）→【Merge】（合并），将本章实例目录下的"浴盆"模型导入进来，并将其放置在两个柱子之间，如图8-14所示。

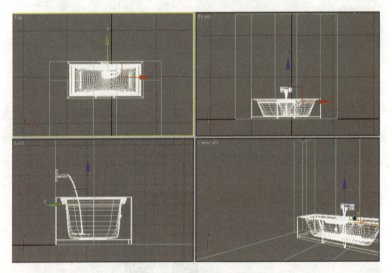

图8-14 浴盆模型的导入

(13) 为"浴盆"创建周围的台面及台阶。

最大化Top视图，在创建面板中选择二维物体【Rectangle】（矩形），创建一个长"45cm"，宽"250cm"的矩形线框，并起名为"台面"，在面板里，为矩形线框添加【Edit Spline】（编辑曲线）命令。点取【Vertex】（顶点），在【Geometry】（几何体)卷展栏中，选择【Refine】（加入)为矩形的顶边添加四个控制点，调整矩形线框的位置，如图8-15所示。

在控制点上右键，更改点形式为【Corner】（直角)，并调节四个点的位置如图8-16、图8-17所示。

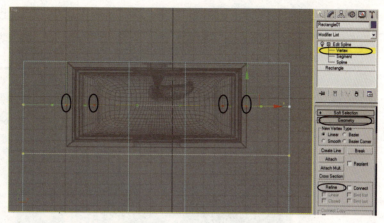

图8-15 添加矩形线框控制点

图8-16 右键改为【Corner】（直角)（中英文对照）(a) 英文面板；(b) 中文面板

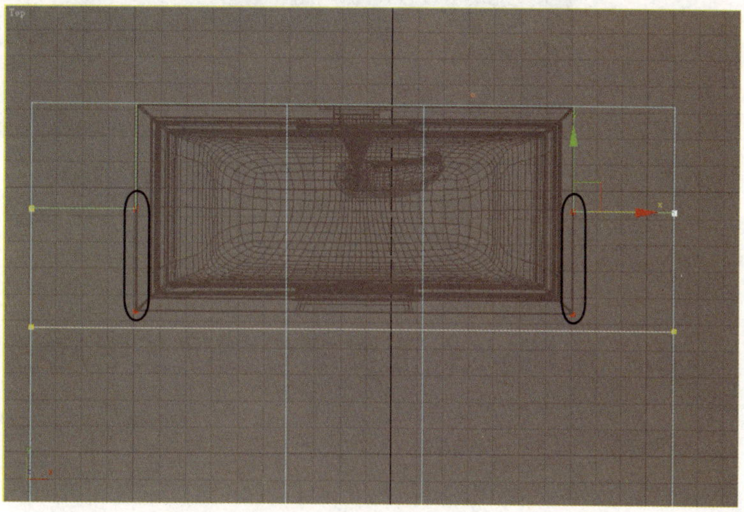

图8-17 浴盆台面的创建

(14) 给模型添加命令【Extrude】（挤压)，调节【Amount】（数量)为"30.0cm"，如图8-18所示。

 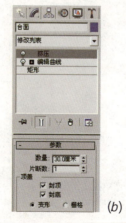

图8-18 浴盆台面的创建（中英文对照）
(a) 英文面板；(b) 中文面板

(15) 选择创建面板上的标准几何体【Box】, 在Top视图上建立一个长"25.0cm", 宽"250.0cm", 高"10.0cm"的长方体, 起名为"台阶", 将其放置在图8-19所示位置。

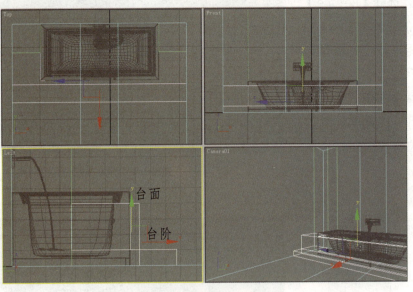

图8-19 浴盆台阶的创建

8.2 应用Vray毛发命令创建长毛地毯

前两章我们说过, 地毯在场景中是经常需要用到的一个模型, 其制作方法也有很多, 这里我们用Vray渲染器自带的【Vray Fur】(Vray毛发)功能来创建一个比较常见的地毯。

(1) 首先选择创建面板上的标准几何体【Plane】, 在Top视图上建立一个长"100.0cm"、宽"100.0cm"的平面, 增加其长和宽的【Segs】(段数)为"80", 得到如图8-20所示形态。

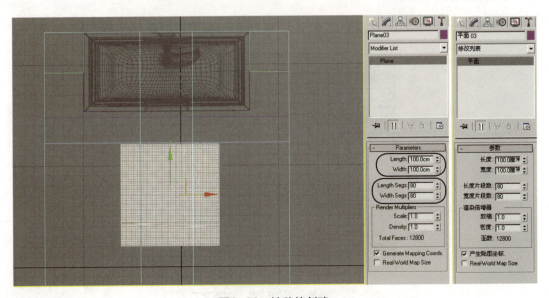

图8-20 地毯的创建

(2) 按住键盘快捷键【Alt+Q】，将模型单独显示，以方便编辑。在创建面板中选择二维物体【Circle】(圆形)，创建一个半径为"48.0cm"的圆形线框，如图8-21所示。

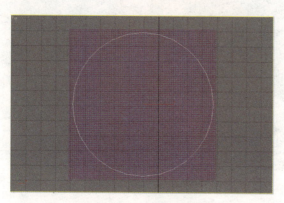

图8-21 地毯的创建

(3) 选择平面，在创建面板 → 几何体创建栏中，选中下拉选项中，【Compound Objects】(合成物体)的【ShapeMerge】(形体合并)，单击【Pick Shape】(拾取图形)，这时鼠标变成一个十字形光标，选择【Circle】(圆形)，如图8-22所示。

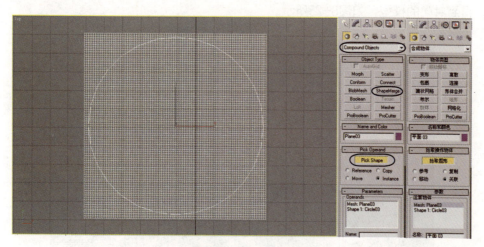

图8-22 地毯的创建

(4) 现在两个模型已经合并为一个模型，在物体上右键，在弹出的命令栏中选择【Conver To】(转换到)→【Convert to Editable Poly】(转换到可编辑多边形)，选择【Editable Poly】(到可编辑多边形)下的【Polygon】(多边形)，此时电脑会自动选中圆形线框部分的多边形面，如图8-23所示。

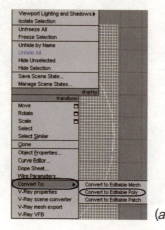 

(a)　　　　　　　　　　(b)

图8-23 转换到【Convert to Editable Poly】(可编辑多边形)
(中英文对照) (a) 英文菜单；(b) 中文菜单

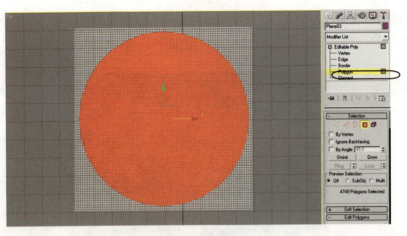

图8-24 地毯的创建

(5) 按住键盘快捷键【Ctrl+I】，反向选择圆形以外的面，并将其删除。再选择【Editable Poly】(到可编辑多边形)下的【Vertex】(顶点)编辑，此时电脑会自动选中圆形线框部分边缘的全部点，在【Edit Vertex】(编辑顶点)卷展栏中选择【Weld】(焊接)，在弹出的对话框中，设置【Weld Threshold】(焊接阀值)为"1.0cm"。此项设置是为了让圆形边缘的全部点在1cm范围自动焊接，得到封闭的模型，如图8-25所示。

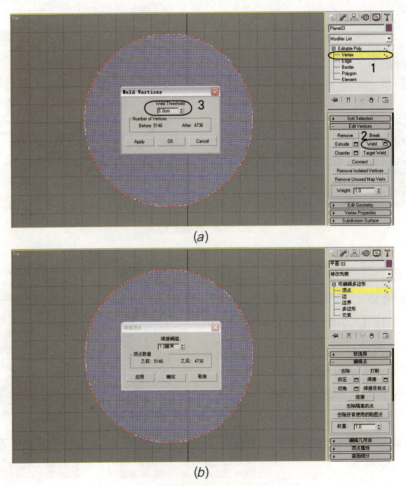

图8-25 地毯的创建（中英文对照）
(a) 英文界面；(b) 中文界面

(6) 将前面创建的台阶显示出来,我们来制作一个地毯自然地铺在台阶上的效果。最大化显示Left视图,将平面放在台阶的上面,选择平面【Editable Poly】(到可编辑多边形)下的【Vertex】(顶点)编辑,为了让地毯更柔和更真实地表现出铺在台阶上的效果,打开下拉中的【Soft Selection】(软选择)卷展栏,勾选【Use Soft Selection】(使用软选择),设置【Falloff】(衰减)值为"30.0cm",此项设置是为了让模型控制点更柔和地过渡。框选平面的后半部分,并拖至台阶附近,如图8-26所示。

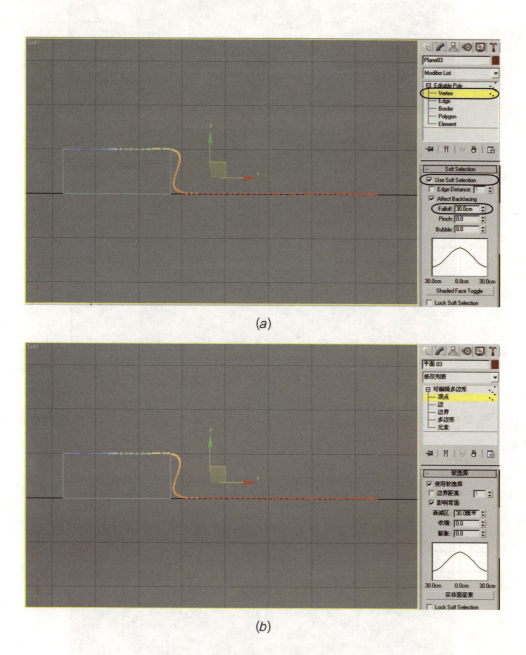

图8-26 地毯的创建(中英文对照)
(a) 英文界面;(b) 中文界面

(7) 在创建面板—几何体创建栏中选中下拉选项中【Vray】→【Vray Fur】(Vray毛发)。设置毛发的【Length】(长度)为"5cm",【Thickness】(厚度)为"0.05cm",【Bend】(弯曲)为

"1.2",【Konts】(节点数)为"12",如图8-27所示。

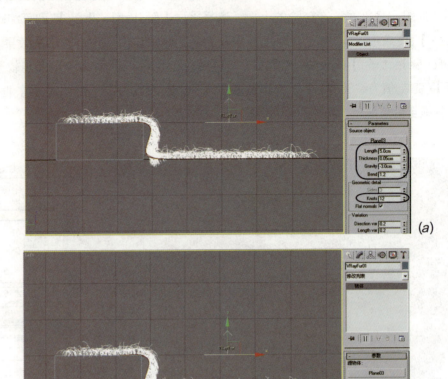

图8-27 地毯的创建(中英文对照)
(a) 英文界面;(b) 中文界面

(8) 地毯的模型就创建完成了,现在导入场景中其他模型,并将其摆放至图8-28所示位置。

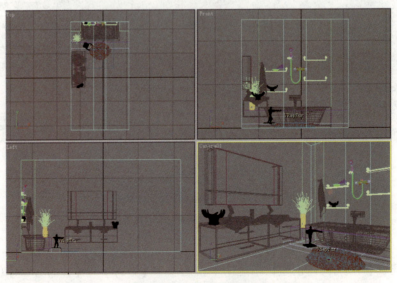

图8-28 所有模型的摆放

8.3 为模型赋予材质

8.3.1 制作地砖材质

图8-29 地砖材质球设置后的最终效果

（1）在新的材质球上单击【Standard】(标准)按钮，在弹出的编辑栏中选择【VrayMtl】(VR材质)并起名为"地砖"。单击【Diffuse】(漫射区)右侧的方块按扭，在弹出的材质/贴图浏览器中选择【Tiles】(平辅)。

（2）下拉打开【Advanced Controls】(高级控制)卷展栏，在【Tiles Setup】(平辅设置)里调节【Texture】(纹理)颜色H、S、V值为"0"的一种纯黑色；调节【Grout Setup】(薄浆设置)的【Texture】(纹理)颜色R、G、B值为"255"、"245"、"225"的一种浅黄色，也就是地砖缝隙的颜色。调节【Horizontal Gap】(水平空隙)与【Vertical Gap】(垂直空隙)值为"0.02"，也就是地砖缝隙的宽度。材质效果及设置如图8-29、图8-30所示。

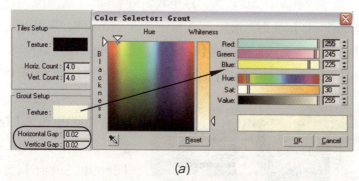

(a)

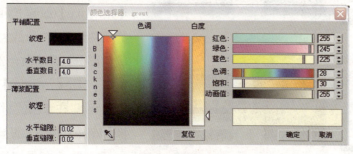

(b)

图8-30 地砖材质设置（中英文对照）

(a) 英文面板；(b) 中文面板

(3) 将材质赋予"地面",由于是从框架中分离出来的模型,贴图不会正常显示,需要添加一个【UVW Mapping】(指定贴图坐标)命令,这时候贴图虽然显示了,但并不是实际的地砖尺寸,为了真实地表现60cm×60cm一块的地砖,我们需要添加一个辅助物,单击"地面"在Top视图中单独显示,在"地面"的左上角建一个60cm×60cm×10cm的Box,打开捕捉 将Box对齐到左上角顶点。设置【UVW Mapping】(指定贴图坐标)的U、V平辅值为"1"和"1.8",最终效果如图8-31所示。

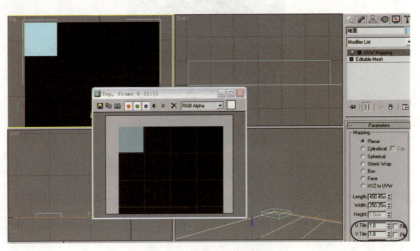

图8-31 地砖材质设置

(4) 删除辅助物体,退出单独显示,继续设置地砖材质的其他参数。

(5) 返回到"地砖"材质框,设置【Reflect】(反射色)的R、G、B值为"40",激活【Hilight glossiness】(高光光滑),设置高光光滑值为"0.85",勾选【Fresnel reflections】(菲涅耳反射),得到真实的反射。因为我们要表现的地砖是在卫生间里,像厨房、卫生间这样的地方,地面砖多以防滑为主,材质的表面凹凸比较大,这里我们用【Maps】(贴图)卷展栏下的【Bump】(凹凸)来代表【Refl glossiness】(反射光滑),不仅可以节省渲染时间,还可以更方便地控制凹凸的大小。由于是大面积反射,需要加大材质的【Subdivs】(细分)值,故将其设为"20"。

(6) 下拉到【Map】卷展栏,将【Diffuse】(漫射区)贴图直接拖到【Map】卷展栏下的【Bump】(凹凸)下,单击打开参数面板,将【Tiles Setup】(平辅设置)里调节【Texture】(纹理)颜色H、S、V值为"255"的一种纯白色;将【Grout Setup】(薄浆设置)里调节的【Texture】(纹理)颜色R、G、B值为"0"的一种纯黑色,目的为了达到凹凸贴图的黑色部分凹陷,白色部分凸起的效果。单击【Tiles Setup】(平辅设置)右侧的【None】,在弹出的材质贴图浏览器中选择【Noise】(噪波),设置噪波【Size】(尺寸)为"0.25",也就是墙砖的凹凸颗粒大小。如图8-32、图8-33所示。

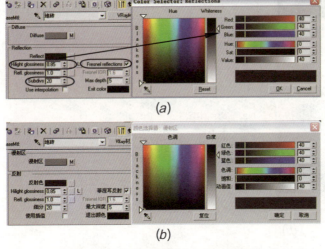

图8-32 反射区参数(中英文对照)
(a) 英文面板;(b) 中文面板

(7) 选择"地面"命令面板下【UVW

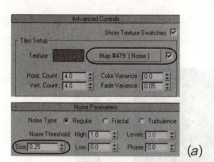 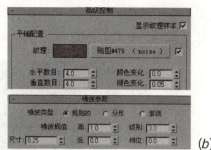

图8-33 地砖材质设置（中英文对照）
(a) 英文面板；(b) 中文面板

【Mapping】的【Gizmo】(范围框)，单击旋转按钮，在Top视图中将【Gizmo】(范围框)沿Z轴旋转45°，得到一个斜铺的地砖效果，如图8-34所示。

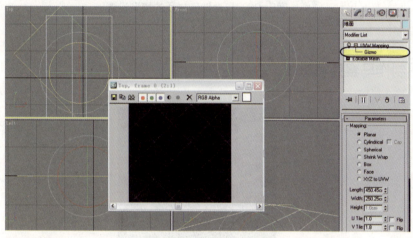

图8-34 地砖材质设置

（8）将地砖材质赋予给场景中其他模型，选择框架、顶面、墙面，按住键盘上的组合键【Alt+Q】，将模型单独显示，分别为模型添加一个【UVW Mapping】(指定贴图坐标)命令。首先设置框架模型的【UVW Mapping】(指定贴图坐标)模式为"Box"，因为此模型为三维模型。调节【V Tile】(V向重复)为2倍重复；设置顶面模型的【UVW Mapping】(指定贴图坐标)模式为"Planar"，调节【U Tile】(U向重复)为3倍重复；设置墙面模型的【UVW Mapping】(指定贴图坐标)模式为"Box"，调节【U Tile】(U向重复)为0.5倍重复【V Tile】(V向

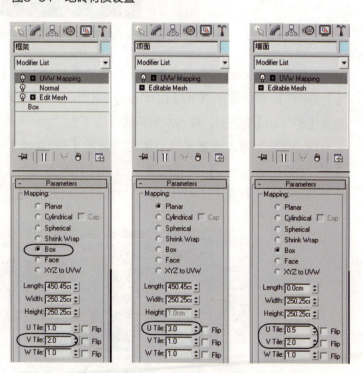

图8-35 贴图坐标的设置

重复)为2倍重复,由于墙面模型比较特殊,其中间是马赛克墙面,所以U向重复需要减少,以达到墙砖的整体效果。所有设置如图8-35、图8-36所示。

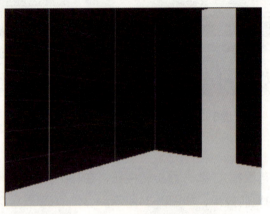

图8-36　包含地砖材质的模型设置

8.3.2 制作马赛克墙材质

图8-37　马赛克墙材质球设置后的最终效果

(1) 为材质球起名为"马赛克",单击【Standard】(标准)按钮,在弹出的编辑栏中选择【VrayMtl】(VR材质),单击【Diffuse】(漫射区)右侧的方块按钮,在弹出的材质/贴图浏览器中选择【Bitmap】(位图),导入本章实例对应下的"msk-0292.jpg"。

(2) 返回到基本参数设置卷展栏,调节【Reflect】(反射色)的R、G、B值为"10",激活【Hilight glossiness】(高光光滑),设置高光光滑值为"0.7",由于后面要设置材质的凹凸,所以这里就不用再调节【Refl glossiness】(反射光滑)值,如图8-38所示。

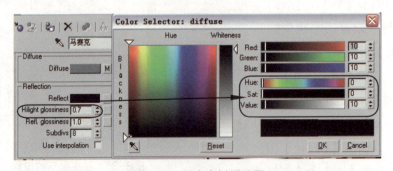

图8-38　马赛克材质设置

(3) 下拉到【Map】卷展栏，将【Diffuse】(漫射区)贴图直接拖到【Map】卷展栏下的【Bump】(凹凸)下，凹凸数值默认即可，如图8-39所示。

(4) 将材质赋予"马赛克墙"模型，由于是从"框架"模型中分离出来的，所以需要为其添加一个【UVW Mapping】(指定贴图坐标)，坐标模式为"Box"，调节【UTile】(U向重复)为2倍重复，【V Tile】(V向重复)为7倍重复，如图8-40所示。贴图及材质的最终效果如图8-37、图8-41所示。

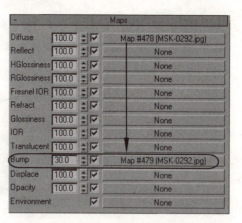

图8-39　马赛克材质设置

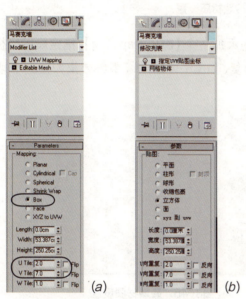

图8-40　贴图坐标（中英文对照）

(a) 英文面板；(b) 中文面板

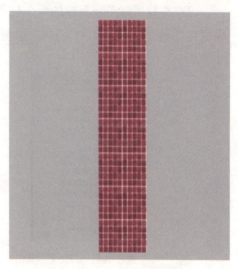

图8-41　马赛克材质设置

8.3.3 制作砖墙材质

图8-42　砖墙材质球设置后的最终效果

(1) 为材质球起名为"砖墙"，单击【Standard】(标准)按钮，在弹出的编辑栏中选择【VrayMtl】(VR材质)，单击【Diffuse】(漫射区)右侧的方块按扭，在弹出的材质/贴图浏览器中选择【Bitmap】(位图)，导入本章实例对应下的"萨米特花砖02.jpg"。

(2) 返回到基本参数设置卷展栏，调节【Reflect】(反射色)的R、G、B值为"20"，激活

【Hilight glossiness】(高光光滑)，设置高光光滑值为"0.9"，调节【Refl glossiness】(反射光滑)值为"0.8"。材质效果及设置如图8-42、图8-43所示。

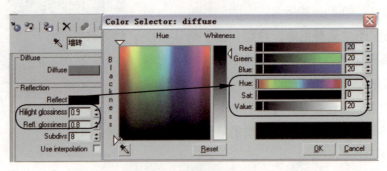

图8-43 砖墙材质设置

(3) 将材质赋予场景中的两个柱子，并分别添加一个【UVW Mapping】(指定贴图坐标)，坐标模式为"Box"，调节【V Tile】(V向重复)为3倍重复，如图8-44所示。最终效果如图8-45所示。

 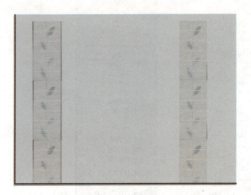

图8-44 "Box"模式　　　　图8-45 砖墙材质设置

8.3.4 制作陶瓷材质

图8-46 陶瓷材质球设置后的最终效果

(1) 为材质球起名为"白瓷"，单击【Standard】(标准)按钮，在弹出的编辑栏中选择【VrayMtl】(VR材质)，设置【Diffuse】(漫射区)的颜色R、G、B值为"250"，一种接近纯白的颜色；单击【Reflect】(反射)右侧的方块，在弹出的材质/贴图浏览器中选择【Falloff】(衰减)，更改【Falloff】(衰减)方式为【Fresnel】(菲涅耳)衰减，以得到柔和的光滑反射效果。

(2) 返回到基本参数卷展栏，激活【Hilight glossiness】(高光光滑)，设置高光光滑值为"0.9"，设置【Refl glossiness】(反射光滑)值为"0.95"，因为陶瓷材质在场景中占据很大一部分，所以要加大材质的【Subdivs】(细分)值为"20"。材质效果及设置如图8-46～图8-48所示。

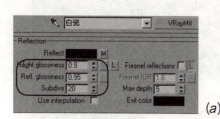 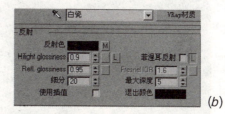

图8-47　反射区设置（中英文对照）

(a) 英文面板；(b) 中文面板

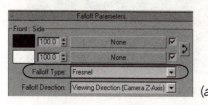 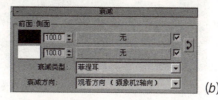

图8-48　陶瓷材质设置（中英文对照）

(a) 英文面板；(b) 中文面板

(3) 选择场景中包含陶瓷材质的模型，手盆、浴盆、手模02和干枝02，按住键盘快捷键【Alt+Q】将模型单独显示，如图8-49所示。

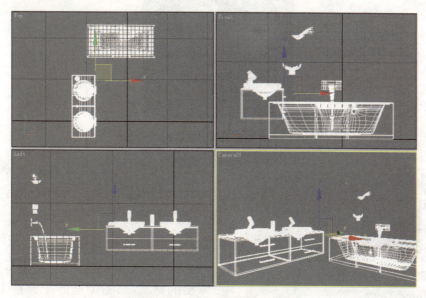

图8-49　包含陶瓷材质的模型

(4) 现在我们来逐一赋予，首先选中"手盆"模型，单击菜单栏上的【Group】(群组)→【Open】(打开)，将"手盆"模型组打开，选择两个手盆部分，将白瓷材质赋予模型；再选中"浴盆"模型，同样将其模型组打开，选择中间浴盆部分，将白瓷材质赋予模型；再将"干枝02"模型组打开,选择瓷碗部分,将白瓷材质赋予模型;最后将白瓷材质赋予"手模02"模型;最终效果如图8-50所示。

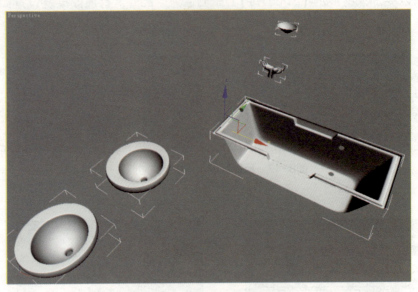

图8-50 包含陶瓷材质的模型

8.3.5 制作金属材质

图8-51 金属材质球设置后的最终效果

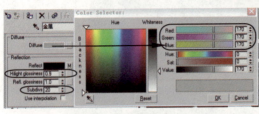

图8-52 参考设置

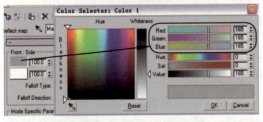

图8-53 金属材质设置

（1）为材质球起名为"金属",单击【Standard】(标准)按钮,在弹出的编辑栏中选择【VrayMtl】(VR材质),设置【Diffuse】颜色,调节R、G、B值分别为"170",一个灰色的数值。

（2）单击【Reflect】(反射)右侧的方块,在弹出的材质/贴图浏览器中选择【Falloff】(衰减),设置前景色的R、G、B值为"165",其他数值保持默认状态,回到材质编辑器,激活【Hilight glossiness】(高光光滑),设置高光光滑值为"0.9",加大材质的【Subdivs】(细分)值为"20"。材质效果及设置如图8-51~图8-53所示。

(3) 将材质赋予场景中包含金属部分的模型，选择手盆、浴盆、干枝、淋浴、挂件1-5，单击菜单栏上的【Group】(群组)→【Open】(打开)，打开所选模型组。分别将材质赋予它们，如图8-54所示。

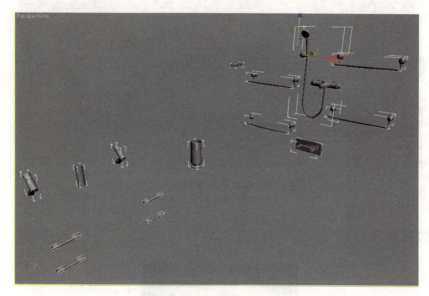

图8-54 包含金属材质的模型

8.3.6 制作磨砂木材材质

(1) 为材质球起名为"磨砂木材"，单击【Standard】(标准)按钮，在弹出的编辑栏中选择【VrayMtl】(VR材质)，中式风格实木部分比较多，颜色也比较厚重，这里的木材颜色就设置一个与风格相符的颜色。单击【Diffuse】右侧的色块，在弹出的颜色拾取器中，调节R、G、B值分别为"15"、"7"、"7"。

由于要制作磨砂效果，所以要稍稍加大其反射值。

(2) 设置【Reflect】(反射色)的R、G、B值为"20"，激活【Hilight glossiness】(高光光滑)，设置高光光滑值为"0.7"，设置【Refl glossiness】(反射光滑)值为"0.8"，磨砂值不宜过大，加大材质的【Subdivs】(细分)值为"16"。材质效果及设置如图8-55、图8-56所示。

图8-55 磨砂木材材质球设置后的最终效果

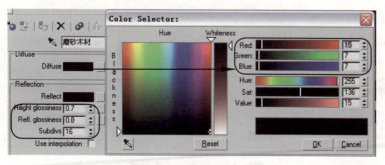

图8-56 磨砂木材材质设置

(3) 将材质赋予场景中包含磨砂木材材质部分的模型，选择手盆、浴盆模型，单击菜单栏上的【Group】(群组)→【Open】(打开)，打开所选模型组。将材质赋予选中部分，如图8-57所示。

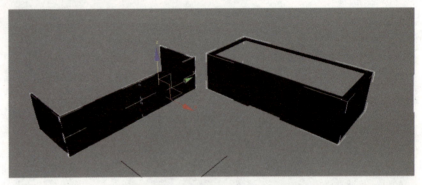

图8-57　包含磨砂木材质的模型

8.3.7 制作台面材质

图8-58　台面材质球设置后的最终效果

与前面设置过的陶瓷材质相似，目的是为了配合场景中的白瓷材质。

(1) 为材质球起名为"台面"，单击【Standard】(标准)按钮，在弹出的编辑栏中选择【VrayMtl】(VR材质)，设置【Diffuse】(漫射区)的颜色R、G、B值为"250"，一种接近纯白的颜色；设置【Reflect】(反射色)的R、G、B值为"90"，勾选【Fresnel reflections】(菲涅耳反射)，以得到柔和的光滑反射效果。激活【Fresnel reflections】(菲涅耳反射)，设置【Fresnel IOR】(菲涅耳大气值)为"4.0"，数值越大材质反射越透彻。通常情况可以不用设置。

(2) 设置【Refl glossiness】(反射光滑)值为"0.9"，增加大材质的【Subdivs】(细分)值为"20"。材质效果及设置如图8-58、图8-59所示。

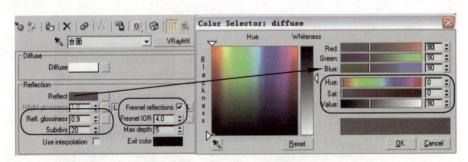

图8-59　台面材质的设置

(3) 选择场景中的"手盆"、"台面"及"台阶"模型，按住键盘上的组合键【Alt+Q】将模型单独显示，单击菜单栏上的【Group】(群组)→【Open】(打开)，选中包含台面材质的模型，并将材质赋予它们，如图8-60所示。

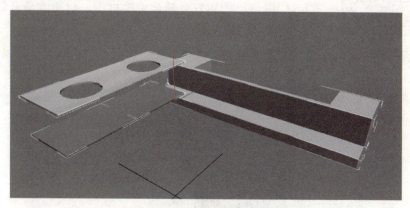

图8-60　包含台面材质的模型

8.3.8 制作印花镜子材质

图8-61　印花镜子材质球设置后的最终效果

在当下流行的装饰风格中，手绘墙、墙贴的运用越加广泛，其表现技法也是多种多样。

有PS后期合成的，也有直接渲染的。通过此材质的设置，大家可以掌握与其他手绘墙、墙贴效果类似的表现技法。

(1) 为材质球起名为"镜子"，单击【Standard】(标准)按钮，在弹出的编辑栏中选择【VrayBlendMtl】(Vray复合)材质，单击【Base material】(基础材质)(此项为材质整体部分，在这里就是镜子反射部分，如果是手绘墙面，这里的基础材质就是墙面部分)后面的【None】，在弹出的编辑栏中选择【VrayMtl】(VR材质)，设置【Diffuse】(漫射区)的颜色R、G、B值为"215"，一种接近白的颜色；设置【Reflect】(反射色)的R、G、B值为"250"，镜子的反射非常强。其他数值默认即可。

(2) 向上返回到复合材质参数栏，单击【Coat materials】(表层物质)下的1号材质，在弹出的编辑栏中同样选择【VrayMtl】(VR材质)，设置【Diffuse】(漫射区)的颜色R、G、B值为"235"，(此项设置为材质中图案部分的颜色，在这里就是镜子中花纹的颜色) 设置【Reflect】(反射色)的R、G、B值为"10"，设置【Refl glossiness】(反射光滑)值为"0.85"，调节一个磨砂贴花的效果。

(3) 向上返回到复合材质参数栏，单击【Blend amound】(弯曲数量)下的1号材质，在弹出的材质/贴图浏览器中选择【Bitmap】(位图)，导入本章实例对应下的"花纹.jpg"，其他数值默认即可(此项设置为材质中图案的样式，在这里就是镜子中花纹的样式)。根据自己的喜好可随意更换材质。材质效果及最终设置如图8-61～图8-65所示。

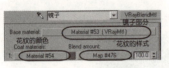

图8-62 材质设置

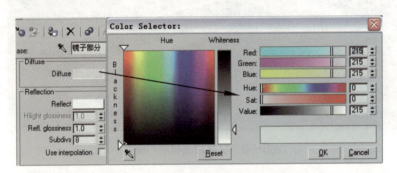

图8-63 【Diffuse】(漫射区) 颜色设置

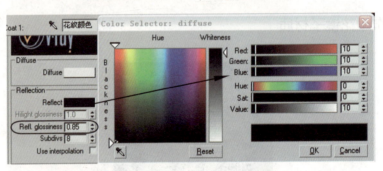

图8-64 【Reflect】(反射区) 设置

图8-65 镜子材质设置

图8-66 镜子复合材质的设置

(4) 复制镜子材质中镜子部分的材质到一个新的材质球上，按住键盘上的组合键【Alt+Q】将"镜子"模型单独显示，单击菜单栏上的【Group】(群组)→【Open】(打开)，将"镜子"模型组打开，选择镜面的中间的→"镜面部分"，将刚复制的镜子部分材质赋予模型；选择镜面两侧的"镜面复合01、02"，并分别为其添加一个【UVW Mapping】(指定贴图坐标)命令，数值默认即可。将前面设置的镜子复合材质赋予模型，最终效果如图8-66所示。

8.3.9 制作自发光灯片材质

(1) 为材质球起名为"自发光",单击【Standard】(标准)按钮,在弹出的编辑栏中选择【VrayLightMtl】(Vray灯光)材质,在前一章也设置过Vray灯光材质,方法也有很多。单击颜色后面的【None】在弹出的材质/贴图浏览器中选择【Gradient Ramp】(渐变色过渡),下拉到【Gradient Ramp Parameters】(渐变色过渡参数)卷展栏,增加颜色过渡框下的控制点,调节出从淡黄色过渡到白色的效果,回到参数栏,光照亮度为默认的"1.0"即可,材质效果及设置如图8-67~图8-69所示。

图8-67 自发光灯片材质球设置后的最终效果

(2) 选择镜子模型组的两个灯箱位置模型,并将材质赋予它们,如图8-70所示。

 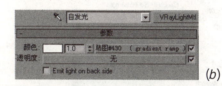

图8-68 材质选择(中英文对照)
(a) 英文面板;(b) 中文面板

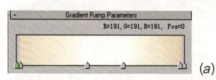 

图8-69 自发光材质设置(中英文对照)
(a) 英文面板;(b) 中文面板

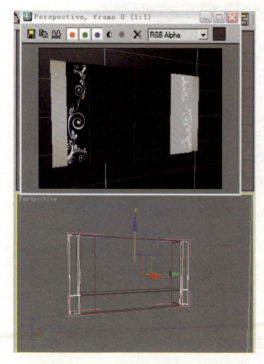

图8-70 包含自发光材质的模型

8.3.10 制作毛巾材质

图8-71 毛巾材质球设置后的最终效果

(1) 为材质球起名为"毛巾",单击【Standard】(标准)按钮,在弹出的编辑栏中选择【VrayMtl】(VR材质),设置【Diffuse】颜色,调节R、G、B值分别为"255"、"235"、"205",一个稍暖些的颜色。其他数值默认即可。

(2) 下拉到【Map】卷展栏,将光盘本章目录对应下的"置换.jpg"贴图直接拖到【Map】卷展栏下的【Displace】(置换)下,并将置换数值调节至"10",置换不同于凹凸,过大的数值会导致模型扭曲变形,这里只是借助黑白置换贴图来达到毛巾的绒面效果。材质效果及设置如图8-71～图8-73所示。

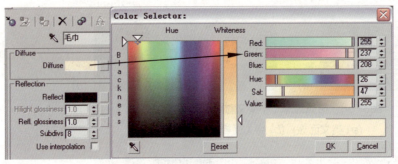

图8-72 【Diffuse】颜色设置

图8-73 毛巾材质的设置

(3) 选择场景中"毛巾"与"浴巾"模型,按住键盘快捷键【Alt+Q】将模型单独显示,并将材质赋予它们,如图8-74所示。

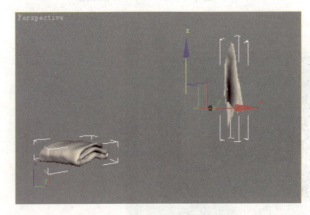

图8-74 包含毛巾材质的模型

8.3.11 制作红瓷材质

在这种主色调为黑白的场景中,红色的点缀是不可少的。但也不宜面积太大,这里我们就适当地布置一个即可。

(1) 为材质球起名为"红瓷",单击【Standard】(标准)按钮,在弹出的编辑栏中选择

【VrayMtl】(VR材质)，设置【Diffuse】(漫射区)的颜色R、G、B值为"85"、"0"、"0"，一个经典的中国红颜色；设置【Reflect】(反射色)的R、G、B值为"145"，勾选【Fresnel reflections】(菲涅耳反射)，以得到柔和的光滑反射效果。激活【Fresnel reflections】(菲涅耳反射)，设置【Fresnel IOR】(菲涅耳大气值)为"2.5"。

(2) 激活【Hilight glossiness】(高光光滑)，设置高光光滑值为0.8，设置【Refl glossiness】(反射光滑)值为"0.95"，材质效果及设置如图8-75、图8-76所示。

图8-75 红瓷材质的最终效果

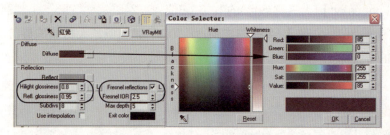

图8-76 红瓷材质的设置

(3) 将材质赋予场景中人物造型摆设模型，如图8-77所示。

图8-77 包含红瓷材质的模型

8.3.12 制作玻璃材质

玻璃材质在效果图制作过程中也是常用到的一种材质，运用好玻璃材质的表现，可以让整个画面更亮丽更自然真实，也可以大大提高效果图的分数。这里我们也是作为场景中的一个点缀出现。

(1) 为材质球起名为"玻璃"，单击【Standard】(标准)按钮，在弹出的编辑栏中选择【VrayMtl】(VR材质)，将【Diffuse】(漫射区)的颜色设置为纯黑色。因为在前一章我们说过，类似玻璃、金属等材质的调节时，其颜色都可以设置为黑色，与金属不同的是，玻璃的最终颜色是由【Fog color】(大气雾颜色)决定。

图8-78 玻璃材质球设置后的最终效果

(2) 单击【Reflect】(反射)右侧的方块，在弹出的材质/贴图浏览器中选择【Falloff】(衰减)，更改【Falloff】(衰减)方式为【Fresnel】(菲涅耳)衰减，以得到柔和的光滑反射效果。返回到基本参数卷展栏，设置【Refl glossiness】(反射光滑)值为"0.98"，得到一个非常光滑的反射表面。再来调节材质的【Refraction】(折射)部分。

之前我们说过，在Vray材质中，【Refraction】(折射)部分不再只是名义上的光影折射，而是作为物体材质的透明度调节出现。【Refract】(折射色)越浅，物体越透明。

(3) 设置【Refract】(折射色)的R、G、B值设为"255"的纯白色，也就是完全透明，增加【Subdivs】细分值为"50"，为了实现灯光穿过模型投射阴影的真实效果，在这里我们要勾选【Affect shadows】(影响阴影)、【Affect alpha】(影响alpha通道)。

(4) 设置【Fog color】(大气雾颜色)的R、G、B值为"240"、"255"、"245"，一个淡淡的绿色，调节【Fog multiplier】(大气倍增值)为"0.1"，数值越大材质的最终颜色越深。材质效果及设置如图8-79、图8-80所示。

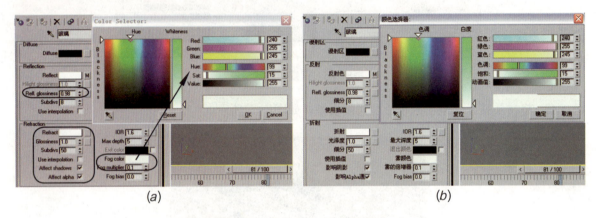

图8-79 参数设置（中英文对照）
(a) 英文面板；(b) 中文面板

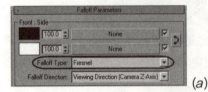 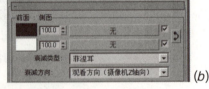

图8-80 玻璃材质的设置（中英文对照）
(a) 英文面板；(b) 中文面板

(5) 将材质赋予场景中的"手模"模型，如图8-81所示。

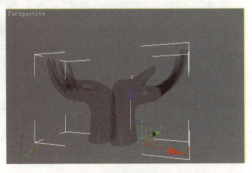

图8-81 包含玻璃材质的模型

8.3.13 制作干枝材质

干枝材质在这个场景中所占比例也是非常少的,所以这里我们就用3d默认的【Standard】(标准)材质来设置就行了。

(1) 将材质起名为"干枝",调节【Diffuse】(漫射区)颜色R、G、B值为"130"、"80"、"30",设置【Specular Highlights】(高光级别)为"20",设置【Glossiness】(光泽度)为"20",如图8-83所示。

(2) 选择场景中的"干枝01、02"模型按住键盘快捷键【Alt+Q】将模型单独显示,单击菜单栏上的【Group】(群组)→【Open】(打开),选中两个模型中的干枝部分,并将材质赋予它们,如图8-84所示。

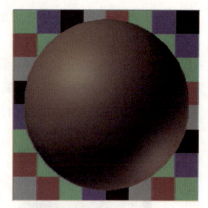

图8-82 干枝材质球设置后的最终效果

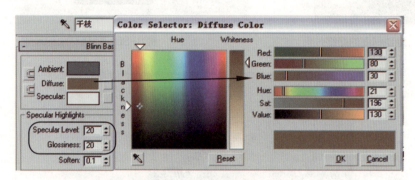

图8-83 干枝材质的设置

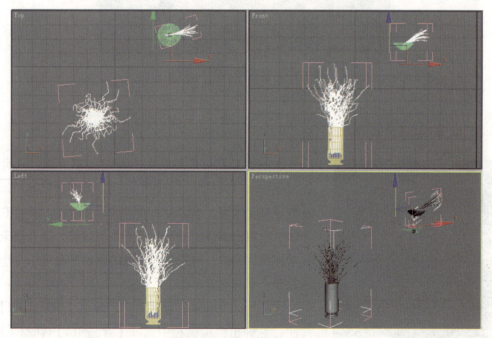

图8-84 包含干枝材质的模型

8.3.14 制作地毯材质

由于本章的地毯是用建模的方式完成的，所以这里的地毯材质只要赋予一个颜色就可以了。为材质球起名为"地毯"，单击【Standard】(标准)按钮，在弹出的编辑栏中选择【VrayMtl】(VR材质)，设置【Diffuse】颜色，调节R、G、B值分别为"255"、"250"、"240"，一个稍暖些的颜色。其他数值默认即可。材质效果及设置如图8-85、图8-86所示。

将材质赋予场景中的地毯材质，如图8-87所示。

 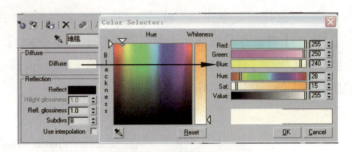

图8-85 地毯材质的最终效果　　　　　　　　图8-86 地毯材质的设置

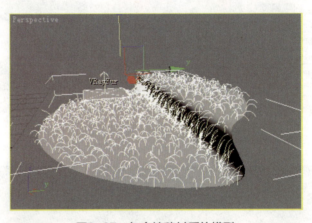

图8-87 包含地毯材质的模型

8.3.15 制作水材质

图8-88 水材质球设置后的最终效果

水的材质在场景效果图中不是经常用到，只有在静物表现或与水有关的场景表现中应用，如游泳馆等。如果大家注意观察会发现，水面是有波光嶙嶙效果的，并会在周围的物体中投射出类似光斑，称之为焦散效果，这在渲染时也是非常耗费时间的，这里我们设置的水材质只是一个小小的水流效果，不存在焦散。

(1) 为材质球起名为"水"，单击【Standard】(标准)按钮，在弹出的编辑栏中选择【VrayMtl】(VR材质)，设置【Diffuse】(漫射区)的颜色R、G、B值为"50"。同玻璃材质一样，最终颜色是由【Fog color】(大气雾颜色)决定的。

（2）设置【Reflect】(反射)R、G、B值为"235"，勾选【Fresnel reflections】（菲涅耳反射），增加【Subdivs】细分值为"20"，调节【Max depth】（最大深度）值为"25"，数值越大，材质所反射的深度越大越远。

（3）再来调节材质的【Refraction】（折射）部分，设置【Refract】（折射色）的R、G、B值设为"235"，一个近乎完全透明的数值，增加【Subdivs】细分值为"20"，勾选【Affect shadows】（影响阴影）。

（4）将【IOR】（大气值）设置为"1.36"，一个更接近液体的反射大气值；调节【Max depth】（最大深度）值为"25"，数值越

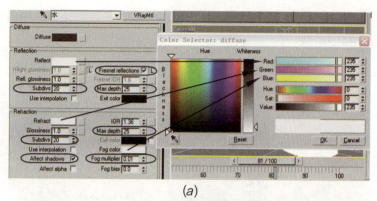

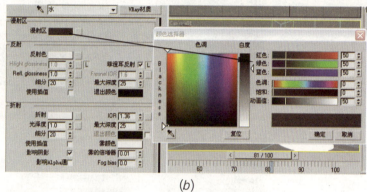

图8-89 水的材质设置（中英文对照）(a) 英文面板；(b) 中文面板

大，材质所反射的深度越大越远。设置【Fog color】（大气雾颜色）的R、G、B值为"235"，将【Fog multiplier】（大气倍增值）设为"0.01"，数值越大材质的最终颜色越深。材质效果及设置如图8-88、图8-89所示。

（5）选择场景中的"浴盆"模型，按住键盘快捷键【Alt+Q】将模型单独显示，单击菜单栏上的【Group】（群组）→【Open】（打开），选中模型中的水部分，并将材质赋予给它，如图8-90所示。

最终效果如图8-91所示。

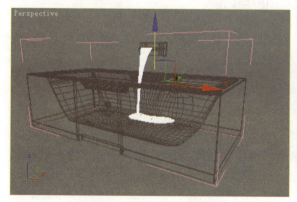

图8-90 包含水材质的模型

图8-91 赋予全部材质

场景中所有的材质部分就设置完了，由于场景中深色材质的物体偏多，又是一个封闭的空间，我们需要调节一下模型的色溢。将其全部显示后，按住键盘快捷键【Ctrl+A】全选所有模型，右键选择【Vray properties】（VR属性），在弹出的对话框中，调节【Generate GI】（产生全

局照明)的数值为"0.0",场景中的材质大多数为光滑的釉面材质,所以几乎不会产生色溢,如图8-92所示。

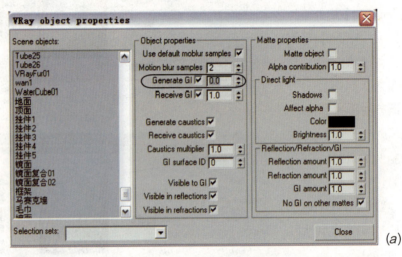

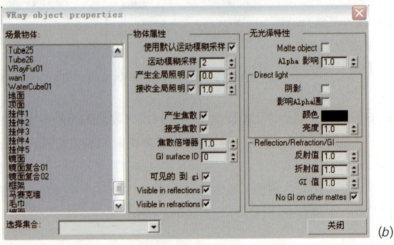

图8-92　调节全局照明（中英文对照）
(a) 英文面板；(b) 中文面板

材质部分就设置完成了,现在我们来为场景添加灯光。

8.4　创建灯光

场景中涉及的灯光非常简单,主要是一个用来模拟顶面主光源的灯和一个洗手台下面的辅助光。

8.4.1　添加主光源

选择Vray渲染器自带的灯光VrayLight,在Top视图中新建一个VrayLight,在修改面板中的【Parameters】(参数)卷展栏里更改灯光【Type】(样式)为【Sphere】(球形)光,设置灯光的【Color】(颜色)R、G、B值为"250"、"240"、"215",一个偏暖的灯光颜色,球形光源与面形光源不同，球形光源的照射方式是由一个点出发，向四周扩散，其发光点与发光【Radius】(半径)成正比，在【Multiplier】(倍增值)不变的情况下，发光【Radius】(半径)越大，灯光越亮。场景中的球形光源半径值很小，就靠这一个主光源照亮，所以要加大其光照倍增值。调节【Multiplier】(倍增值)为"110"。勾选【Invisible】(不可见)。在【Size】(尺寸)卷展栏中将球形光源的【Radius】(半径)设置为"25.0cm"。增加灯光的【Subdivs】(细分)值为"30"。将灯光放至在图8-93所示位置。

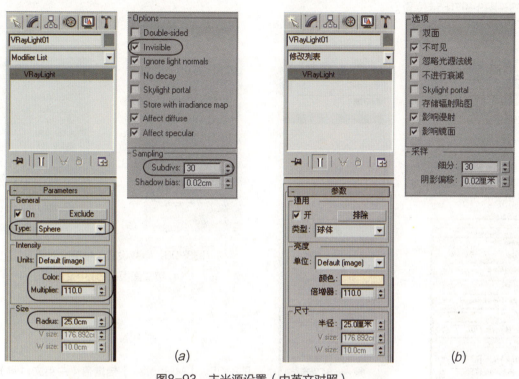

图8-93 主光源设置（中英文对照）
(a) 英文面板；(b) 中文面板

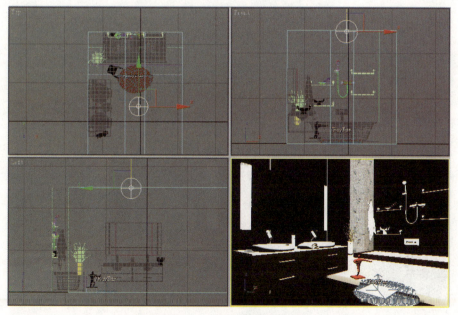

图8-94 场景主光源的设置

8.4.2 添加场景辅助光源

为洗手台的下面添加一个辅助光源，一个光带的效果。

选择Vray渲染器自带的灯光VrayLight，在Top视图中新建一个VrayLight，设置灯光的【Color】(颜色)R、G、B值为"255"、"240"、"155"，调节【Multiplier】(倍增值)为"70"。勾选【Invisible】(不可见)。增加灯光的【Subdivs】(细分)值为"30"。将灯光放至图8-95～图8-97所示位置。

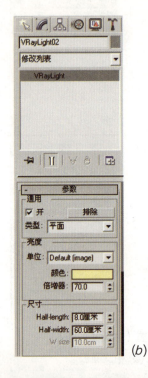
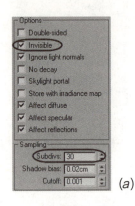

图8-96 参数设置（中英文对照）
(a) 英文面板；(b) 中文面板

图8-95 【Multiplier】倍增值（中英文对照）
(a) 英文面板；(b) 中文面板

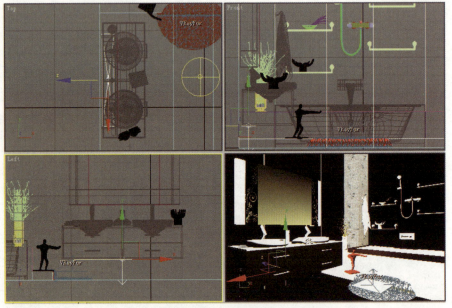

图8-97 辅助光源设置

灯光的布置完成了，下面我们来进行一下测试渲染。

8.5 Vray参数设置和渲染

(1) 打开Vray渲染器面板，简单地设置一下试渲染参数。

(2) 打开【Global switches】卷展栏，勾掉【Default lights】（默认灯光）。

(3) 打开【Image sampler】（图像采样）卷展栏，为了提高测试速度，在采样方式里选择【Fixed】（固定比率采样器）。

(4) 打开【Indirect illumination】（间接光照明），在【Secondary bounces】（二次反弹）中的【GI engine】（GI引擎）中选择【Light cache】（灯光缓冲）。

(5) 打开【Irradiance map】（光子贴图）卷展栏，在【Current preset】（预制模式）中选择【Very low】（最低）模式。调节【HSph. subdivs】（半球细分）值为"30"。

(6) 打开【Color mapping】卷展栏，在【Type】（样式）里选择【Reinhard】（雷因哈德），调节【Burn value】（燃烧）值为"0.75"，当【Burn value】（燃烧）值为"1"时，其采样方式与【Linear multiply】（线性倍增）相同，当【Burn value】（燃烧）值为"0"时，其采样方式与【Exponential】（指数倍增）相同，不同的场景采取不同的采样方式，没有绝对值。【Linear multiply】（线性倍增）的特点是色彩鲜艳，对比度强，但曝光很难控制；而【Exponential】（指数倍增）的特点与其正好相反，色彩饱和度不够，但曝光控制良好，【Reinhard】（雷因哈德）的调节可取二者优点于一身。

(7) 打开【r QMC Sampler】（r QMC采样），调节【Adaptive amount】（重要性抽样数量）值为"1.0"，调节【Noise threshold】（噪波极限值）值为"1"，在测试渲染中这里的设置最大限度地决定了渲染时间，所以测试时都调节到比较粗略的数值。

(8) 打开【Light cache】（灯光缓冲）卷展栏，调节【Subdivs】（细分）值为"200"。所有设置如图8-98～图8-101所示。

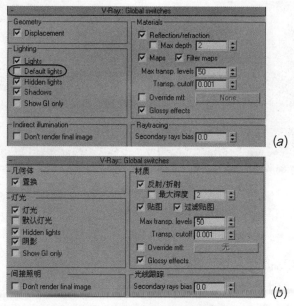

图8-98　勾掉默认灯光（中英文对照）

(a) 英文面板；(b) 中文面板

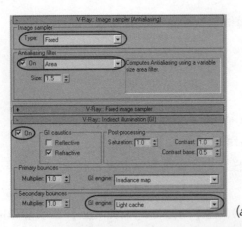 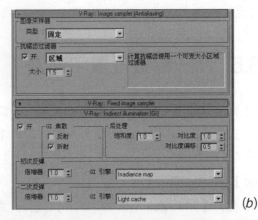

图8-99 【Image sampler】(图像采样) 及 【Indirect illumination】(间接光照明)
参数设置（中英文对照）(a) 英文面板；(b) 中文面板

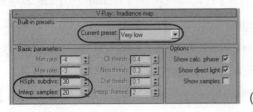 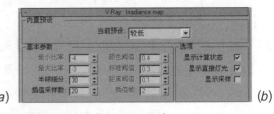

图8-100 【Irradiance map】(光子贴图) 设置（中英文对照）
(a) 英文面板；(b) 中文面板

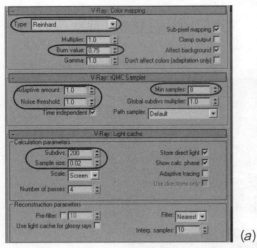 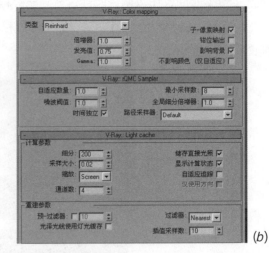

图8-101 测试渲染的参数设置（中英文对照）
(a) 英文面板；(b) 中文面板

单击渲染，得到如图8-102所示效果。

画面稍有点暗，这时候只要稍增加【Indirect illumination】(间接光照明) 的【Primary bounces】(首次反弹)【Multiplier】(倍增值)即可，设置为"1.5"。其他设置在最终出图的时候

图8-102 灯光测试渲染

只需要增加一些细节就可以了。然后我们来渲染一个光子贴图,以备后面渲染大图时使用,可以有效地减少渲染时间。

(9) 打开【Global switches】卷展栏,勾选【Don't render final image】(不渲染最终图像),因为我们已经清楚了最终的效果,在渲染光子贴图的时候就不用再渲染图像了。

打开【Image sampler】(图像采样)卷展栏,在采样方式里选择【Adaptive subdivision】(自适应细分采样器),在【Antialiasing filter】(抗锯齿过滤器)的下拉列表里选择【Catmull Rom】(可得到非常锐利的边缘)。

(10) 打开【Irradiance map】(光子贴图)卷展栏,在【Current preset】(预制模式)中选择【Medium】(中等)模式。调节【HSph. subdivs】(半球采样)值为"70"(较小的取值可以获得较快的速度,但很可能会产生黑斑;较高的取值可以得到平滑的图像,但渲染时间也就越长),调节【Interp. samples】(插值的样本)数值为"35"[取值特点同上【HSph. subdivs】(半球采样)]。下拉到【On render end】(渲染结束)栏,勾选【Auto save】(自动保存),将光子贴图在渲染结束后自动保存在指定位置,并勾选【Switch to saved map】(自动调取已保存的光子贴图),这样在再渲染大图的时候就不用手动选取已保存的光子贴图了。

(11) 打开【r QMC Sampler】(r QMC采样),调节【Adaptive amount】(重要性抽样数量)值为"0.75"(减少这个值会减慢渲染速度,但同时会降低噪波和黑斑),调节【Noise threshold】(噪波极限值)值为"0.002"(较小的取值意味着较少的噪波,得到更好的图像品质,但渲染时间也就越长),调节【Min samples】(最小采样数)为"18"(较高的取值会使早期终止算法更可靠,但渲染时间也就越长)。

(12) 打开【Light cache】(灯光缓冲)卷展栏,调节【Subdivs】(细分)值为"1200"(确定有多少条来自摄像机的路径被追踪),同样下拉到【On render end】(渲染结束)栏,勾选【Auto save】(自动保存),将光子贴图在渲染结束后自动保存在指定位置,并勾选

【Switch to saved map】(自动调取已保存的光子贴图)。具体设置如图8-103～图8-108所示。

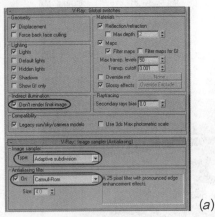 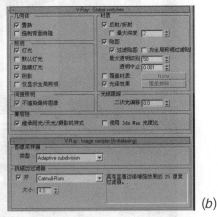

图8-103　参数设置(中英文对照)

(a) 英文面板；(b) 中文面板

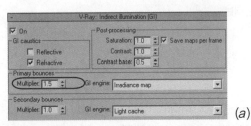 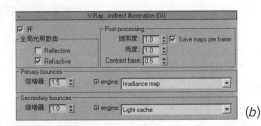

图8-104　【Indirect illumination】设置(中英文对照)

(a) 英文面板；(b) 中文面板

图8-105　【Irradiance map】设置(中英文对照)

(a) 英文面板；(b) 中文面板

图8-106　【On render end】设置(中英文对照)

(a) 英文面板；(b) 中文面板

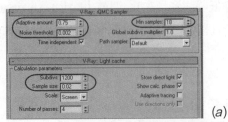 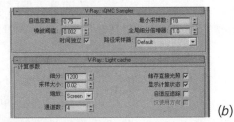

图8-107　rQMC采样及灯光缓冲设置(中英文对照)

(a) 英文面板；(b) 中文面板

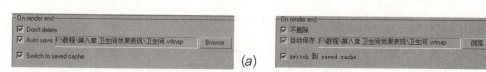

图8-108 渲染光子贴图参数设置（中英文对照）
(a) 英文面板；(b) 中文面板

单击渲染，得到光子贴图，现在我们就利用光子贴图来渲染大尺寸效果图。调节渲染尺寸为"920×760"，去掉【Global switches】卷展栏下的【Don't render final image】(不渲染最终图像)。再次渲染，得到最终渲染效果，如图8-109所示。

图8-109 最终渲染效果图

8.6 Photoshop后期处理

先来分析一下图片中需要改善的地方，亮度、饱和度、对比度、锐化等等。

(1) 打开Photoshop，导入渲染效果图，先来调节图片的亮度，按住键盘快捷键【Ctrl+M】，用曲线调节画面的亮度，添加上下两个控制点，分别调节它们的输入、输出值为"160"、"200"与"70"、"55"。通过上下调节，可增加画面的层次感，如图8-110、图8-111所示。

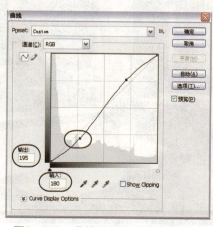

图8-110 曲线调节画面的亮度（一）

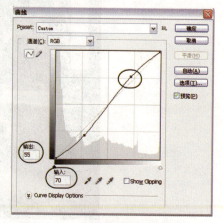

图8-111 曲线调节画面的亮度（二）

(2) 调节画面颜色的饱和度，按住键盘快捷键【Ctrl+U】，在弹出的调节框中，设置饱和度为"10"，这里的饱和值不宜调得过大，否则会使画面过于浓烈，导致色彩失真，如图8-112所示。

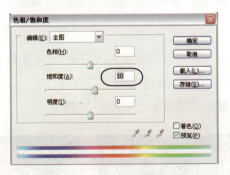

图8-112　调节画面的饱和度

(3) 再来调节画面的对比度，单击菜单栏上的【图像】→【调整】→【亮度/对比度】，对比度为"10"，同饱和度一样，调节的数值不宜过大，否则会使画面过于浓烈，导致色彩失真，如图8-113所示。

图8-113　调节画面的对比度

(4) 锐化画面，选择工具栏上的锐化工具 ，调节锐化强度值为"50%"，在画面中地砖、马赛克、砖墙材质部分上进行适当的锐化，来增加材质的磨砂颗粒效果，如图8-114所示。

图8-114　锐化画面

(5) 调节灯箱的亮度，选择镜子两边的灯箱，按住键盘快捷键【Ctrl+C】复制选中部分，再按住键盘组合键【Ctrl+V】将选中部分以新图层的形式出现在图层栏中，如图8-115所示。

图8-115　调节灯箱的亮度

(6) 按住键盘快捷键【Ctrl+L】，调节输出色阶右侧的控制点来调整灯箱的亮度，在图层1上双击，在弹出的图层样式修改框中选择外发光，调节外发光的光晕不透明度为"35%"，光晕的扩展范围为"4%"，光晕的大小为"15"像素，其他数值默认即可，如图8-116、图8-117所示。

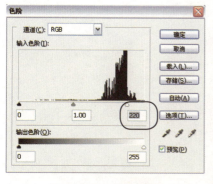

图8-116　色阶设置

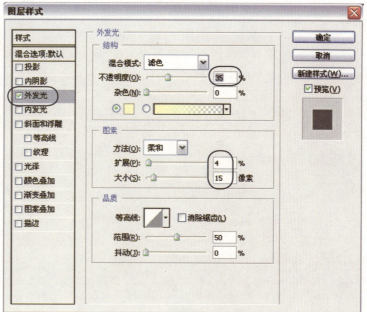

图8-117　灯箱的亮度调节

这样，效果图的后期处理就完成了，按住键盘快捷键【Ctrl+Shift+E】合并所有图层后将其保存即可，最终效果如图8-118所示。

图8-118 最终效果图

第9章 室外效果图制作

  Vray渲染器的强大之处不仅局限于室内，在室外的真实效果表现方面也是独树一帜。与室内效果图制作流程不同的是，室外有一个独特的制作方式，而且由于室外属于大场景，在材质细节方面也不用像室内材质设置得那么精细，一张好的室外效果图，前期的3ds Max部分与后期的Photoshop部分比例各占一半，也就是说室外效果图在很大一部分要靠后期处理，也就是后期场景的配景等。所以在制作模型之前要先找好后期要用到的配景图片，根据后期素材的透视角度，来调节模型在3ds Max场景中的大至视角。本章我们来学习运用Vray渲染器独有的VraySun(Vray太阳光)来模拟整个场景的灯光，以及制作夜景效果时的几个简单的布光过程，最终效果如图9-1～图9-3所示。

图9-1 建筑日景最终效果

图9-2 建筑装饰风格最终效果

图9-3 建筑夜景最终效果

9.1 制作建筑框架

(1) 打开3ds Max场景，首先调整模型的尺寸单位。

单击菜单栏上的【Customize】（自定义）菜单，从下拉菜单中选择【Units Setup】（单位设置）选项，则弹出"Units Setup"对话框，如图9-4所示。

(2) 单击"Units Setup"（单位设置）对话框中最上边的 System Unit Setup 按钮，弹出图9-5所示对话框，将单位设置为"厘米"。

(3) 在创建面板中选择二维物体【Rectangle】（矩形），在Front视图中画一个长"650.0cm"、宽"2500.0cm"的矩形。单击 按钮，从修改器列表中选择【Edit Spline】（编辑曲线）命令，

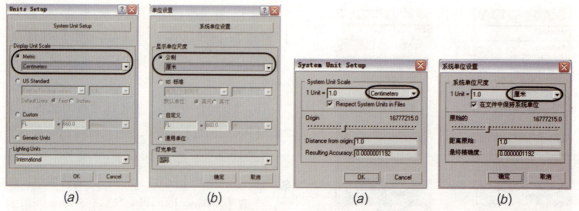

图9-4 "Units Setup"（单位设置）对话框（中英文对照）(a) 英文面板；(b) 中文面板

图9-5 "系统单位设置"对话框（中英文对照）(a) 英文面板；(b) 中文面板

点取【Spline】（曲线），选择下拉命令里的【Outline】（轮廓），输入轮廓值为"30.0cm"，选择【Vertex】（顶点）编辑，框选新生成的内轮廓的左列点，在 ✥ 按扭上单击鼠标右键，在弹出的位移对话框中，将X轴向的位移值设置为"10.0cm"，框选新生成的内轮廓的右列点，在 ✥ 按扭上单击鼠标右键，在弹出的位移对话框中，将X轴向的位移值设置为"-10.0cm"，得到位置如图9-6、图9-7所示的图形。

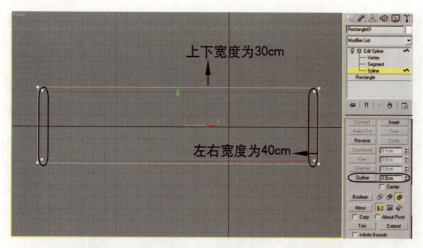

图9-6 轮廓值设定

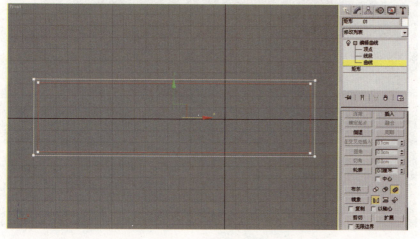

图9-7 框架的创建

(4) 在 🔧 面板里为框架添加命令【Extrude】(挤压)，调节【Amount】(数量)为"1000.0cm"，制作出整个空间的进深，如图9-8所示。

(5) 制作另一框架，在创建面板中选择二维物体【Rectangle】(矩形)，在Front视图中画一个长"1200.0cm"、宽"510.0cm"的矩形。同样在 🔧 面板里，添加【Edit Spline】(编辑曲线)命令，点取【Spline】(曲线)，选择下拉命令里的【Out line】(轮廓)，输入轮廓值为"30.0cm"，选择【Vertex】(顶点)编辑，选择新生成的内轮廓右侧点，右键 ✣ 按扭，在弹出的位移对话框中，调整内轮廓点向左位移值X为 "-10.0

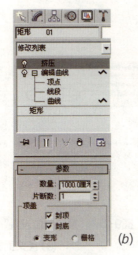

图9-8 框架的创建（中英文对照）
(a) 英文面板；(b) 中文面板

cm"，选择新生成的内轮廓上侧点，调整内轮廓点向下位移值Y为"-10.0 cm"。在 🔧 面板里为框架添加命令【Extrude】(挤压)，调节【Amount】(数量)为"1000cm"。单击 ◆ 对齐命令将

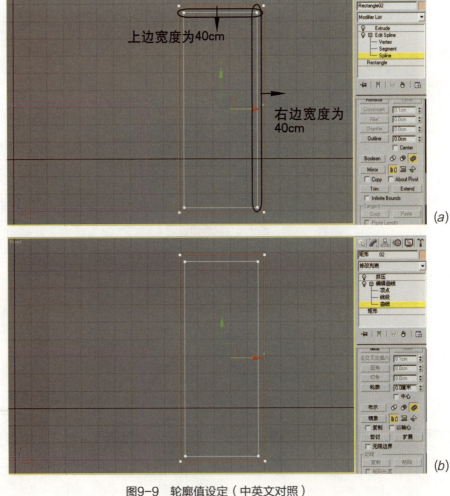

图9-9 轮廓值设定（中英文对照）
(a) 英文界面；(b) 中文界面

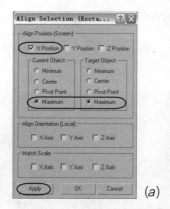

图9-10 挤压（中英文对照）　　　　　　　　图9-11 对齐（中英文对照）
(a) 英文面板；(b) 中文面板　　　　　　　　(a) 英文对话框；(b) 中文对话框

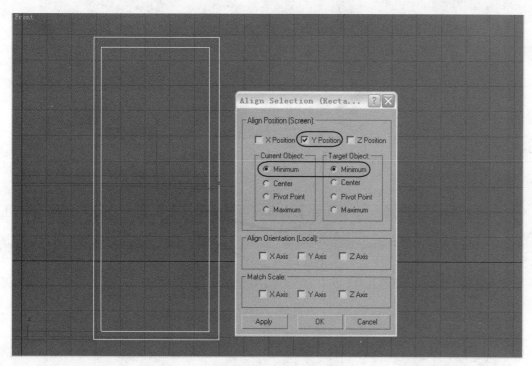

图9-12 框架的创建

其与前一框架X轴【Maximum】(最大)与【Maximum】(最大)对齐，单击【Apply】(应用)。再与Y轴【Minimum】(最小)与【Minimum】(最小)对齐，得到位置如图9-9～图9-12所示。

(6) 制作砖墙部分。通常我们都是用三维的"Box"来创建空间的墙面，然后通过添加一些命令来达到最后的效果，本例由于外表面有很多窗户与落地窗，如果用三维模型来创建再用命令调节非常麻烦，这里我们学习一下用二维模型来创建。同样是用到【Rectangle】(矩形)。最大化Front视图，在创建面板中选择二维物体【Rectangle】(矩形)，在Front视图中画一个长"590.0cm"，宽"1300.0cm"的矩形来模拟砖墙的大小。在 面板里，添加【Edit Spline】(编辑曲线)命令。现在我们不对其做任何修改，接着用【Rectangle】(矩形)在Front视图中创建长"200.0cm"、宽"180.0cm"的窗口，按住键盘上的【Shift】键向右复制出三个二维的窗口。单击【Rectangle】(矩形)在Front视图中创建长"270.0cm"、宽"1000.0cm"的落地窗口。最后

247

用【Rectangle】(矩形)在Front视图中创建长"120.0cm"、宽"100.0cm"的小窗口,将它们放至图9-13所示位置。

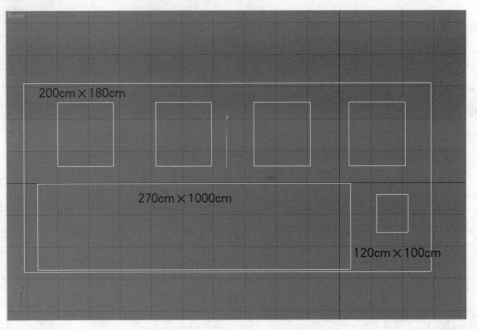

图9-13 砖墙的创建(绘制窗口)

(7) 选择为砖墙添加的【Edit Spline】(编辑曲线)命令,点取【Spline】(曲线),在下拉命令栏中选中【Attach】(结合),将鼠标移动到窗口等物体上时,光标会变成"+"形状,表示此物体可以被结合,逐一选择窗口、落地窗口、小窗口,得到一个整体模型,在 面板里为框架添加命令【Extrude】(挤压),调节【Amount】(数量)为"20cm",我们只要一个厚度就可以了,如图9-14、图9-15所示。

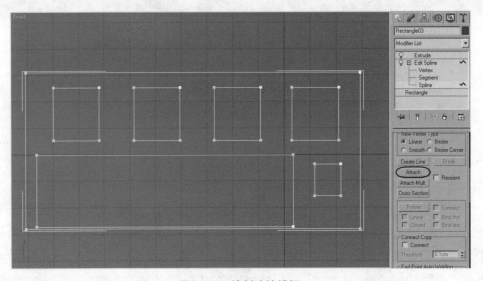

图9-14 绘制砖墙线框

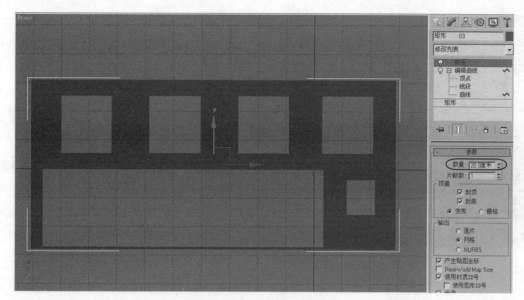

图9-15 砖墙的创建（挤压）

将砖墙放至图9-16所示位置。

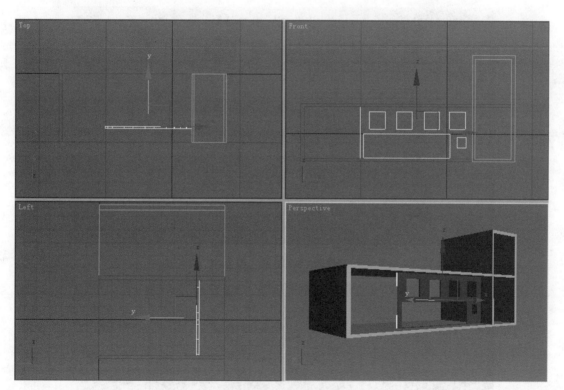

图9-16 砖墙的创建

（8）用同样的方法创建另一侧砖墙。最大化Left视图，在创建面板中选择二维物体【Rectangle】(矩形)，在Front视图中画一个长"590.0cm"、宽"780.0cm"的矩形来模拟另一侧砖墙的大小。在 面板里，添加【Edit Spline】(编辑曲线)命令。先不做任何修改，接着用【Rectangle】(矩形)在Front视图中创建长"200.0cm"、宽"80.0cm"的窗口，按住键盘上的【Shift】键向右复制出一个二维的窗口。单击【Rectangle】（矩形），在Front视图中创建长"270.0cm"、宽"500.0cm"的落地窗口。将它们放至图9-17所示位置。

（9）选择为砖墙添加的【Edit Spline】（编辑曲线）命令，点取【Spline】（曲线），在下拉命令栏中选中【Attach】（结合），将鼠标移动到窗口等物体上时，光标会变成"+"形状，表示此物

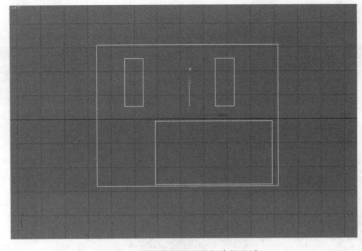

图9-17 砖墙的创建（复制）

体可以被结合，逐一选择窗口、落地窗口，得到一个整体模型，在 面板里为框架添加命令【Extrude】（挤压），调节【Amount】（数量）为"20.0cm"，我们只要一个厚度就可以了，如图9-18、图9-19所示。

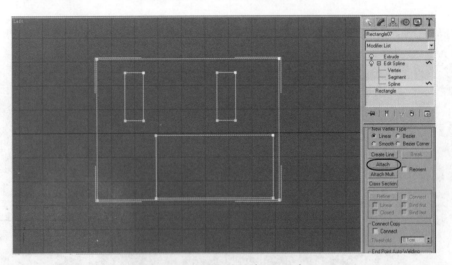

图9-18 砖墙的绘制（Attach）

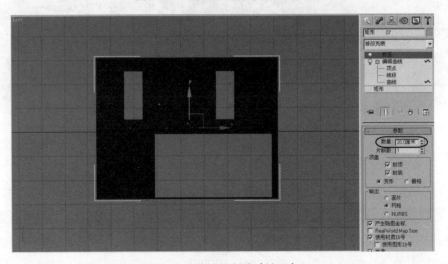

图9-19 砖墙的创建（挤压）

将砖墙放至图9-20所示位置。

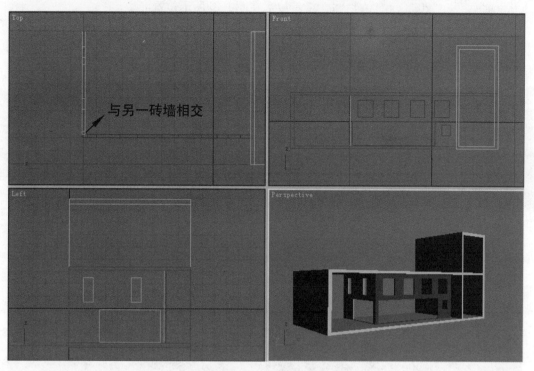

图9-20 砖墙的创建

(10) 选择三维创建面板上的【Plane】(平面)，打开三维捕捉 ，分别在Front视图中的两个框架内轮廓拖拽出一个等大小的平面，移动到框架的最后面，将框架的背面进行封闭，如图9-21所示。

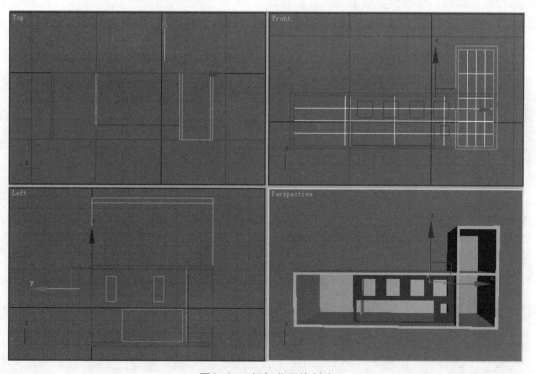

图9-21 框架背面的创建

(11) 在三维创建面板上选择【Box】(立方体),在Top视图中创建一个长"500.0cm"、宽"1300.0cm"、高"200.0cm"的物体,将其放置在图9-22所示位置。

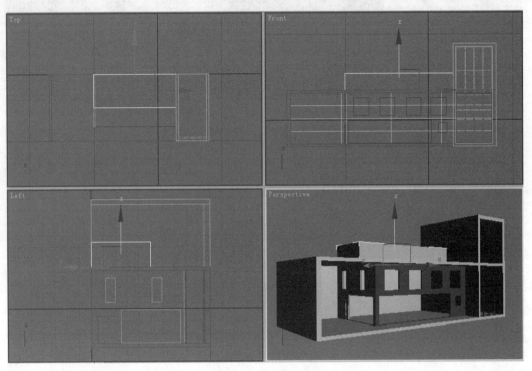

图9-22 砖墙的创建

(12) 创建窗框。最大化Front视图,创建面板中选择二维物体【Rectangle】(矩形),打开三维捕捉,在正面砖墙的窗口位置拖拽一个与窗口同等大小的矩形,在面板里,添加【Edit Spline】(编辑曲线)命令,点取【Spline】(曲线),选择下拉命令里的【Out line】(轮廓),输入轮廓值为"8.0cm"。添加命令【Extrude】(挤压),调节【Amount】(数量)为"10.0cm",将窗框放置在图9-23、图9-24所示位置。

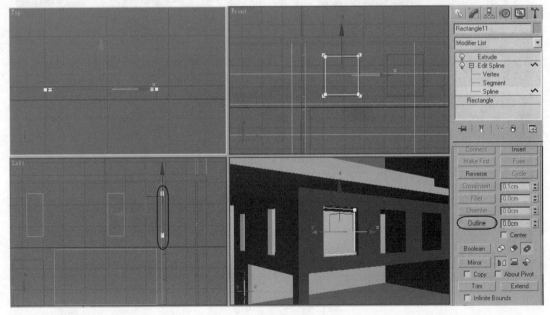

图9-23 修改窗户

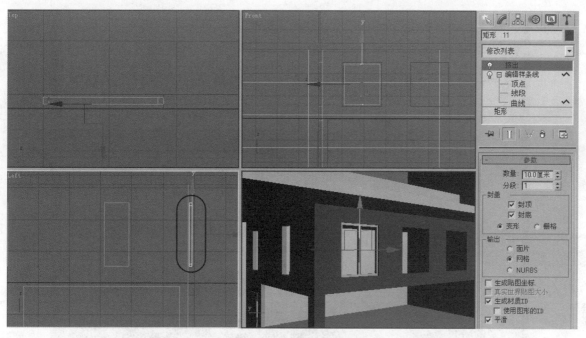

图9-24 窗框的创建

(13) 打开三维捕捉，在三维创建面板上选择【Box】(立方体)。在Front视图中拖拽一个与窗框同等大小的矩形，调整模型的【Width】(宽度)为"10.0cm"，【Height】(高度)为"-10.0cm"。这样模型就会正好居于窗框的正中位置，如图9-25所示。

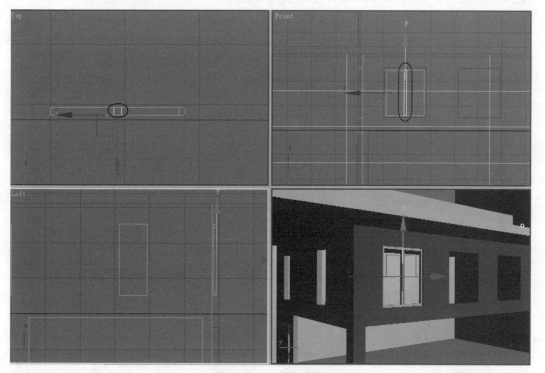

图9-25 窗框的创建

(14) 同时选中两个窗框，打开三维捕捉 并按住键盘上的【Shift】键，向右复制出三个窗框，并用同样的方法创建所有窗框，最终效果如图9-26所示。

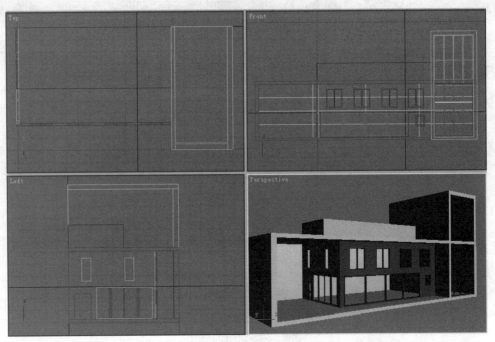

图9-26　窗框的创建

(15) 选中所有窗框模型，单击菜单栏上的【Group】(群组)→【Group】(群组)，并命名为"窗框"。

(16) 创建玻璃。选择三维创建面板上的【Plane】(平面)，打开三维捕捉 ，分别在每个窗框内轮廓拖拽出一个相同大小的模型，最终效果如图9-27所示。

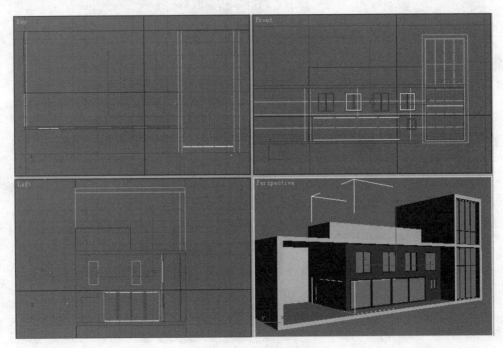

图9-27　玻璃的创建

(17) 选中所有玻璃模型，单击菜单栏上的【Group】(群组)→【Group】(群组)，并命名为"玻璃"。

(18) 创建其他基础结构模型。所谓基础结构模型指的是场景中的一个二层平台、大门与地面以及水面与水面上的平台。首先来创建二层平台。在三维创建面板上选择【Box】(立方体)，在Top视图中创建一个长"250.0cm"、宽"650.0cm"、高"30.0cm"的立方体，将其放置在图9-28所示位置。

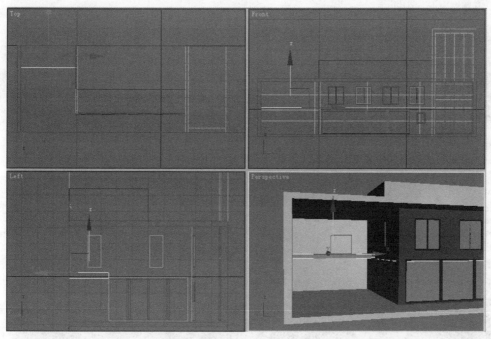

图9-28　二层平台的创建

(19) 最大化Left视图，在三维创建面板上选择【Box】(立方体)，在视图中创建一个长"220.0cm"、宽"150.0cm"、高"5.0cm"的立方体来模拟大门，因为场景很大，我们只要象征性地用一个模型来模拟就可以了，将模型放置在图9-29所示位置。

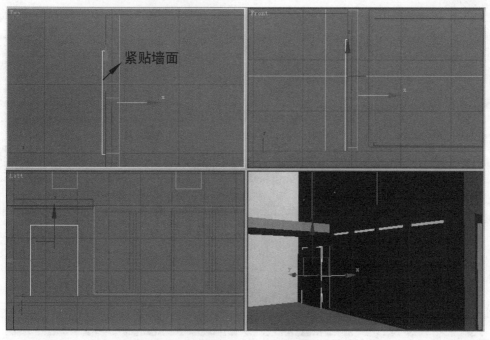

图9-29　大门的创建

创建地面，在本章开始的时候我们说过，室外效果图在很大一部分要靠后期处理来表现，这里的地面只是用来为后期处理服务的，在后期中我们可以在这上面添加绿植等。

（20）在三维创建面板上选择【Box】（立方体），在Top视图中创建一个长"2500.0cm"、宽"5500.0cm"、高"-100.0cm"的立方体；选择【Box】（立方体），在其左下角再创建一个稍小的地面，位置如图9-30所示。

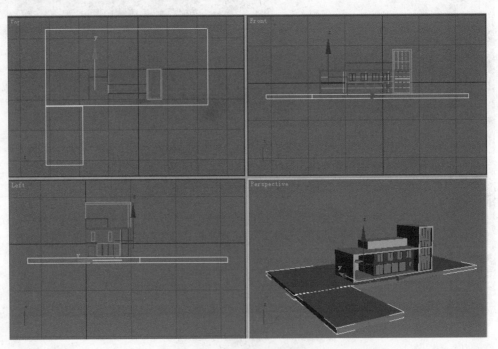

图9-30　地面的创建

（21）选择三维创建面板上的【Plane】（平面），在Top视图中创建一个长"2000.0cm"、宽"3000.0cm"的平面，用来模拟水面效果，位置如图9-31所示。

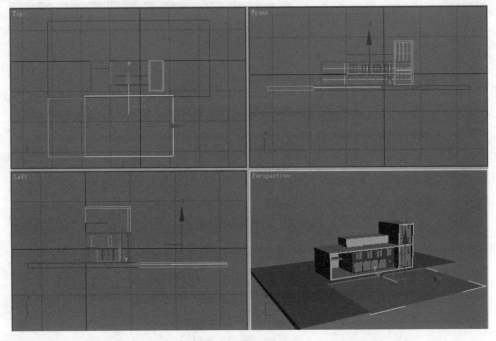

图9-31　水面的创建

(22)在三维创建面板上选择【Box】(立方体),在Top视图中创建一个长"600.0cm"、宽"600.0cm"、高"30.0cm"的立方体。选择物体,单击 对齐命令将其与第一个框架X轴【Center】(中心)与【Center】(中心)对齐,单击【Apply】(应用)。对齐,单击【Apply】(应用)。再与Y轴【Minimum】(最小)与【Maximum】(最大)对齐,如图9-32、图9-33所示。

(23)在三维创建面板上选择【Box】(立方体),在Top视图中创建一个长"60.0cm"、宽"60.0cm"、高"100.0cm"的立方体作为支撑水面上平台的柱子。按住键盘上的【Shift】键,将模型复制。在Front视图选中两个柱子,单击 对齐命令将其与水面上平台的Y轴【Maximum】(最大)与【Minimum】(最小)对齐,放置在图9-34所示位置。

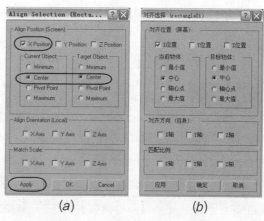

图9-32 对齐(中英文对照)
(a)英文对话框;(b)中文对话框

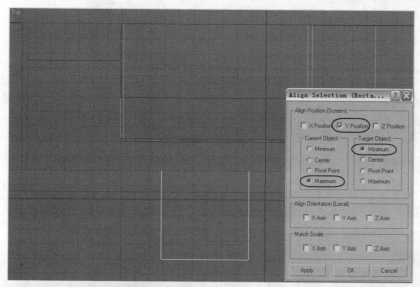

图9-33 水上平台的创建

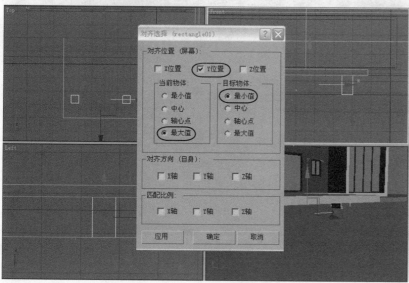

图9-34 柱子的创建

257

(24) 护栏的创建。接下来我们为水面上的平台与二层平台创建护栏。先来创建二层平台的护栏，为了方便操作，选中二层平台物体，按住键盘快捷键【Alt+Q】单独显示。

(25) 在二维创建面板上选择【Line】(线)，打开三维捕捉，在Top视图中画一条与二层平台等长的线，再在三维创建面板上选择【Box】(立方体)，在Top视图中创建一个长"10.0cm"、宽"10.0cm"、高"80.0cm"的立方体，将鼠标移动到界面上的工具栏空白处点击右键，选择【Extras】(附加)命令栏，选择【Spacing Tool】(间距工具)，在弹出的设置对话框中选择【Pick Path】(拾取路径)，选择前面创建的线，这时在线的中心位置会出现默认的三个"Box"，这里我们设置【Count】(数量)为6个，当改变数量的同时，下面的【Spacing】(间距)也跟着改变。更改【Context】(前后关系)为【Edges】(边缘)，让"Box"可以整个对齐路径，如图9-35所示。

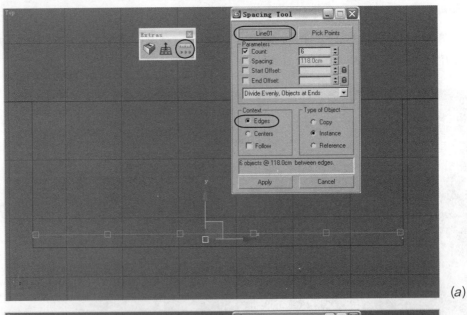

(a)

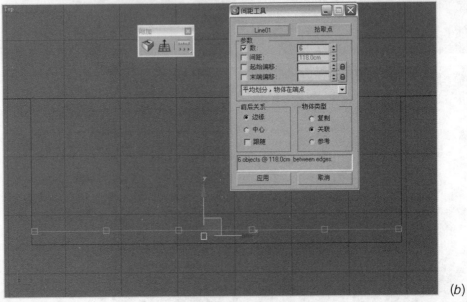

(b)

图9-35 护栏的创建（中英文对照）
(a) 英文界面；(b) 中文界面

(26) 回到Front视图，删除之前创建的辅助"Box"与"Line"模型，只留下新创建的6个"Box"，打开三维捕捉，在三维创建面板上选择【Box】（立方体），在Front视图中创建一个长"5.0cm"、宽"630.0cm"、高"10.0cm"的立方体，单击 对齐命令将其与最左侧护栏的X轴【Minimum】（最小）与【Maximum】（最大）对齐，单击【Apply】（应用），再将Y轴【Maximum】（最大）与【Maximum】（最大）对齐，如图9-36、图9-37所示位置。

(27) 按住键盘上的【Shift】键，将模型向下复制出两个，选中所有护栏模型，单击菜单栏上的【Group】（群组）→【Group】（群组），并命名为"护栏"，如图9-38所示。

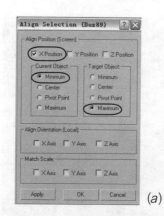 

图9-36 对齐（中英文对照）

(a) 英文对话框；(b) 中文对话框

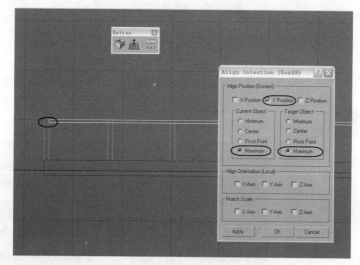

图9-37 护栏的创建

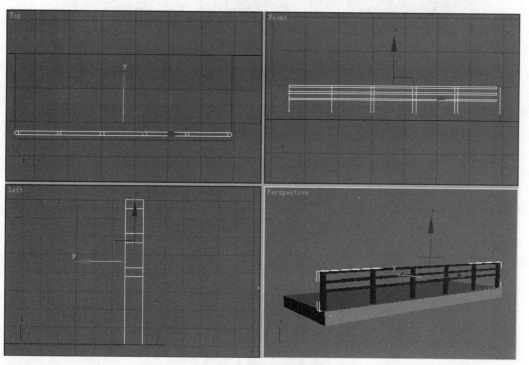

图9-38 护栏的创建

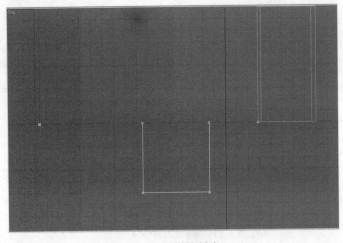

图9-39 护栏的创建

用同样的方法再来创建水面上平台护栏，退出单独显示，选中两上框架与水面上的平台，按住键盘快捷键【Alt+Q】单独显示。

（28）在二维创建面板上选择【Line】(线)，打开三维捕捉，在Top视图中沿着框架与水面上的平台边缘画一条线，来模型围合式护栏，如图9-39所示。

（29）现在的路径是不正确的，我们需要将它稍向内缩小一些，但不能用工具栏上的工具，【Line】模型自带的线条编辑，选择【Spline】(曲线)下拉命令里的【Out line】(轮廓)，输入轮廓值为"30.0cm"。选择【Segment】(线段)，将原始最外侧的轮廓线删除，按住键盘上的【Shift】键，并单击将模型原地复制，一条做辅助路径，一条做曲线型的护栏，如图9-40所示。

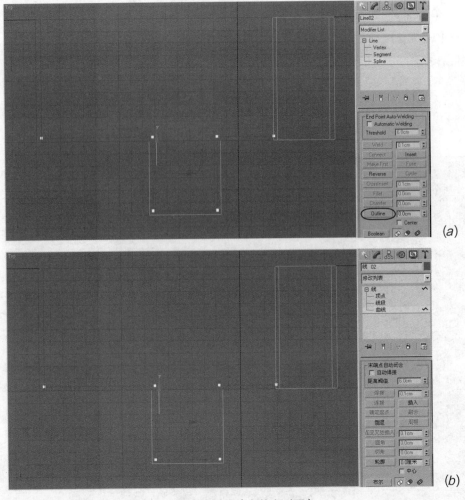

图9-40 护栏的创建（中英文对照）
(a)英文界面；(b)中文界面

(30) 在Top视图中创建一个长"10.0cm"、宽"10.0cm"、高"80.0cm"的立方体作为辅助物体，单击【Spacing Tool】(间距工具)，在弹出的设置对话框中选择【Pick Path】(拾取路径)，选择任意一条线，设置【Count】(数量)为"25"个，更改【Context】(前后关系)为【Edges】(边缘)，让"Box"可以整个对齐路径，如图9-41所示。

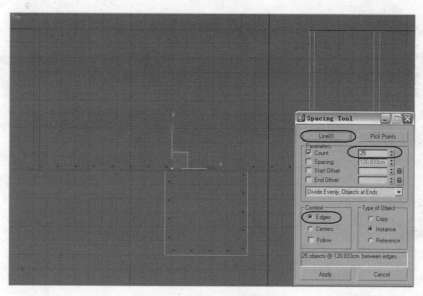

图9-41　护栏的创建

(31) 回到Front视图，删除辅助"Box"与任意一条线模型，选中所有护栏，单击对齐命令将其与水面上的平台Y轴【Minimum】(最小)与【Maximum】(最大)对齐，位置如图9-42所示。

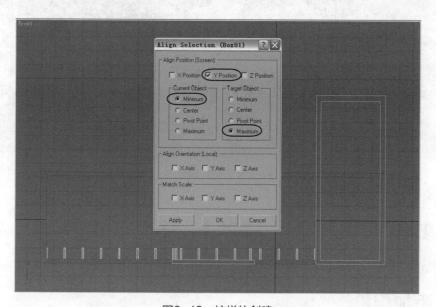

图9-42　护栏的创建

(32) 选择另外一条线，在面板里，选择【Line】(线性编辑)命令下的【Spline】(曲线)，选择下拉命令里的【Out line】(轮廓)，输入轮廓值为"5.0cm"，选择【Segment】(线段)，将最内侧的轮廓线删除，因为【Spacing Tool】(间距工具)在生成模型时默认是三维模型的中心对齐到二维路径的,所以我们必须分两次操作。再次选择【Spline】(曲线),选择下拉命令里的【Out line】(轮廓),输入轮廓值为"10.0cm"。添加命令【Extrude】(挤压),调节【Amount】(数量)为"5.0cm"。返回到Left视图,单击 对齐命令将其与任意一个护栏的Y轴【Maximum】(最大)与【Maximum】(最大)对齐,如图9-43所示位置。

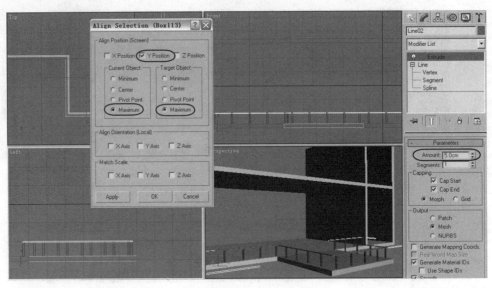

图9-43 护栏的创建

(33) 选中线性护栏,按住键盘上的【Shift】键,在Left视图中将其向下复制出三个,位置如图9-44所示。

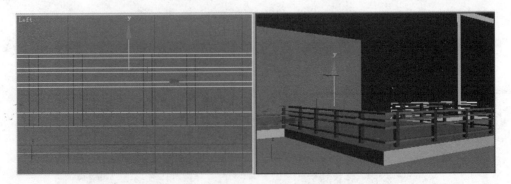

图9-44 护栏的创建

(34) 单击菜单栏上的【Group】(群组)→【Group】(群组),并命名为"护栏-2"。

场景中建模部分就设置完成了,因为室外模型不像室内模型创建时那么精细,还要考虑渲染的时间。

9.2 添加相机

开始时我们说过,室外场景的制作要先考虑好后期要用到的配景,根据配景图片的视角来确定场景的视角。在透视图中调节场景至适当角度,按住键盘快捷键【Ctrl+C】,系统会默认当前视角为相机视角,并自动创建一个相机,如图9-45所示。

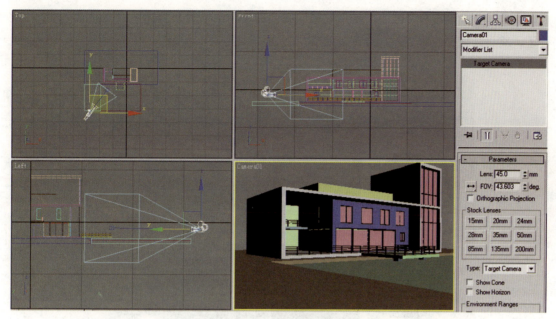

图9-45 相机的创建

9.3 材质的设置

室外效果图的材质设置也相对室内来说要简单得多，更多的还是需要后期处理。

9.3.1 制作框架材质

图9-46 框架材质球设置后的最终效果

（1）打开材质编辑器，在默认的情况下，编辑中显示的是3ds Max标准材质。为材质球起名为框架。

（2）单击【Standard】(标准)按钮，在弹出的编辑栏中选择【VrayMtl】(VR材质)，单击Diffuse右侧的色块，在弹出的颜色拾取器中，调节R、G、B值分别为"250"，一种接近纯白的颜色。

（3）调节【Reflect】(反射色)的R、G、B值为"10"，激活【Hilight glossiness】(高光光滑)，设置高光光滑值为"0.5"，此目的是为了让墙面有乳胶漆光滑细腻的特性，打开【Options】(选项)卷展栏，去掉【Trace reflections】(跟踪反射)前面的对勾，这样材质就只有高光没有反射了。

(4) 选择场景中的两个框架、框架后面的封闭面、地面、水面上的平台以及支撑水面上平台的柱子，将材质赋予它们。材质效果及设置如图9-46～图9-47所示。

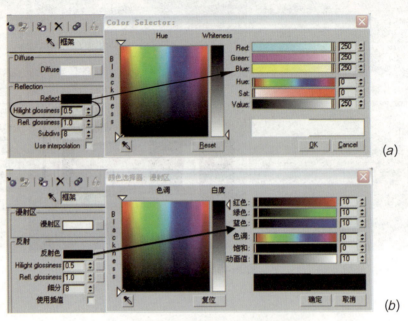

图9-47 反射区设置（中英文对照）
(a) 英文面板；(b) 中文面板

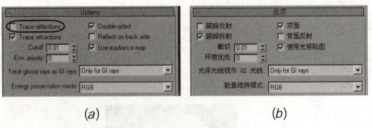

图9-48 框架材质的设置（中英文对照）
(a) 英文面板；(b) 中文面板

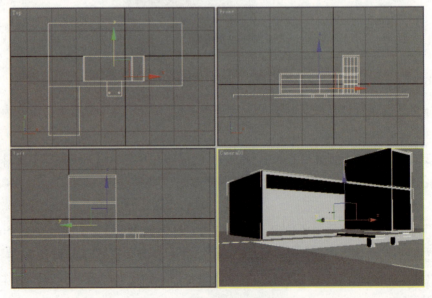

图9-49 包含窗框材质的模型

9.3.2 制作窗框材质

(1) 在新的材质球上单击【Standard】(标准)按钮，在弹出的编辑栏中选择【VrayMtl】(VR材质)并起名为"窗框"。单击【Diffuse】右侧的色块，在弹出的颜色拾取器中，调节R、G、B值分别为15，一种接近纯黑的颜色。

(2) 调节【Reflect】(反射色)的R、G、B值为"20"，激活【Hilight glossiness】(高光光滑)，设置高光光滑值为"0.7"，一个比较光滑的表面。打开【Options】(选项)卷展栏，去掉【Trace reflections】(跟踪反射)前面的对勾，和框架材质一样，只让它有高光就可以了，因为在现实中这种黑色铸铁本身的反射就很小，更何况我们离这么远，同时也为了节省渲染时间。材质效果及设置如图9-50～图9-52所示。

图9-50 窗框材质球设置后的最终效果

(3) 选择场景中的"窗框"组与"护栏"、"护栏-2"组，将材质赋予它们，如图9-53所示。

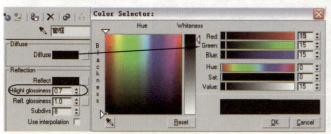

图9-51 参数设置

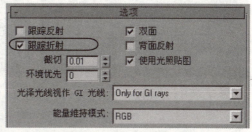

图9-52 窗框材质的设置

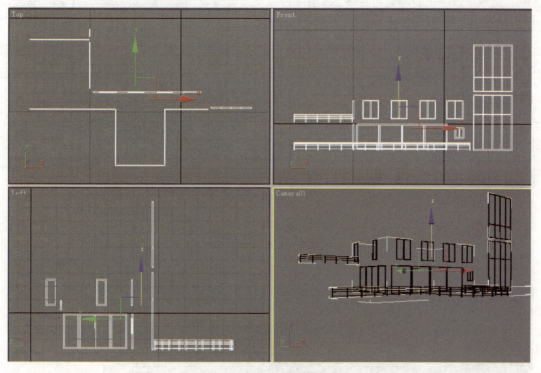

图9-53 包含窗框材质的模型

9.3.3 制作砖墙材质

(1) 为材质球起名为"砖墙",单击【Standard】(标准)按钮,在弹出的编辑栏中选择【VrayMtl】(VR材质),单击【Diffuse】(漫射区)右侧的方块按钮,在弹出的材质/贴图浏览器中选择【Bitmap】(位图),导入本章实例对应下的"外砖墙.jpg",在【Coordinates】(坐标)卷展栏下调节【Blur】(模糊)值为"0.5",让材质的纹理更清晰。因为材质在画面中不是非常强调近景表现,所以模糊值不用调节得太低。

图9-54 砖墙材质球设置后的最终效果图

(2) 返回到基本参数设置卷展栏,下拉打开【Map】卷展栏,将本章实例对应下的"砖墙-bump.jpg"直接拖到【Bump】(凹凸)下,其他数值默认即可。材质效果及设置如图9-54～图9-56所示。

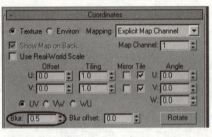

(a)

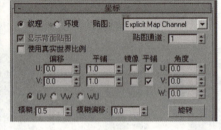

(b)

图9-56 砖墙材质设置

图9-55 坐标参数设置(中英文对照)
(a) 英文面板;(b) 中文面板

(3) 选中场景中正面与侧面砖墙、二层平台以及顶面砖墙模型,分别添加一个【UVW Mapping】(指定贴图坐标)命令。先来调节正面砖墙,选中并按住键盘上的【Alt+Q】组合键单独显示,为了可以比较正确地调节墙砖的大小,我们需要创建一个辅助参照物。最大化Front视图,在三维创建面板上选择【Box】,创建一个长"10.0cm"、宽"35.0cm"、高"10.0cm"的立方体,将其放置在正面砖墙的前面。

(4) 将正面砖墙的【Mapping】(贴图模式)设为"Box",调节U、V平铺值为"12"、"8",这个数值是根据参照物大小设置的,如图9-57所示。

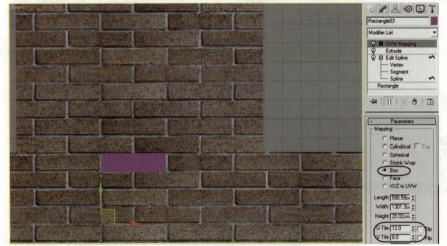

图9-57 正面砖墙材质参数设置

(5) 用同样的方法为侧面砖墙、二层平台以及顶面砖墙设置【UVW Mapping】(指定贴图坐标)，其U、V平辅值分别为侧面砖墙"7.3"、"8.0"；二层平台"7.65"、"0.37"；顶面砖墙"12.0"、"2.50"，如图9-56～图9-60所示。

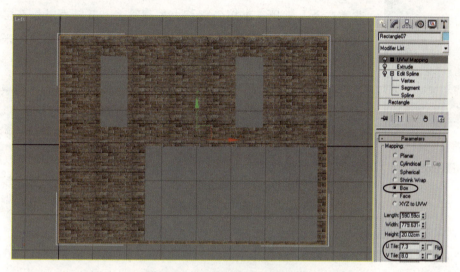

图9-58　侧面砖墙材质参数设置

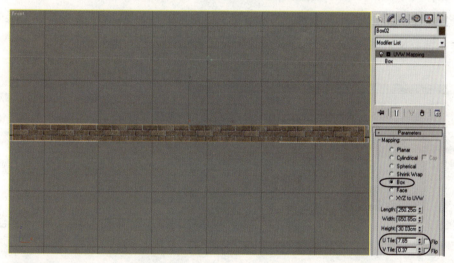

图9-59　二层平台材质参数设置

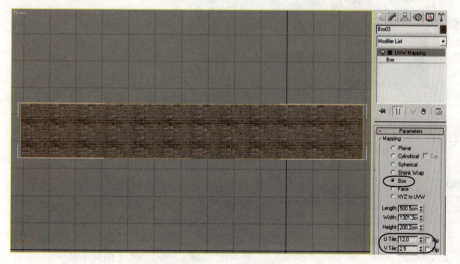

图9-60　UVW值

9.3.4 制作镀膜玻璃材质

图9-61 镀膜玻璃材质球设置后的最终效果

在这里我们要创建一个镀膜玻璃的效果，镀膜玻璃在世面上应用非常广泛，常用在高档公寓和大型建筑上，其特点就是在里面能看到外面，在外面看不到里面，这也是我们之所以用二维模型来创建围合空间的原因。制作室外玻璃有很多种方法，比如通过创建球形天来反射的，也有用Vray自带的HDRI(高级动态贴图)来模拟的，本章我来就来用最简单的3D标准材质来制作我们想要的效果。

（1）直接为材质起名为"玻璃"，单击【Diffuse】(漫射区)右侧的方块按扭，在弹出的材质/贴图浏览器中选择【Gradient】(渐变)。设置第一个颜色R、G、B值为"220"、"245"、"250"，第二个颜色R、G、B值为"190"、"200"、"160"，第三个颜色R、G、B值为"50"、"65"、"75"，一组由浅到深的渐变色。

（2）向上返回到基础参数栏，设置【Specular Level】(高光级别)为"45"，设置【Glossiness】(光泽度)为"65"。

（3）下拉到【Maps】(贴图)卷展栏，将本章实例目录下的"背景.JPG"直接拖到【Reflection】(反射)栏中，调节反射数值为"25"。材质效果及设置如图9-61～图9-65所示。

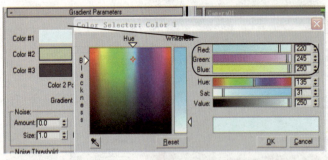

图9-62 渐变色参数（第一个颜色）

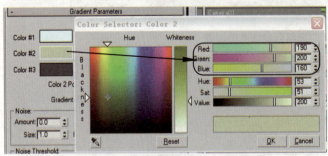

图9-63 渐变色参数（第二个颜色）

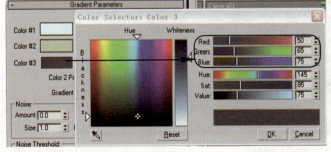

图9-64 【Diffuse】的渐变色参数（第三个颜色）

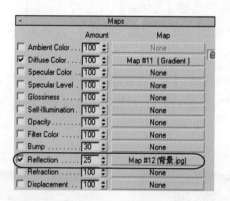

图9-65 玻璃材质的设置

选中场景中的"玻璃"模型组,将材质赋予它们,如图9-66所示。

图9-66 包含玻璃材质的模型

9.3.5 制作水面材质

(1) 为材质球起名为"水面",单击【Standard】(标准)按钮,在弹出的编辑栏中选择【VrayMtl】(VR材质),设置【Diffuse】(漫射区)的颜色R、G、B值为"0"、"0"、"10"。

(2) 设置【Reflect】(反射) R、G、B值为"125",勾选【Fresnel reflections】(菲涅耳反射)。

(3) 增加【Subdivs】细分值为"20.0"。调节【Max depth】(最大深度)值为"25.0",数值越大,材质所反射的距离越大越远。

(4) 再来调节材质的【Refraction】(折射)部分,设置【Refract】(折射色)的R、G、B值设为"50.0",一个稍透明的数值,增加【Subdivs】细分值为"50.0",勾选【Affect shadows】(影响阴影)。

(5) 将【IOR】(大气值)设置为"1.3",一个更接近液体的反射大气值;调节【Max depth】(最大深度)值为"25.0",数值越大,材质所反射的距离越大越远。

(6) 下拉到【Maps】(贴图)卷展栏单击【Bump】(凹凸)栏,在弹出的材质贴图浏览器中选择【Mix】(混合),进入到【Mix Parameters】(混合参数)卷展栏,单击【Color#1】(颜色1)

栏，在弹出的材质贴图浏览器中选择【Noise】(噪波)，设置【Noise】(噪波)的【Size】(尺寸)为"150.0"，这个数值是用来调节水面波纹大小的，数值越大，水面的波纹就越大，相反则越小。

（7）向上回到【Mix Parameters】(混合参数)卷展栏，将【Mix Amount】(混合数量)设置为"30.0"，此数值同样用来控制水面的波纹大小，数值越大，水面的波纹就越大，相反则越小，如图9-67、图9-68所示。

图9-67　混合参数（中英文对照）
(a) 英文面板；(b) 中文面板

图9-68　水面材质的设置（中英文对照）
(a) 英文面板；(b) 中文面板

将材质赋予水面，如图9-69所示。

图9-69　包含水面材质的模型

9.3.6　制作大门材质

为材质球起名为"大门"，单击【Standard】(标准)按钮，在弹出的编辑栏中选择【VrayMtl】(VR材质)，单击【Diffuse】(漫射区)右侧的方块按钮，在弹出的材质/贴图浏览器中选择【Bitmap】(位图)，导入本章实例对应下的"门.jpg"，由于材质在场景中所占比例非常少，其他数值就不进行设置了，将材质赋予门。材质效果及设置如图9-70、图9-71所示。

 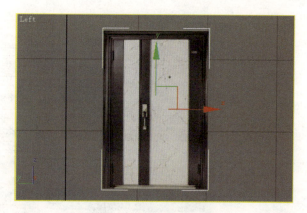

图9-70 大门材质球设置后的最终效果　　　　图9-71 门材质的设置

所有的材质部分就设置完成了,全部显示,如图9-72所示。

图9-72 所有材质显示

9.4 灯光设置

在灯光创建面板下选择【Vray】→【VraySun】(Vray太阳光),首次添加VraySun时系统会弹出一个对话框——是否添加【VraySky】(Vray天空)环境贴图,这里我们点"是",按下键盘上的"8",在弹出的【Environment and Effects】(环境和效果)框中【Environment Map】(环境贴图)下自动添加了一个【VraySky】(Vray天空)贴图,并默认为【Use Map】(使用贴图),为了方便修改,按住【VraySky】(Vray天空)贴图,直接拖到材质编辑器中的任意一个新材质球上,并勾选【manual sun node】(同意使用天光手册),如图9-73、图9-74所示。

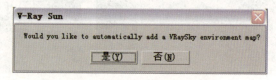

图9-73 V-Ray Sun 对话框

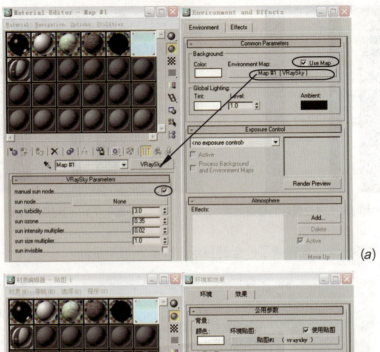

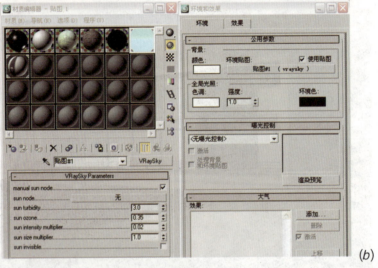

图9-74 【VraySky】(Vray天空) 贴图（中英文对照）

(a) 英文面板；(b) 中文面板

在视图中将【VraySun】(Vray太阳光)放置在图9-75所示位置。

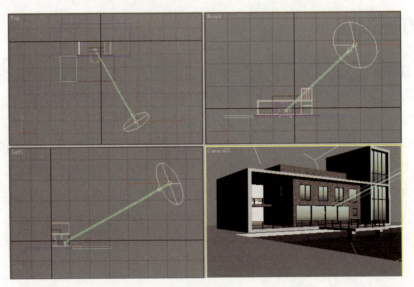

图9-75 【VraySun】(Vray太阳光)

9.4.1 设置【VraySun】(Vray太阳光)的参数

(1) 勾选【invisble】(不可见)。调节【turbidity】(大气混浊度)为"2.0",大气的混浊度最高值会呈现出红色的光线。反之,呈现出正午时混浊度最小的光线也最白最亮。

(2) 【ozone】(臭氧层)臭氧值较大时吸收的紫外线越少,反之臭氧值较小时进入的紫外线更多,通常不用设置。

(3) 调节【intensity multiplier】(强度倍增)值为"0.005",强度值越大光照就越强,因为灯光是用来模拟太阳光的效果,所以光照强度非常强,通常只用很小的数值就可以了。

(4) 调节【size multiplier】(尺寸倍增)值为"10.0",尺寸越大,其投射的阴影边缘越模糊,反之数值越小阴影边缘越锐利。

(5) 调节【shadow subdivs】(阴影细分)值为"30",细分值越大光影越清晰,反之数值越小阴影有越多的杂点。

(6) 【shadow bias】(阴影偏移)值,其中Bias参数值为"1.0"时,阴影有偏移;大于"1.0"时阴影远离投影对象;小于"1.0"时,阴影靠近投景对象。通常也不作调节。

(7) 【photon emit radius】(光学半径),通常也不作调节,如图9-76所示。

再来设置一下【VraySky】(Vray天空)贴图。

(8) 打开材质编辑器中的【VraySky】(Vray天空)贴图。

(9) 【sun node】(指定太阳光)单击右侧的【None】,在场景中选择【VraySun】(Vray太阳光),调节【sun turbidity】(太阳光混浊度)为"2.0",数值越小【VraySky】(Vray天空)越亮,相反数值越大【VraySky】(Vray天空)越混浊。

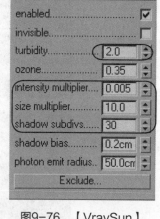

图9-76 【VraySun】(Vray太阳光)参数设置

(10) 【sun ozone】(太阳光臭氧层)同太阳光臭氧层一样,臭氧值较大时吸收的紫外线越少,反之臭氧值较小时进入的紫外线更多,通常不用设置。

(11) 调节【sun intensity multiplier】(太阳光强度倍增)值为"0.02",数值越大亮度越强,相反数值越小亮度越弱。

(12) 【sun size multiplier】(太阳光尺寸倍增),尺寸越大,其投射的阴影边缘越模糊,反之数值越小阴影边缘越锐利。通常在这就不用再次设置了。

(13) 【sun invisble】(太阳光不可见),通常勾选与否无所谓,如图9-77所示。

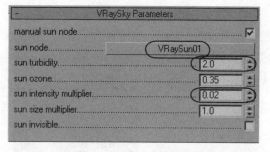

图9-77 【VraySky】(Vray天空)贴图参数设置

9.4.2 添加补光

选择Vray渲染器自带的灯光VrayLight,在Top视图中新建一个VrayLight,将其放置在靠近侧面框架的地面上在修改面板中的【Parameters】(参数)卷展栏里更改灯光【Type】(样式)为【Dome】(圆拱形)光源,此光源用来模拟天光,设置灯光的【Color】(颜色)R、G、B值为

"240"、"255"、"255"的一种淡蓝色,调节【Multiplier】(倍增值)为"0.3",因为是用作补光,所以只要一点点亮度就可以了,只是为了避免背光面与受光面的对比过于强烈。勾选【Invisible】(不可见),增加灯光的【Subdivs】(细分)值为"30",如图9-78、图9-79所示。

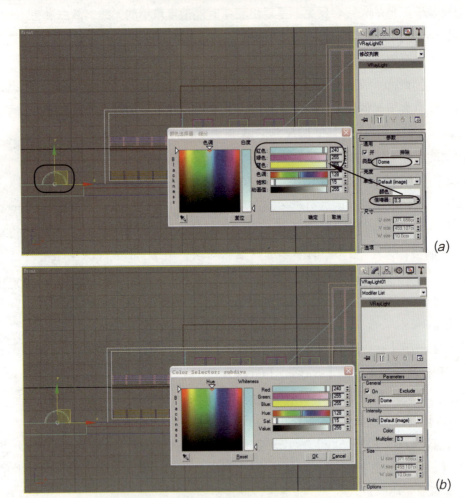

图9-78 【Multiplier】(倍增值)设置
(a) 英文界面;(b) 中文界面

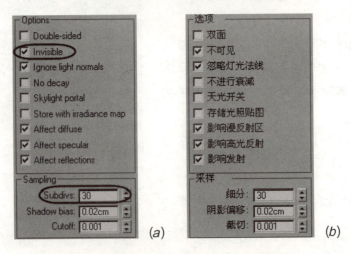

图9-79 辅助光源的参数设置(中英文对照)
(a) 英文面板;(b) 中文面板

9.5 Vray参数的设置、测试和渲染

(1) 打开Vray渲染器面板，简单地设置一下试渲染参数。

(2) 打开【Global switches】卷展栏，勾掉【Default lights】(默认灯光)。

(3) 打开【Image sampler】(图像采样)卷展栏，为了提高测试速度，在采样方式里选择【Fixed】(固定比率采样器)。

(4) 打开【Indirect illumination】(间接光照明) 打开间接光照明，在【Secondary bounces】(二次反弹)中的【GI engine】(GI引擎)中选择【Light cache】(灯光缓冲)。

(5) 打开【Irradiance map】(光子贴图)卷展栏，在【Current preset】(预制模式)中选择【Very low】(最低)模式。调节【HSph.subdivs】(半球细分)值为"30"。

(6) 打开【Color mapping】卷展栏，在【Type】(样式)里选择【Reinhard】(雷因哈德)，调节【Burn value】(燃烧)值为"0.75"，当【Burn value】(燃烧)值为"1"时，其采样方式与【Linear multiply】(线性倍增)相同，当【Burn value】(燃烧)值为"0"时，其采样方式与【Exponential】(指数倍增)相同，不同的场景采取不同的采样方式，没有绝对值。【Linear multiply】(线性倍增)的特点是色彩鲜艳，对比度强，但曝光很难控制；而【Exponential】(指数倍增)的特点与其正好相反，色彩饱和度不够，但曝光控制良好，【Reinhard】(雷因哈德) 的调节可取二者优点于一身。

(7) 打开【r QMC Sampler】(r QMC采样) 调节【Adaptive amount】(重要性抽样数量)值为"1.0"，调节【Noise threshold】(噪波极限值)值为"1"，在测试渲染中这里的设置最大限度地决定了渲染时间，所以测试时都调节到比较粗略的数值。

(8) 打开【Light cache】(灯光缓冲)卷展栏，调节【Subdivs】(细分)值为"200"。所有设置如图9-80～图9-83所示。

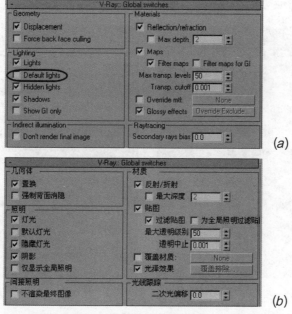

图9-80 【Global switches】参数设置（中英文对照）
(a) 英文面板；(b) 中文面板

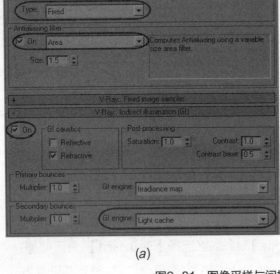
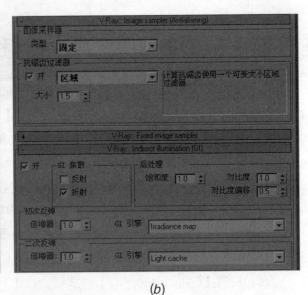

图9-81 图像采样与间接光照明设置（中英文对照）
(a) 英文面板；(b) 中文面板

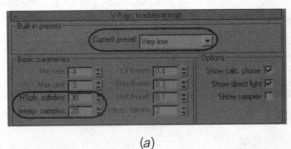
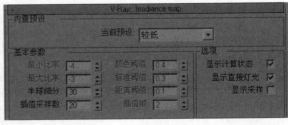

图9-82 光子贴图设置（中英文对照）
(a) 英文面板；(b) 中文面板

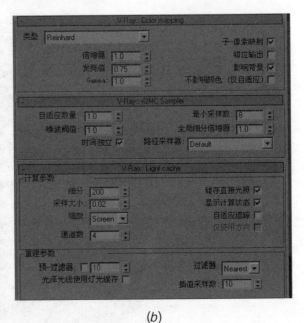

图9-83 测试渲染的参数设置（中英文对照）
(a) 英文面板；(b) 中文面板

单击渲染,得到图9-84所示效果。

图9-84 测试渲染效果

整体的亮度与效果是可以的,最后我们进行最终渲染的参数设置。然后我们来渲染一个光子贴图,以备后面渲染大图时使用,可以有效地减少渲染时间。

(9) 打开【Global switches】卷展栏,勾选【Don't render final image】(不渲染最终图像),因为我们已经清楚了最终的效果,在渲染光子贴图的时候就不用再渲染图像了。

(10) 打开【Image sampler】(图像采样)卷展栏,在采样方式里选择【Adaptive subdivision】(自适应细分采样器),在【Antialiasing filter】(抗锯齿过滤器)的下拉列表里选择【Catmull Rom】(可得到非常锐利的边缘)。

(11) 打开【Irradiance map】(光子贴图)卷展栏,在【Current preset】(预制模式)中选择【Medium】(中等)模式。调节【HSph.subdivs】(半球采样)值为"70"(较小的取值可以获得较快的速度,但很可能会产生黑斑,较高的取值可以得到平滑的图像,但渲染时间也就越长),调节【Interp.samples】(插值的样本)数值为"35"(取值特点与半球采样等同)。下拉到【On render end】(渲染结束)栏,勾选【Auto save】(自动保存),将光子贴图在渲染结束后自动保存在指定位置,并勾选【Switch to saved map】(自动调取已保存的光子贴图),这样再渲染大图的时候就不用手动选取已保存的光子贴图了。

(12) 打开【r QMC Sampler】(r QMC采样)调节【Adaptive amount】(重要性抽样数量)值为"0.75"(减少这个值会减慢渲染速度,但同时会降低噪波和黑斑),调节【Noise threshold】(噪波极限值)值为"0.002"(较小的取值意味着较少的噪波,得到更好的图像品质,但渲染时间也就越长),调节【Min samples】(最小采样数)为"18"(较高的取值会使早期终止算法更可靠,但渲染时间也就越长)。

(13) 打开【Light cache】(灯光缓冲)卷展栏,调节【Subdivs】(细分)值为"1200"(确定有多少条来自摄像机的路径被追踪,同样下拉到【On render end】(渲染结束)栏,勾选【Auto save】(自动保存),将光子贴图在渲染结束后自动保存的指定位置,并勾选【Switch to saved map】(自动调取已保存的光子贴图)。

具体设置如图9-85～图9-89所示。

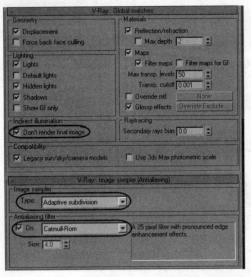 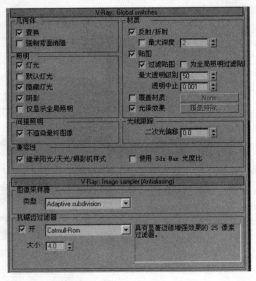

图9-85 各参数设置（中英文对照）
(a) 英文面板；(b) 中文面板

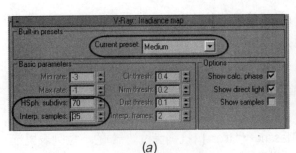 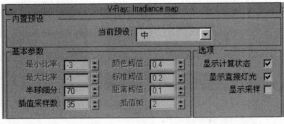

图9-86 光子贴图设置（中英文对照）
(a) 英文面板；(b) 中文面板

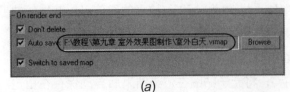 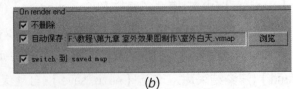

图9-87 【On render end】设置（中英文对照）
(a) 英文面板；(b) 中文面板

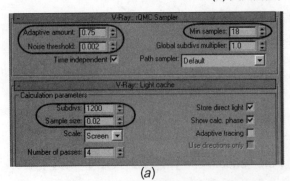 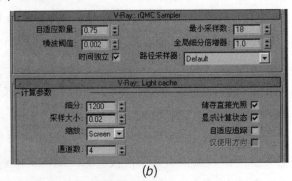

图9-88 【rQMC Sampler】参数设置（中英文对照）
(a) 英文面板；(b) 中文面板

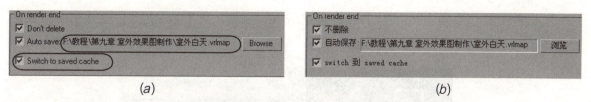

图9-89 最终渲染参数设置（中英文对照）
(a) 英文面板；(b) 中文面板

单击渲染，得到光子贴图，现在我们就利用光子贴图来渲染大尺寸效果图。调节渲染尺寸为"960×680"，去掉【Global switches】卷展栏下的【Don't render final image】(不渲染最终图像)。再次渲染，得到最终渲染效果如图9-90所示。

图9-90 日光最终渲染效果图

9.6 将日景效果调整为夜景效果

现在我们通过几步简单的调整，将场景从白天状态变成夜景状态。主要是把握灯光的调节以及玻璃的反射和天空背景的调节效果。

(1) 将场景另存。首先删除场景中用来模拟日光的两个光源，我们只用点光源照明局部即可。

(2) 打开材质编辑器，在一个新的3ds Max材质球上单击【Diffuse】(漫射区)右侧的方块按钮，在弹出的材质/贴图浏览器中选择【Gradient】(渐变)。设置第一个颜色R、G、B值为"40"、"40"、"50"，第二个颜色R、G、B值为"35"、"30"、"50"，第三个颜色R、G、B值为"3"、"3"、"15"，用来模拟夜晚天空背景的一个过渡效果，按下键盘上的【8】，打开【Environment and Effects】(环境和效果)框，将刚设置的夜晚天空背景直接拖到【Environment

Map】(环境贴图)下替换【VraySky】(Vray天空)贴图,并默认为【Use Map】(使用贴图),如图9-91~图9-93所示。

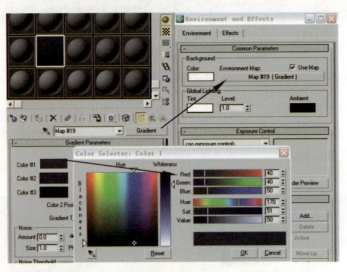

图9-91 【Gradient】(渐变)设置(第一个颜色)

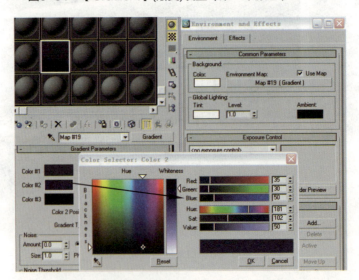

图9-92 【Gradient】(渐变)设置(第二个颜色)

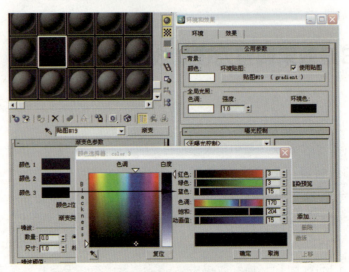

图9-93 夜晚天空背景设置(第三个颜色)

(3)选择"玻璃"材质,单击【Diffuse】(漫射区)右侧的方块按钮,在弹出的材质/贴图浏览器中修改【Gradient】(渐变)。调节第一个颜色R、G、B值为"255"、"230"、"120",第二个颜色R、G、B值为"230"、"190"、"50",第三个颜色R、G、B值为"55"、"30"、"2",一组由浅到深的渐变色。

(4)向上返回到基础参数栏,下拉到【Maps】(贴图)卷展栏,将本章实例目录下的"夜晚背景.JPG"直接拖到【Reflection】(反射)栏中替换之前的贴图,让玻璃可以反射夜晚的效果。以上设置如图9-94～图9-97所示。

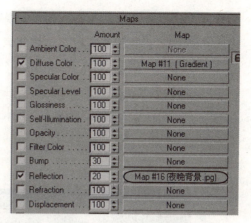

图9-97 玻璃材质的设置

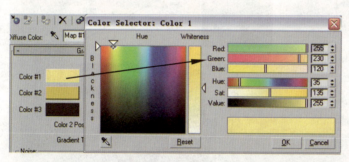

图9-94 玻璃漫射区渐变(第一个颜色)

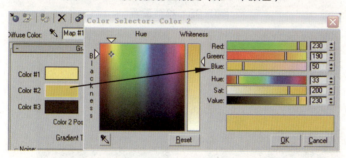

图9-95 玻璃漫射区渐变(第二个颜色)

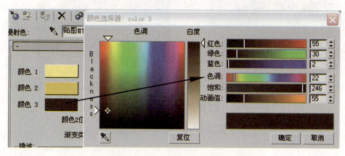

图9-96 玻璃漫射区渐变(第三个颜色)

(5)布置夜晚灯光。选择Vray渲染器自带的灯光VrayLight,在Top视图中新建一个VrayLight,在修改面板中的【Parameters】(参数)卷展栏里更改灯光【Type】(样式)为【Sphere】(球形)光,设置灯光的【Color】(颜色)R、G、B值为"245"、"195"、"50",一个很浓的暖灯光颜色。在前一章我们说过,球形光源与面形光源不同,球形光源的照射方式是由一个点出发,向四周扩散,其发光点与发光【Radius】(半径)成正比,在【Multiplier】(倍增值)不变的情况下,发光【Radius】(半径)越大,灯光越亮。调节【Multiplier】(倍增值)为"6"。勾选【Invisible】(不可见)。在【Size】(尺寸)卷展栏中将球形光源的【Radius】(半径)设置为"200cm"。增加灯光的【Subdivs】(细分)值为"30"。将灯光放至在图9-98、图9-99所示位置。

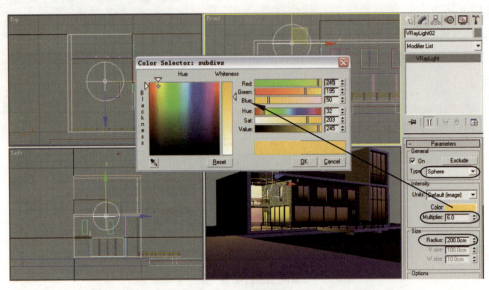

图9-98 参数设置

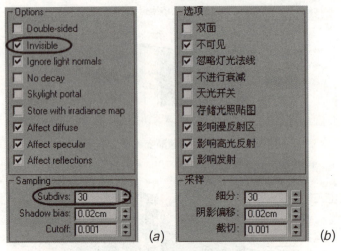

图9-99 灯光的设置(中英文对照)
(a) 英文面板;(b) 中文面板

(6) 选择灯光创建面板下的【Photometric】(光度光学灯光)中的【Target Point】(目标点光源)在筒灯模型下创建一个射灯。

(7) 在【Intensity/Color/Distribution】(亮度/颜色/分布)卷展栏下设置【Distribution】(分布)模式为【Web】(光域网)分布,【Filter Color】(过滤颜色)与上一个光源颜色相同。在【Web Parameters】(光域网参数)卷展栏下选择单击【Web File】(光域网文件),在弹出的光域网文件浏览中，选择本章目录对应下的"20.ies"，【Resulting Intensity】(最终亮度)为"7000"cd。由于不用投射阴影，所以【Subdivs】(细分)值就不用设置了。关联复制两个，位置如图9-100所示。

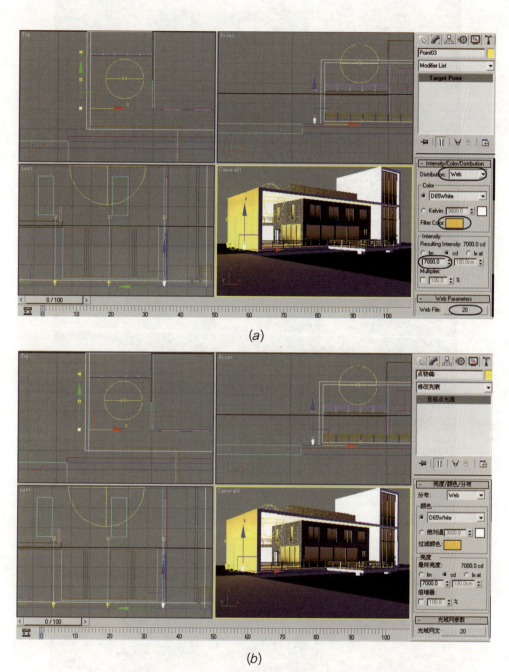

图9-100　灯光的设置（中英文对照）
(a) 英文界面；(b) 中文界面

（8）再来添加两个辅助光。在Top视图中创建VrayLight拖拽一个与吊顶一边相近大小的光源，调节【Multiplier】(倍增值)为"8.0"，并设置颜色与上一个光源颜色相同。勾选【Invisible】(不可见)。增加灯光的【Subdivs】(细分)值为"30"。按住键盘上的【Shift】键，向一侧拖拽复制出一个光源，将新光源的【Multiplier】(倍增值)设为"10"，缩小光源的面积，将两光源放置位置如图9-101～图9-103所示。

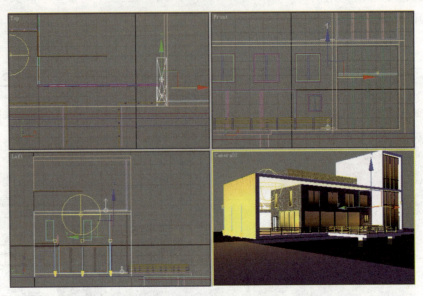

图9-101 创建另一光源

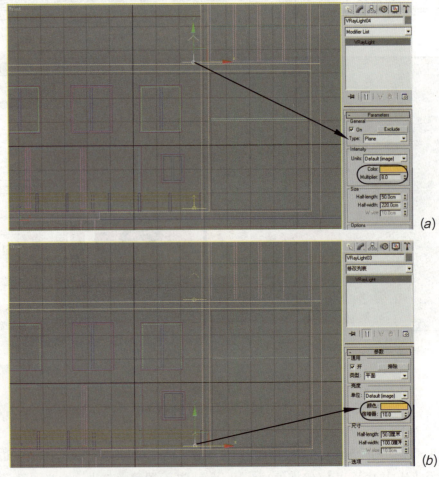

图9-102 倍增值设置（中英文对照）
(a) 英文界面；(b) 中文界面

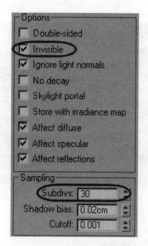 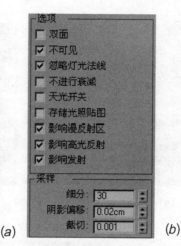

图9-103 灯光的设置（中英文对照）
(a) 英文面板；(b) 中文面板

9.7 夜景测试渲染

夜景的灯光以及背景等就设置完成了，同样我们来测试渲染一下。

(1) 打开Vray渲染器面板，简单地设置一下试渲染参数。

(2) 打开【Global switches】卷展栏，勾掉【Default lights】（默认灯光）。

(3) 打开【Image sampler】（图像采样）卷展栏，为了提高测试速度，在采样方式里选择【Fixed】（固定比率采样器）。

(4) 打开【Indirect illumination】（间接光照明）卷展栏，打开间接光照明，在【Secondary bounces】（二次反弹）中的【GI engine】（GI引擎）中选择【Light cache】（灯光缓冲）。

(5) 打开【Irradiance map】（光子贴图）卷展栏，在【Current preset】（预制模式）中选择【Very low】（最低）模式。调节【HSph.subdivs】（半球细分）值为"30"。

(6) 打开【Color mapping】卷展栏，在【Type】（样式）里选择【Reinhard】（雷因哈德），调节【Burn value】（燃烧）值为"0.75"，当【Burn value】（燃烧）值为"1"时，其采样方式与【Linear multiply】（线性倍增）相同，当【Burn value】（燃烧）值为"0"时，其采样方式与【Exponential】（指数倍增）相同，不同的场景采取不同的采样方式，没有绝对值。【Linear multiply】（线性倍增）的特点是色彩鲜艳，对比度强，但曝光很难控制；而【Exponential】（指数倍增）的特点与其正好相反，色彩饱和度不够，但曝光控制良好，【Reinhard】（雷因哈德）的调节可取二者优点于一身。

(7) 打开【r QMC Sampler】（r QMC采样）调节【Adaptive amount】（重要性抽样数量）值为"1.0"，调节【Noise threshold】（噪波极限值）值为"1"，在测试渲染中这里的设置最大限度地决定了渲染时间，所以测试时都调节到比较粗略的数值。

(8) 打开【Light cache】(灯光缓冲) 卷展栏，调节【Subdivs】(细分)值为"200"。所有设置如图9-104～图9-107所示。

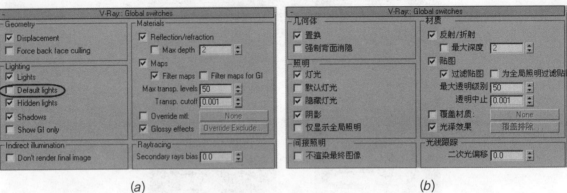

图9-104 【Global switches】设置（中英文对照）
(a) 英文面板；(b) 中文面板

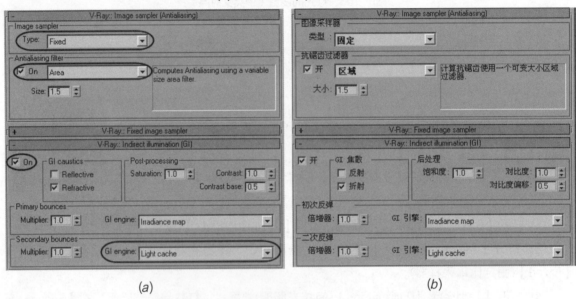

图9-105 图像采样及间接光照明设置（中英文对照）
(a) 英文面板；(b) 中文面板

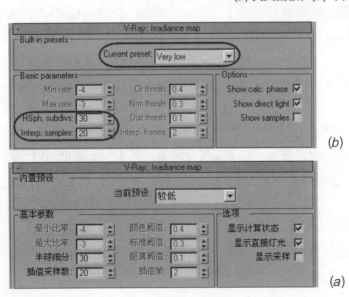

图9-106 光子贴图（中英文对照）
(a) 英文面板；(b) 中文面板

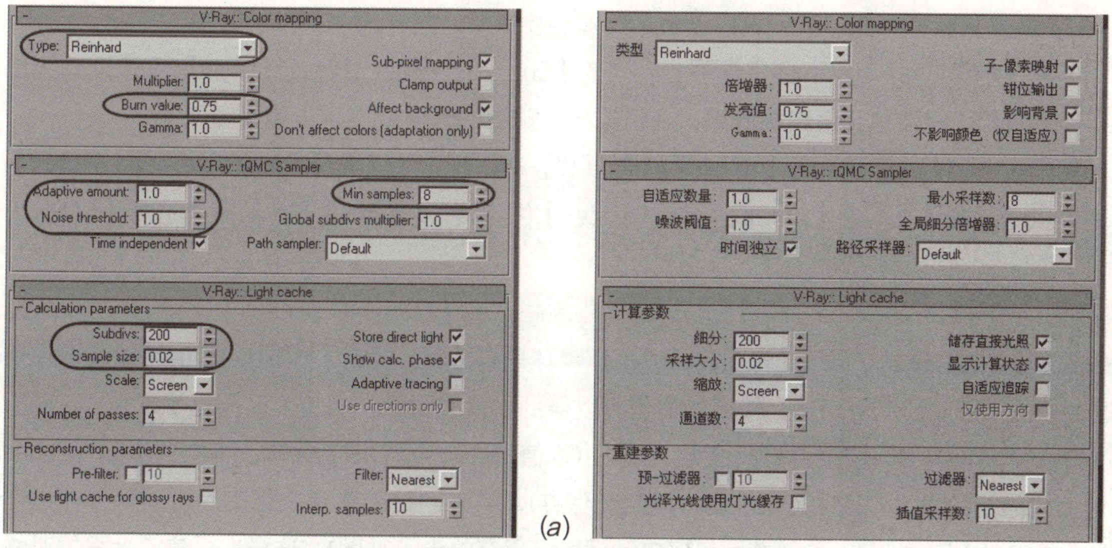

图9-107 测试渲染的参数设置（中英文对照）

(a) 英文面板；(b) 中文面板

单击渲染，得到图9-108所示效果。

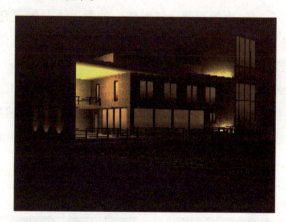

图9-108 测试渲染效果图

发现场景整体亮度稍暗一些，外轮廓看不太清楚，这时需要增加【Indirect illumination】（间接光照明）的【Primary bounces】（首次反弹）【Multiplier】（倍增值），设置为"1.5"。再进行渲染，如图9-109所示。

图9-109 测试渲染效果图

这次的效果就好一些，我们可以设置最终渲染参数了，同样先渲染光子贴图。

（9）打开【Global switches】卷展栏，勾选【Don't render final image】（不渲染最终图像），因为我们已经清楚了最终的效果，在渲染光子贴图的时候就不用再渲染图像了。

（10）打开【Image sampler】（图像采样）卷展栏，在采样方式里选择【Adaptive subdivision】（自适应细分采样器），在【Antialiasing filter】（抗锯齿过滤器）的下拉列表里选择【Catmull Rom】（可得到非常锐利的边缘）。

（11）打开【Irradiance map】（光子贴图）卷展栏，在【Current preset】（预制模式）中选择【Medium】（中等）模式。调节【HSph.subdivs】（半球采样）值为"70"（较小的取值可以获得较快的速度，但很可能会产生黑斑，较高的取值可以得到平滑的图像，但渲染时间也就越长），调节【Interp.samples】（插值的样本）数值为"35"（取值特点与半球采样相同）。下拉到【On render end】（渲染结束）栏，勾选【Auto save】（自动保存），将光子贴图在渲染结束后自动保存在指定位置，并勾选【Switch to saved map】（自动调取已保存的光子贴图），这样在再渲染大图的时候就不用手动选取已保存的光子贴图了。

（12）打开【r QMC Sampler】（r QMC采样），调节【Adaptive amount】（重要性抽样数量）值为"0.75"（减少这个值会减慢渲染速度，但同时会降低噪波和黑斑），调节【Noise threshold】（噪波极限值）值为"0.002"（较小的取值意味着较少的噪波，得到更好的图像品质，但渲染时间也就越长），调节【Min samples】（最小采样数）为"18"（较高的取值会使早期终止算法更可靠，但渲染时间也就越长）。

（13）打开【Light cache】（灯光缓冲）卷展栏，调节【Subdivs】（细分）值为"1200"确定有多少条来自摄像机的路径被追踪，同样下拉到【On render end】（渲染结束）栏，勾选【Auto save】（自动保存），将光子贴图在渲染结束后自动保存的指定位置，并勾选【Switch to saved map】（自动调取已保存的光子贴图）。

具体设置如图9-110～图9-113所示。

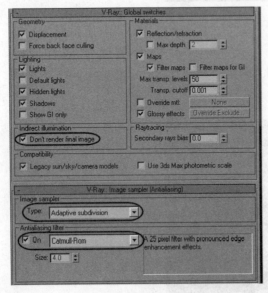 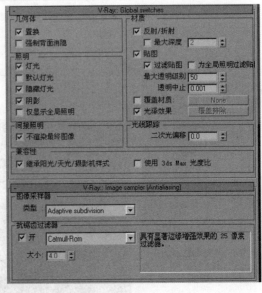

图9-110　各参数设置（中英文对照）

(a) 英文面板；(b) 中文面板

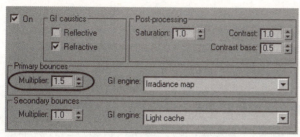

图9-111 间接光照明设置（中英文对照）
(a) 英文面板；(b) 中文面板

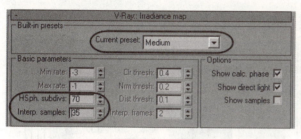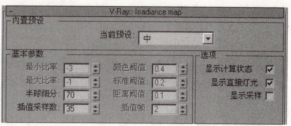

图9-112 光子贴图（中英文对照）
(a) 英文面板；(b) 中文面板

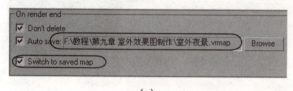

图9-113 夜景最终渲染参数（中英文对照）
(a) 英文面板；(b) 中文面板

单击渲染，得到光子贴图，现在我们就利用光子贴图来渲染大尺寸效果图。调节渲染尺寸为"960×680"，去掉【Global switches】卷展栏下的【Don't render final image】(不渲染最终图像)。再次渲染，得到最终渲染效果如图9-114所示。

图9-114 夜景最终渲染效果图

9.8 Photoshop后期处理

打开Photoshop软件，先将日光效果图打开。

（1）在图片的标题栏上右键→图像大小，将默认的分辨率改为"150"，单击确定后会发现图片放大了，这是为了在后面将图片与素材结合时可以不失真，因为通常素材图片的分辨率很大。如果我们在渲染时设置很大的尺寸会很费时间，所以这种改变图像大小是后期处理时常用的一种方法，如图9-115所示。

（2）单击左侧工具栏上的 多边形套索工具，将场景中的建筑物与水面选中，按住键盘快捷键【Ctrl+C】将选区复制，如图9-116所示。

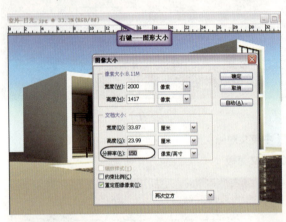
图9-115　更改图像大小

图9-116　复制选区

（3）再导入本章实例对应目录下的"日光素材.PSD"，在素材图片上按住键盘快捷键【Ctrl+V】将复制的选区粘贴，并放置在如图9-117所示位置。

图9-117　制作后期配景

虽然大体感觉不错，但仔细观察会发现，很多地方是错误的，如水面、树木等，主要是因为素材自身分很多图层，而我们复制选区所在层的位置不正确。选择选区，在图层面板里将其所在层的位置向上拖动，结果如图9-118所示。

大概位置确定后我们需要对细节进行一些调整，画面中场景的边缘显得过于锐利，与周围的环境不协调。

（4）单击工具栏上的 🔲 模糊工具，设置强度值为"50%"，沿着建筑物的外轮廓进行模糊调整，结果如图9-119所示。

图9-118　调整图层位置

图9-119　边缘模糊

为效果图图层创建蒙版。

（5）单击工具栏上的 🔲 橡皮擦工具，不透明度设为"50%"，将建筑物的右下角与左下角的棱角边缘擦掉，使其与环境更融合。再次调整图层位置，结果如图9-120所示。

图9-120　边缘修剪

位置确定后还没有大功告成，我们还需要将图片进行一些调整。

（6）选择效果图图层，按住键盘快捷键【Ctrl+M】，在弹出的曲线编辑器中添加上下两个控制点，分别调节它们的输入、输出值为"130"、"130"与"50"、"60"。通过上下调节，可增加画面的层次感，使明暗对比更强，如图9-121、图9-122所示。

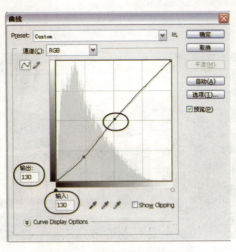 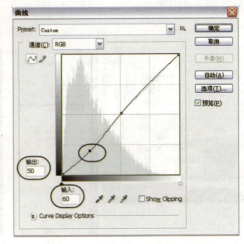

图9-121 曲线调整亮度（一）　　　　图9-122 曲线调整亮度（二）

再来调节画面的对比度。

(7) 单击菜单栏上的【图像】→【调整】→【亮度/对比度】，对比度为"20"，增加画面的明暗对比，如图9-123所示。

(8) 按住键盘快捷键【Ctrl+B】，打开色彩平衡控制，为了配合环境，将画面的色彩稍作调整，将滑杆向红色偏移"15"，再将下面的滑杆向黄色偏移"15"，得到一种下午接近傍晚的效果，如图9-124所示。

 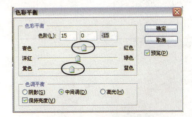

图9-123 对比度调节　　　　图9-124 色彩平衡调节

图9-125 最终效果图

(9) 选择素材的天空背景，同样用曲线工具来提高画面的亮度，最终得到图9-125所示效果。

(10) 按住键盘快捷键【Ctrl+ Shift+E】合并所有图层，并保存图片。

下面我们来通过几个简单的步骤将图片变成装饰画效果。这也是当下比较流行的一种表现风格，这里我们就作一下简单介绍，如图9-126所示。

(11) 将新合并的图层复制出一个，并放在原图层之上，按住键盘快捷键【Ctrl+Shift+U】将图片去色，使其变成一张黑白图，单击菜单栏上的【滤镜】→【风格化】→【查找边缘】，如图9-127、图9-128所示。

图9-126 装饰画风格效果图

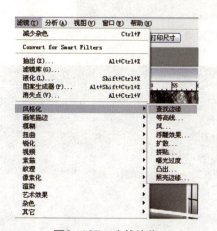

图9-127 查找边缘

图9-128 风格化滤镜设置

(12) 在图层面板里将新图层的图层样式改为"叠加"，按住键盘快捷键【Ctrl+M】，打开曲线亮度调节，降低画面亮度，如图9-129所示。

图9-129 曲线亮度调节设置

如果需要这种浓度比较强的感觉设置到这里就可以了，如果需要与原图片差别更大的话，可以再降低原始图片的饱和度，最终效果如图9-130所示。

用同样的方法将夜景渲染图在Photoshop中用素材合成，如图9-131所示。

图9-130　装饰风格最终效果

图9-131　夜景最终效果图

第10章

建筑漫游动画

本章实例展示的是一个中式客厅的室内漫游动画,在该动画中演示了客厅的房间结构、装饰设计、家具布局以及灯光效果等。通常情况下制作的效果图是静止的图像,它只能从某一个角度观察建筑的表现效果,而建筑漫游动画可以实现虚拟现实360°角全景浏览,跟随摄像机的运动拍摄,给人以身临其境浏览建筑环境的感觉。

10.1 设计室内环视浏览动画

本节介绍应用摄像机模拟人在房间向四周环视并行走的动画创建步骤。

(1) 单击菜单栏【File】(文件)中的【Open】(打开)选项,打开本书附带光盘中"练习文件"中的"第10章"文件夹中的"室内动画.max"文件。该场景已经将房间所有的门窗都创建了,并且次卧已经布置了家具。

(2) 首先将场景中所有的灯光和相机全部隐藏,单击 按钮,再单击 Line ,在顶视图中创建一条相机行走的路径,调节点的属性,将该路径调整为光滑的曲线,如图10-1所示,激活前视图再将其向上移动至距离地面1.5m左右的高度。

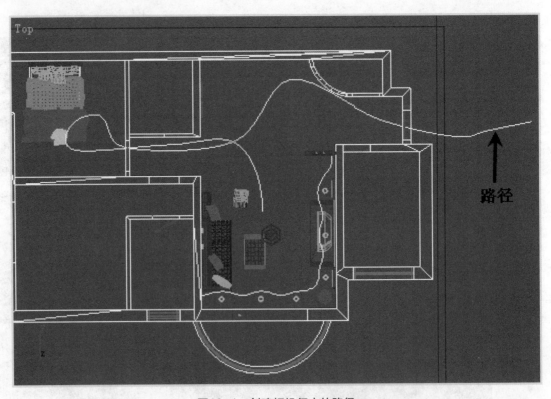

图10-1 创建相机行走的路径

> **技巧** 在创建路径之前,为了避免将场景中的物体误操作(如移动或删除等),可以将场景中的所有物体全部选择,然后在视图中单击鼠标右键,从快捷菜单中选择 Freeze Selection (冻结选择的)选项将所有物体冻结,此时被冻结的物体呈灰色显示,如果想恢复原来状态,可以单击右键,选择 Unfreeze All (全部解冻)选项即可。在创建曲线路径时,一定要保证曲线拐角处光滑流畅,否则摄像机在沿着路径行走到拐角处时会出现拐弯生硬并有强烈抖动的现象。

(3) 单击 按钮, 再单击 （辅助物体）按钮, 在弹出的面板中单击 Dummy （虚拟体）按钮, 在前视图相机路径位置拖动一个方框即可创建一个虚拟体, 如图10-2所示。

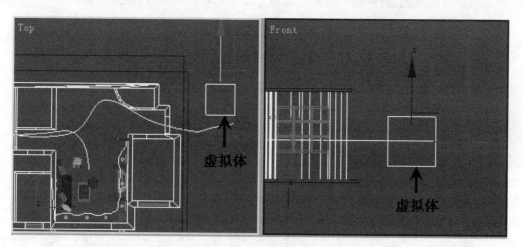

图10-2 创建虚拟体

 创建虚拟体是为了将摄像机连接在虚拟体上, 使它们一起运动。此虚拟体的大小无所谓, 因为在渲染时虚拟体是渲染不出来的。

(4) 单击 Auto Key 按钮或者按键盘上的【N】键打开 Auto Key 按钮使其呈红色。再单击其后面的 （动画时间控制）按钮, 此时会弹出图10-3所示的对话框, 在对话框中设置动画时间以及动画的长度（将动画长度设置为500帧）。

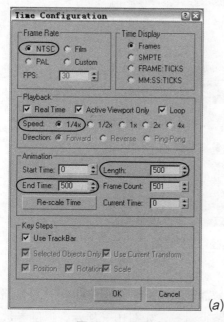 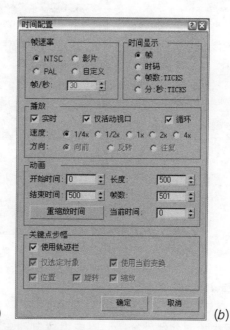

图10-3 设置动画时间以及动画的长度（中英文对照）
(a) 英文面板；(b) 中文面板

(5) 单击 OK 按钮，关闭【时间控制】对话框。选择虚拟体，单击 （运动）按钮，将其下方的 Assign Controller （指定控制器）卷展栏打开，此时会展开图10-4所示控制器选项。单击卷展栏中的 Position: Position （位置）选项，此时左上角的 按钮被激活。

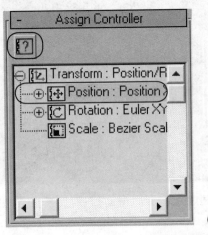
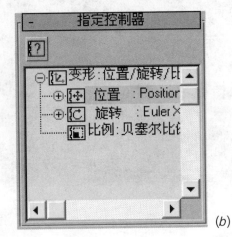

图10-4　指定控制器卷展栏（中英文对照）
(a) 英文面板；(b)中文面板

(6) 单击 按钮，打开图10-5所示对话框，从中选择【路径约束】选项。

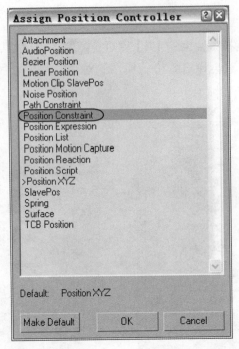

图10-5　路径约束控制器

(7) 单击 OK 按钮，此时右侧弹出其参数面板，单击 Add Path （添加路径）按钮，返回视图中拾取曲线路径，此时虚拟体自动与路径对齐，如图10-6所示，返回参数面板中勾选 Follow （跟随）复选框。将 Add Path 关闭。按【N】键将 Auto Key 按钮关闭。

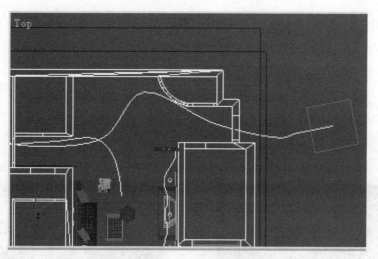

图10-6 虚拟体自动与路径对齐

(8) 单击 按钮,再单击 Free (自由相机)按钮,在前视图虚拟体的中心位置上单击左键即可创建一个自由相机,即"Camera 02"(相机的高度与曲线路径的高度相同)。右键激活顶视图,将自由相机移动到虚拟体位置上,此时相机的方向并没有与路径的方向一致,如图10-7所示,因此需要对相机进行旋转操作。

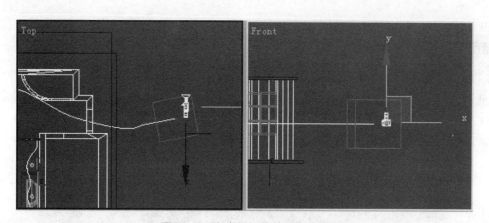

图10-7 自由相机的位置和方向

(9) 选择相机,单击 按钮,按住最外边的圈将相机旋转与路径的方向一致,如图10-8所示,使其朝向路径的方向。

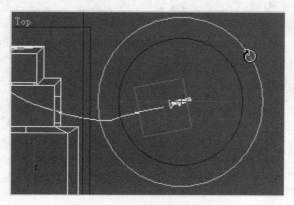

图10-8 旋转自由相机方向

(10）确认相机是选择的，单击 ![] （选择并连接）按钮，将鼠标移至相机的位置上，此时光标变成 ![] 状态，在相机上按住鼠标一直拖动到虚拟体的边线上，如图10-9所示，然后释放鼠标，此时虚拟体会快速地闪动呈现白颜色，然后恢复为原来的颜色，这表示已将相机和虚拟体连接到一起了。再按主要工具栏上的 ![] （选择物体）按钮，将 ![] 按钮弹起即关闭。

（11）右键激活Camera 01视图，按键盘上的【C】键，将Camera 01视图转换为Camera 02视图，如图10-10所示。

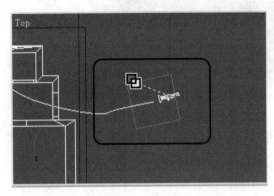 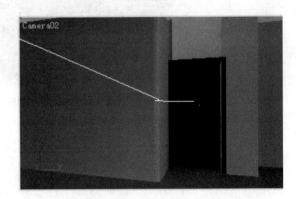

图10-9　将相机和虚拟体进行连接　　　　　图10-10　Camera 02视图

（12）此时已转换为Camera02视图状态，选择自由相机，单击 ![] 按钮，调整相机的参数，如 Lens: 28.0 mm，此时就可以单击 ![] （播放）按钮在Camera 02视图中简单地浏览动画了，单击 ![] （暂停）按钮可以停止播放。

下面创建门开启和关闭的动画，首先创建户门的开启动画。

（13）激活顶视图，选择已创建的户门，用鼠标左键向右拖动屏幕下方的时间滑动条，此时相机沿着路径向户门方向移动，当相机移动到图10-11所示位置时，就可以创建门开启的动作了。

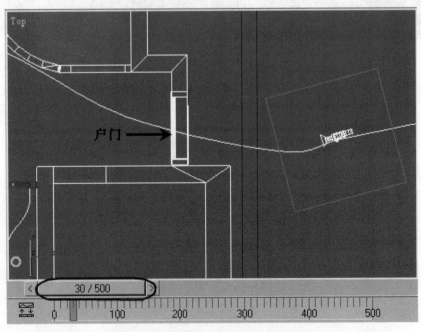

图10-11　将时间滑动条移至30帧位置

（14）单击时间滑动条下方的 Key Filters... （关键帧过滤）按钮，此时弹出【Set Key Filters】(设置关键帧过滤)对话框，只选择【Object Parameters】(物体参数)选项，如图10-12所示，选择该选项只能制作物体参数的动作，设置完成后关闭对话框。

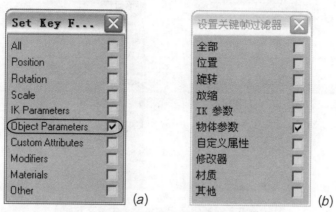

图10-12 【Set Key Filters】(设置关键帧过滤)对话框（中英文对照）
(a) 英文对话框；(b) 中文对话框

（15）单击 Set Key （开关设置关键帧模式）按钮，然后再单击 （设置关键帧）按钮，此时在30帧的位置就创建了一个关键帧，如图10-13所示。

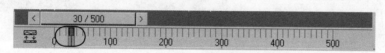

图10-13 设置门开始开启的关键帧

（16）继续向右侧拖动时间滑动条，此时相机沿着路径向房间里侧移动，当相机快接近户门时，此时时间滑动条已经移至65帧左右（要根据自己创建的路径长短而定，该帧数不是绝对的），如图10-14所示。

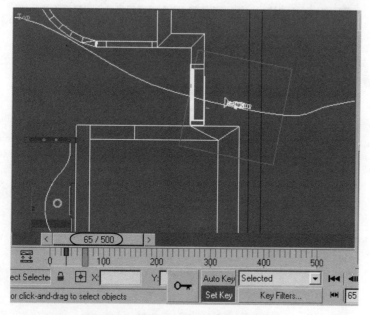

图10-14 将时间滑动条移至65帧位置

(17) 在右侧门的参数面板中，设置门开启的参数，将Open值设置为"110.0"，如图10-15所示，此时户门已开启。

 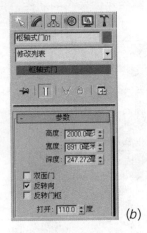

图10-15　设置门开启的角度（中英文对照）
(a) 英文面板；(b) 中文面板

(18) 单击 ⚷（设置关键帧）按钮，此时在65帧的位置又创建了一个关键帧，如图10-16所示，以记录门开启的动作。

图10-16　设置门已开启的关键帧

(19) 此时来回拖动时间滑动条或单击 ▶（播放）按钮，就可以看到门开启的动作。下面创建门关闭的动作。

(20) 确认户门还是选择的，向右侧拖动时间滑动条，此时相机沿着路径将穿过户门进入房间里侧，当相机完全进入户门时，此时时间滑动条已经移至130帧左右，如图10-17所示。

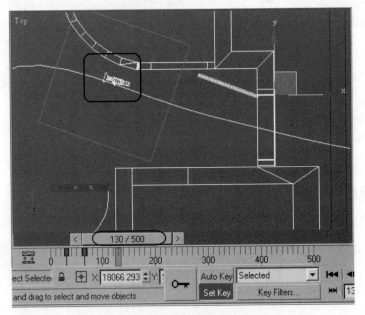

图10-17　将时间滑动条移至130帧位置

(21) 单击 ![key] （设置关键帧）按钮，此时在130帧的位置又创建了一个关键帧，如图10-18所示，以记录门将开始关闭的动作时间。

图10-18　设置门开始关闭的关键帧

(22) 继续向右侧拖动时间滑动条，当时间滑动条移至155帧左右，在右侧门的参数面板中，将Open值设置为"0"，也就是将门关闭，再次单击 ![key] （设置关键帧）按钮，此时在155帧的位置又创建了一个关键帧，如图10-19所示。这样当相机完全进入房间里侧的时候，户门将自动关闭。

图10-19　设置门已关闭的关键帧

下面创建次卧门的开启动作。

(23) 选择次卧门，继续向右侧拖动时间滑动条，当时间滑动条移至260帧左右时，单击 ![key] （设置关键帧）按钮，此时在260帧的位置创建了一个关键帧，如图10-20所示。

图10-20　设置次卧门开始开启的关键帧

(24) 继续向右侧拖动时间滑动条，当时间滑动条移至300帧左右时，在右侧门的参数面板中，设置门开启的参数，将Open值设置为"97"，此时次卧门已开启。单击 ![key] （设置关键帧）按钮，此时在300帧的位置就创建了一个关键帧，如图10-21所示，完成门开启的动作。

图10-21　设置次卧门已经开启的关键帧

单击 Set Key 按钮，使其关闭。至此门开启和关闭的动画就创建完成了，可以依照此方法将房间的所有门窗以及灯光的开关动作全部记录下来。

10.2 创建预览

创建预览只是简单地生成一个动画草稿文件，并不是最终真色彩、高质量的动画。它是为了在真正的动画作品生成之前，先预览一下所制作的动画效果如何、是否连贯流畅等。创建预览的渲染速度快，有助于对整体动画进行随时修改和调节。

（1）激活Camera 02视图，单击菜单栏【Animation】（动画）中的【Make Preview】（创建预览）选项，弹出如图10-22所示对话框，参数采取默认，单击 Create （创建）按钮。

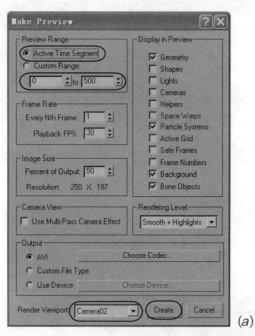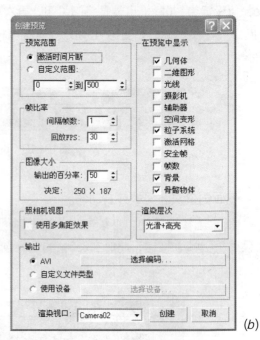

图10-22 【Make Preview】（创建预览）对话框（中英文对照）
(a) 英文面板；(b) 中文面板

（2）此时弹出【视频压缩】对话框，采取默认压缩方式（"按多媒体编码"压缩方式），如图10-23所示，该方式可以压缩真色彩动画，当下面的压缩质量为100时，可得到高质量的动画。当然也可选择其他压缩方式，如Intel Indeo Video 4.5（英特尔独立视频）方式，该压缩方式的压缩比高，而Microsoft Video 1（微软视频）方式的压缩比低，全屏不压缩方式质量最好，但文件也最大。

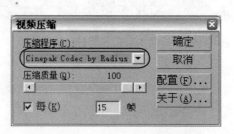

图10-23 【视频压缩】对话框

(3)单击"确定"按钮,此时进入预览动画的渲染,渲染完毕之后,系统会将这个动画文件保存为3ds Max 2008/Preview/Scene.avi,并会自动应用多媒体播放器播放该动画文件,预览结果如图10-24所示。

图10-24 预览动画结果

> 如果关闭媒体播放器之后,想重新观看预览动画,可单击菜单栏【Animation】(动画)中的【View Preview】(查看预览)选项,即可重新观看。或者单击菜单栏【File】(文件)中的【View Image File】(查看图像文件)选项,从弹出的对话框中选择要查看的文件,将其打开即可。

10.3 渲染输出动画文件

设置完成动画并预览动画比较满意的情况下,就需要渲染动画。渲染完动画之后,即可真实地、高质量地播放动画了。

(1)单击 (渲染场景)或者按【F10】键,打开【渲染场景】对话框,依照图10-25中所示的步骤设置渲染参数。

> 动画文件应保存为"AVI(*.avi)"文件格式。这是一种由多媒体和Windows应用程序广泛支持的动画格式,它支持灰度模式、8位彩色模式以及插入声音,它还支持与JPEG相似的变化压缩方式,是一种通过Internet传送多媒体图像和动画的常用格式。

(2) 渲染参数设置完成后，单击 Render （渲染）按钮，此时开始渲染，要等到渲染完毕后再关闭对话框。经过漫长的等待就可以打开该动画文件欣赏到自己的动画作品了。

渲染动画会需要很长时间，动画的长度、场景的复杂程度以及计算机硬件系统的配置决定着渲染时间的长短。

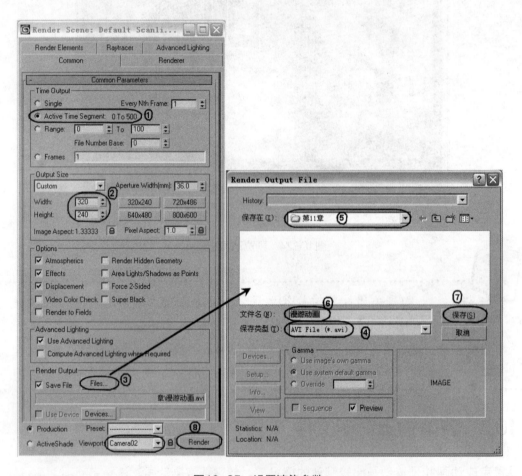

图10-25　设置渲染参数

　　本章讲解的是一个室内漫游动画，该动画演示了房间的结构、装饰设计、家具布局以及灯光效果等。通常情况下制作的效果图是静止的图像，它只能从某一个角度观察建筑的表现效果，而建筑漫游动画可以实现虚拟现实360°角全景浏览，跟随摄像机的运动拍摄，给人以身临其境浏览建筑环境的感觉。

　　熟悉应用摄像机模拟人在房间向四周环视并行走的动画创建步骤，然后将该动画创建预览，简单地生成一个动画草稿文件，创建预览的渲染速度快，有助于对整体动画进行随时修改和调节。设置完成动画并预览动画都比较满意，就可以进行渲染输出，生成高质量的动画。